數學大觀念 ②

從掐指一算到穿越四次元的數學魔術

Things to Make and Do
in the Fourth Dimension

麥特·帕克
MATT PARKER

畢馨云··········譯

A Mathematician's Journey
Through Narcissistic Numbers, Optimal Dating Algorithms,
at Least Two Kinds of Infinity, and More

專業推薦

凡事皆數。

數學基本元素數、量、形。

以數論形，以數計量，數為根本。

本書作者，意圖架設 24 個數符號招牌，當切入口，引導讀者就事找數，與書溝通事。例如，瘟疫、新冠肺炎，人類大事。尋哪一個招牌數呢？

1 似是切入口，因為瘟疫可控不可控在於基本再生率 R0 的數值，也就是傳播率與痊癒率的比率。再生率大於 1，疫情一直擴大；小於 1，疫情逐漸消失。本書，則引導我們從更本質的社群網路連結來尋它。擺在奇妙的彼此連結數字 6 的篇章。

短短二十四個數符號，引導讀者一窺數學史與數學表現自然規律，更重要的是數學在人類社會與科技當下的應用。

譯文流暢，易讀、樂讀、喜歡！專業足，是很值得推薦的科普專書。

林福來／國立臺灣師範大學名譽教授

作者的敘事風格獨特，娓娓道來經過編排鋪陳的數學知識。學生時期曾經漏失的數學學習步驟，在這本書獲得彌補的機會，從基礎數學開始，拾級而上，以至拓樸、高維度圖形、超越數、無限。讀者可以擁有寬廣深遠的視野，一窺數學世界的堂奧。

李信昌，數學網站「昌爸工作坊」站長

目次

書末解答

0

第零章
ZERO

　環視一下四周，找個可裝東西喝的容器，
譬如啤酒杯或馬克杯。儘管外觀各不相同，但幾
乎可以肯定沿杯子側面繞一圈的周長會大於高度。像
品脫杯（英式啤酒杯）這樣的東西，高度看起來毫無疑問
大於周長，但事實上標準英國啤酒杯的周長大約是高度的 1.8
倍。都會區到處看得到的咖啡連鎖店星巴克的標準中杯（英文用
「tall」）外帶杯，杯緣周長甚至是高度的 2.3 倍左右，不過他們回絕
了我要求改稱為「squat」（意思是「矮胖」）的提議。

利用這件事占點便宜很容易：下次你去酒館、咖啡館或任何一個可讓你盡情免費來一杯的供酒場所，跟人打賭他們的杯子繞一圈的周長大於杯子高度。如果酒吧裡提供的是有柄啤酒杯，或咖啡館有超大容量馬克杯，那麼你就安啦：這些杯子的周長通常是高度的 3 倍左右，所以你可以誇張地疊起三個杯子，然後宣稱周長還是大於總高度。此時拿捲尺來量，被你耍的人可能會懷疑整件事的自發性，所以最好是就地取材，拿吸管或是吸管紙套臨時當尺用。

所有的玻璃杯都能用這一招，唯獨最瘦長的香檳酒杯不行。假如你想在不讓人起疑的情形下暗中確認一下，可試試看用一隻手包住杯子，你會發現，拇指碰不到其他四根指頭。現在，再設法張開拇指和食指比出杯子的高度，你會發現極有可能辦到（最壞的情況則是，很接近杯子的高度）。這種說明玻璃杯高度比周長短多少的示範方式，會令人印象深刻。

這正是我希望更多人知道的那種數學：不但令人驚訝，出乎意料，更重要的是讓你免費賺到一杯酒的那種數學。我寫這本書的用意是要讓大家看見數學所有的有趣之處。大多數人認為數學就是他們在國中接受的那些東西，這麼想挺可惜的：它比國中學到的數學豐富多了。

在不合適的情況下，數學確實有可能近乎乏味。走進學校隨便找一堂數學課，你十之八九會找到一間多數學生**不怎麼**起勁的教室。至少是如此。很快就有人請你離開，甚至可能出動校警，而你現在大概會被列入某種名單了。重點是，那些坐在教室裡的學生正步上一代又一代對數學課興致缺缺的學生的後塵。然而還是會有一些例外，其中幾個人將一直熱愛數學，而且下半生會是數學家。到底有什麼東西是他們喜愛欣賞的，但其他人卻錯失了？

我就是這種學生：以前我可以從一堆無聊乏味的習題中一眼看破數學的重點，看到背後的邏輯。不過我能同情我的同學，特別是「體育很好」的那些同學。在求學期間，我害怕練足球的程度就像其他人怕上數學課。但是我明白帶球繞著障礙錐跑來跑去的目的是什麼：這是在加強你可以擁有的基本技能，讓你在

實際比賽時表現得更好。基於同樣的理由，我非常清楚為什麼足球踢得很好的同學討厭數學：只讓學生演練學數學必需的基本技能，卻沒放他們在數學場上好好玩耍，是會適得其反的。

這正是孩子認識到的數學。這也是為何有人會以成為數學家當作志業。從事數學研究的人所做的工作，並不像一般人想像的，只是在算難度越來越高的總數或做更長串的除法，那會像職業足球員只是以比別人更快的速度帶球跑過球場。專業數學家是在運用所學的技能及所磨練的技巧，去探究數學領域，發現新事物。他們可能是在尋找高維空間中的形狀，嘗試找出新類型的數，或是探索無窮以外的世界。他們可不是只在做算術。

數學的奧祕就在此：它是一場大型比賽。在場上玩耍的是專業數學家。這本書的目標是：為你打開這個世界，想玩數學就可以盡情玩。你也可以感覺自己變成「超級聯賽」級的數學家，而若你在學生時代早就是擁抱數學的孩子，這本書仍然有很多新的事物等待你去發現。書裡的一切都是以你能實際做出來的東西為起點。你可以製作 4D 的物件，剖分與直覺相反的形狀，打出不可思議的扭結。書本也是具備最新穎暫停功能的驚人技術，如果你真的想把書放下一會兒，試做一點數學，當然可以，這本書會待在原處，文字會靜靜躺在頁面上，等你回來繼續讀。

所有最令人振奮的尖端技術其實都是數學，從現代醫學背後的數字運算，到協助手機互傳簡訊的方程式。然而就連仰仗定製數學方法的技術，到頭來還是依賴最初因為某位數學家覺得設法解開某個難題很有趣，而發展出來的數學。

這正是數學的本質。數學的樂趣就在追求模式與邏輯；它在滿足我們愛玩樂的好奇心。數學上的新發現也許有無數的實際應用，而且我們也許要靠這些應用過活，不過這很少是當初會產生那些發現的原因。據說諾貝爾物理獎得主理查・費曼（Richard Feynman）談到他自己的專業時是這麼說的：「物理學很像性愛，它當然有實際的用途，但那不是讓我們做這件事的原因。」

我也希望談談大家在學校學過的數學。沒有這些數學，其他所有好玩有趣的數學可能就會超出能力範圍了。每個學生都隱約記得自己學過圓周率 π 這個數學常數（約等於 3.14），有些人可能還記得它是圓周與直徑的比值。正因為圓周率，我們才會知道玻璃杯的周長是杯口直徑的三倍多，而大多數人會根據杯口直徑來判斷玻璃杯多大，忘了要乘上圓周率。這不光是記住一個比值，而且還是拿到真實世界裡「試營運」一番。很遺憾，極少有學校數學著重於如何在酒吧裡喝到免費的酒。

我們無法完全摒除學校數學的理由在於，數學中比較令人興奮的地方要仰賴較不令人興奮的地方。這也是有些人認為數學很難的部分原因：一路上他們錯過了幾個極為重要的步驟，少了這些步驟，更高深的觀念就會顯得極難以理解。但如果他們當初是依照正確順序一步一步跟這個科目打交道，一切就會進行得很順利。

數學裡沒有哪一點會那麼難掌握，但依照最佳順序來做有時候是非常重要的。當然，要爬到極高階梯的最高點可能從頭到尾都要花很多氣力，不過踏上每一個梯級所費的工夫都不會多過最後一階，在數學上也是同樣的道理。一步一步來，就會很有趣。把質數弄懂了，要探究質結（prime knot）就會更加容易；先理解 3D（三維）的形狀，4D（四維）形狀就不會那麼可怕了。你可以把這本書所有的章節想像成一座建築物，每一章都建立在前面幾章的基礎上。

你甚至可以自行選擇章節的閱讀順序，只要你在進入後面的章節前已經讀完支撐起這章的所有章節。越到後面的章節，涵蓋的高等數學越多，這些通常是你在數學課堂上不會聽到的內容，乍看之下可能很嚇人，但只要循序讀過，等你到達數學的遙遠角落時，你會具備十足的能力去賞玩數學可提供的樂趣和驚喜。

最重要的是要記住，攀登這個建築物的動機應該只是為了欣賞沿途的美景。有很長一段時間，數學一直和教育畫上等號；然而數學應該是好玩的，是一種

探索。一次解開一個謎題，數學遊戲一個接著一個去玩，很快我們就會站上最高處，玩賞大多數人根本沒聽過的數學帶給你的樂趣。我們將會玩到超出普通人類直覺的事物。數學讓我們有機會接觸到虛數的世界、一些只存在於 196,883 維空間中的形狀，以及在無窮之外的物件。我們將看到從第四個維度到超越數的一切。

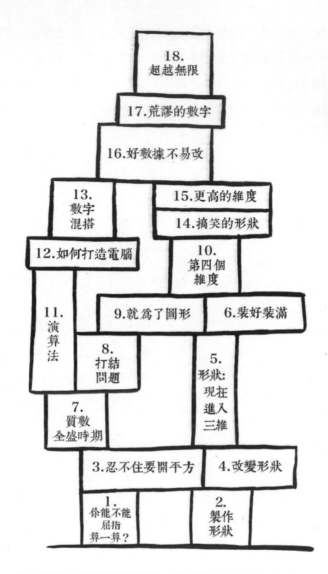

這本書是由各章架起的塔樓。慎選你想登上塔頂的路徑。

1

你能不能屈指
算一算？

CAN YOU DIGIT

　　每當我非去看牙醫不可，我喜歡在陌生人設法
爬進我嘴巴裡的時候，找點事讓自己轉移注意力，通常
是某種我能在腦袋裡玩的數字遊戲。所以某天我在前往牙醫
診所的路上，在 Twitter 上求助，請網友提供一個什麼都不用寫
就能夠解題的數學益智題目。有個朋友要我把 1 到 9 九個數字重新排
列，使前兩位數字排成的數是 2 的倍數，前三位數字是 3 的倍數，以此
類推，最後全部九位數字是 9 的倍數。解只有一個。

在診療椅上舒服坐定之前，我已經知道依慣例由小到大的 1 2 3 4 5 6 7 8 9 不合。雖然 12 可以被 2 整除，123 可以被 3 整除，但就到此為止了，1,234 不能被 4 整除。治療結束時，我已經算出幾個但不是全部的數字，不過在治療結束後他們顯然就不會讓你繼續坐在診療椅上。回到家裡，我確定唯一符合條件的排列是 381,654,729。

〔假如你不在乎要用到全部九個數字，而且零也可以使用，那麼選擇就更多了，譬如 480,006。組成這些數的數字有許許多多可整除的相鄰組合，因此稱為累進可除數（polydivisible number）。累進可除數有 20,456 個，最大的累進可除數是 3,608,528,850,368,400,786,036,725。〕

有趣的是，這個謎題是因為現今湊巧使用了這些數字才有的。如果你拿這個益智題目去考古羅馬人，應該無助於他們看牙醫時轉移注意力。他們不但採用了不同的數字，如 V 和 X，而且這些數字不管出現在一個數的哪個位置，都有相同的值；V 永遠代表 5，X 永遠表示 10。我們使用的數字就不是這樣：12 中的 2 代表 2，而 123 中的 2 代表 20。幸好古羅馬的牙科醫術又快又猛。

說到數字謎題（事實上應該說是我們在學校裡所學的眾多數學），有個見不得人的祕密：當中大部分都是因為我們碰巧用來記數的寫法才有的。在現行的記數系統中，如果把 111,111,111 乘上自己，乘出來的結果相當好看：12,345,678,987,654,321（所有的數字從 1 排到 9 再回到 1）。少幾個 1 的數串也成立：11,111×11,111 = 123,454,321，而且 111×111 = 12,321。但若嘗試用不同的記數方法，這個模式就消失了。111 寫成羅馬數字是 CXI，而 CXI×CXI 會得到 $\overline{\text{X}}$MMCCCXXI，看起來很不舒服。

這一切都在指出「數目」（number）與「數字」（digit）是有所區別的。舉例來說，這是數目三：3，而這是數字三：3，兩者看上去可能完全相同（主要是因為它們本來就一模一樣），但有細微的差異。數目（或數）就是你所認為的那樣：它代表有若干個東西：3 是一個數，3,435 也是一個數。數是抽象的

概念，要把數寫下來，就要使用數字，所以數字只是一種符號，目的是在透過書寫的方式表達數目，就像拼音文字（如英文）要使用字母符號來書寫一樣。3,435 這個數使用到 3、4、5 三個數字。所有我們所學所見的數學都可以歸為兩類：根據內蘊性質的實際數學，以及單純因我們碰巧使用的書寫方式而附帶產生的結果。

開始變把戲

「37 戲法」是很棒的起點（而且也是讓它比較不像學校數學課的好方法）。

隨便選個數字，然後寫三遍。現在你會看到類似 333 或 888 這樣的數。把這三位數字相加起來：3＋3＋3＝9；或 8＋8＋8＝24。到目前為止還不怎麼刺激，你只做了數的相加。現在，把原來的三位數（333 或 888）除以三位數字的和數（9 或 24）。你可以用電子計算機或純靠心算（計算機算得比較快）。無論用哪個方法，也不管你一開始選了什麼數字，相除的結果都會是 37，這正是這個把戲經常稱為「37 戲法」的原因。

就像我所說的，無論你選哪個數字，都會是這個答案。不管怎樣，這個自由的選擇很快就會抵消掉了。計算到最後，你百分之百會算出 37。在背後搞鬼的是一點點代數。同一個數字寫三遍，就等於把它乘上 111；如果你選的數字是 8，那麼 888 就是 8 × 111 的結果。把這三個數字相加，意思就是無意中把它乘以 3：8＋8＋8＝3 × 8＝24。於是，888 除以 24 就等於 111 除以 3，因為 8 都「抵消掉了」。不管什麼數字都一樣……

……但也不盡然。假如古羅馬人挑選了數字 V，「37 戲法」可就變不出 37 這個答案，因而再也不能稱做「37 戲法」，或者根本稱不上什麼戲法。謝天謝地，至少在這個例子裡，現在我們幾乎只用目前這個有十個數字的系統，但如

果你想讓古巴比倫人對你刮目相看，這個把戲不會是很好的選擇，因為他們書寫數目的方法跟我們今天所用的系統大相逕庭。要是有假想中的外星人來到地球，而且他們可能是用各種古怪的數目書寫法，幾乎可以確定這個把戲也不會成功。這個把戲結合了兩件事，一是我們所說的數的「基本」性質（不會因書寫方法而異的那些性質），另一件事是目前表示數目的這套系統的古怪之處。

那麼為什麼會這樣呢？嗯，不管數字怎麼寫，111 都可以被 3 整除。CXI 可以被 III 整除，「壹佰壹拾壹」可以被「參」整除，而生活在宇宙中隨便哪個地方的任何一種外星人都將明白，一百一十一可以被三整除。答案永遠是 37（或 XXXVII，或參拾柒，或某種用來表示「三十七」的歪扭外星文）。如果你有一堆石頭，當中有一百一十一塊，你永遠可以把它平分成三堆，每堆三十七塊石頭。另外，由於這個性質與數目的表徵方式無關，數學家就把它視為更重要的抽象性質之一。

從另一方面來看，把同一個數字寫三遍等同於乘上 111，這件事不過是我們寫下數目的方式無意間產生的結果。用羅馬數字把同一個數字寫三遍，相當於把它乘上 3，而不是 111（VVV = III × V）。

數學的部分長處是能以不同的方式表達普適的真理。古代馬雅人和羅馬人所學的是同樣的數學，但他們用來書寫數目的系統跟現代使用的系統非常不同。為了探索數學世界，就必須知道每個人使用什麼語言。就讓我們從今天採用的記數系統開始談起——它不一定是最好的。

數是什麼？

你能用手指頭數算到多大的數？嗯，大多數人數算到十就會停住，主要是因為手指頭都數完了，然而並不是每個人都採用這種相當有限的系統，只把手

指頭伸直而不彎下。如果你容許手指頭彎下，那麼你只用兩根指頭就可以數到3。伸直大拇指代表1，食指代表2，兩指同時伸直代表3。現在你的中指可以單獨伸直，代表4；接著，大拇指加上中指代表5，以此類推。這樣你就能一直數到16，而且第一隻手的第五根手指頭還沒用到呢。

利用這套系統，只用手指頭就可以從0一路數到1,023。但我們的人體數字算盤還可以做得更好。如果讓每根手指頭呈彎下、半伸直、完全伸直這三種位置，你就可以從0數到59,048。若更進一步利用四種位置（彎到手掌、半彎、半伸直、完全伸直），範圍就能從0到1,048,575。這已經超過一百萬了，而且是用手指頭數出來的，表現提升了100,000倍，而關節炎的風險只稍微增加了一點。

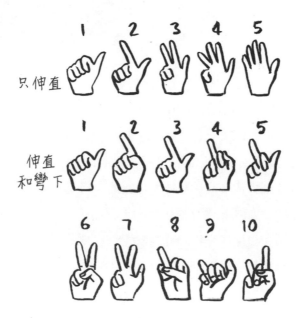

那幹麼就此打住呢？讓每根手指頭呈八種位置，不但意味著你取得了過去不知道的數字靈巧度，還代表你可以從0數到1,073,741,823：超過十億！當然啦，不好的一面就是，你可能會落得不小心加入街頭幫派。

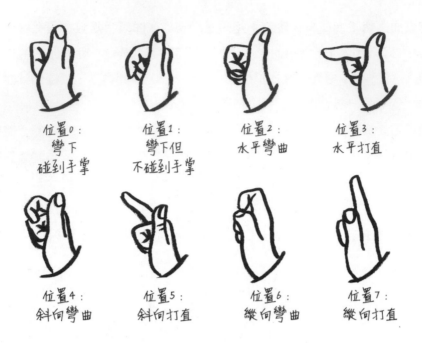

位置0：
彎下
碰到手掌

位置1：
彎下但
不碰到手掌

位置2：
水平彎曲

位置3：
水平打直

位置4：
斜向彎曲

位置5：
斜向打直

位置6：
縱向彎曲

位置7：
縱向打直

　　這是我試出來的最後一招，但究竟能精進到什麼地步？對於手指極為柔韌、腦袋十分敏捷的人來說，可能沒有上限。

　　屈指數到十與突然高達十億的差異在於，每根手指的**位置**現在變得很重要，而不止是美化的畫記。當我們用前兩根手指數到三，大拇指伸直時仍然代表1，但食指單獨伸直時則代表2，而不是「普通的」計數（每根手指都相等，即全部都代表1或加1）。如果繼續下去，按照上圖中的「上下」方向，中指代表4，無名指代表8，小指代表16，我們就能看出一個數列：每根呈直立位置的手指頭代表的數值，都是前一根指頭呈直立時的數值的兩倍。透過一點實驗，你就可以找到以這兩種位置屈伸手指來表示每種數目的方法（提示：132是可屈指表示出的最挑釁的數目。試試看……或者就算了）。由於每根手指都有兩種選項，所以這稱為二進位系統或二進制。把它寫下來時，可以用0代表彎下的指頭，1代表伸直的指頭。如果你還記得學校教過的數學，就會發現用二進位制

書寫時，第一個位置代表 1，第二個代表 2，第三個代表 4，第四個代表 8，以此類推。

下一個手指計數系統，是根據每根手指頭各有三種位置（彎下；半伸直或半彎，如果想對此表示悲觀的話；伸直），所以通常叫做三進制。你還可以繼續發展下去：四種手指位置會得到四進制；八種手指位置會得到八進制。而純粹為了加強記憶（確保我們都有集中注意力）：無論是手指還是書寫，每個位置的數值都等於前一個位置乘上進位系統的底數，因此三進制的數列為 1, 3, 9, 27 . . .，而我們可以用 0、1、2 這三個數字來表示手指位置的連續階段；又如在八進制中，數列是 1, 8, 64, 512 . . .，而由手指的不同位置表示 0、1、2、3、4、5、6、7 這八個數字。因此，十億的八進位表示法可以寫成 7,346,545,000。

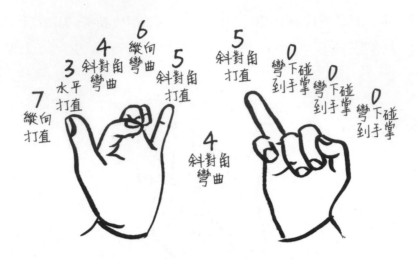

十億的手指的八進位表示法（也是數學幫派手勢的兩倍）。

　　這些類型的數構成了一整個族系的「進位的記數系統」，它完全不同於像羅馬數字系統這樣，數字代表的值絲毫不因位置而異的系統。數字 V 不管出現在數目的哪個位置，都代表 5，而在十進制的數 3,435 中，數字 3 既代表 3,000 也代表 30，要視位置而定。羅馬數字是個設計過度的畫記系統，現在的用途遠超出它們原本的能力範圍。進位制記數系統的功能更為強大，因為它們可以輕鬆表示出大大小小的數。當然，在現代世界裡我們幾乎只用十進位記數系統，不過（我會再說一遍）這只是眾多系統的選項之一。

　　使用了不同的底數，就會有更多製造混淆的機會。我可以把數目轉換成採用迥異數字的系統，比方從十進位轉換到羅馬數字（例如 3,435 轉成MMMCDXXXV），而要看出轉換之後的數是以什麼系統來書寫的，並不困難：這就類似把一個字翻譯成採用完全不同的字母表的語言，譬如從英語譯成日語。然而，如果你是把英文字譯成印尼文，因為仍採用同樣的字母表，所以倘若你不知道自己在哪個語言中，就有可能陷入困境了〔英文：find youself in hot water（字面意思：發現自己在熱水中），印尼語的「水」是 air，變成「發現自

己在熱空氣裡」了〕。

我忍不住想再講一次那個已經太常講的數學「笑話」，這個笑話就是根據這樣的誤解產生出來的，通常會印在 T 恤上引人發笑：「世上有 10 種人，也就是看得懂二進位數及看不懂二進位數的人。」解釋一下笑點：「10」是 2 的二進位表示法，所以只有那些看得懂二進位數的人才會知道它代表 2 而不是 10。我會給你一點時間笑完再繼續。

我身為數學家兼任脫口秀表演者，要稍稍苛責這則笑話，因為**一直**有人講給我聽。通常對方會這麼起頭：「對了，你有沒有聽過這個笑話？嗯，這用說的大概不好笑，可是……」然後就繼續設法講完一個要寫下來才會有笑點的笑話。二進位數笑話的問題就出在這裡：要麼很好笑，要不就是不好笑。不過，無論笑料多寡，這個笑話都是很棒的例子，可說明如何根據你使用的系統，以相同的數字、相同的順序來寫出不同的數目。

不管怎樣，最後我們堅決採用十進位制。據說是因為我們有十根手指頭：倘若你拿手指頭當計數工具，那麼每次數到十就必須「歸零重設」，分別記錄你總共數了多少組十。假如有朋友幫忙記錄，他們在數到十個十之後也會沒手指頭可用，需要再找人來數總共有多少個一百。因此，據說記錄十的倍數對人類來說（至少對有朋友的人類來說）是很自然的事。如此說來，馬雅人似乎也用到了腳趾頭，因為他們使用的是二十進位制。

這就是為什麼「digit」這個英文字除了意指我們用來書寫數目的歪扭符號，也有「手指、腳趾」的意思。宇宙中其他地方演化出來的高智慧生物，也很有可能沒有十根手指頭；假設他們可能已經演化出三隻宛如手臂般的肢體，各肢末端各有四根類似手指的突出物，方便抓住東西。這些假想的生命形式很有可能是用十二進位的記數系統。

就連在地球上，也有一些獨持異議的人堅持應該從十進制改成十二進制。「十二進位擁護者」大力宣揚以 12 為記數系統底數的好處（譬如可整除 12 的

數比整除 10 的數還要多，所以表示分數很方便），卻無視於進行這樣的改變可能需要的重大變革。如果要改，十二進位需要十二個數字，所以我們還得替 10 和 11 增加兩個數字，好比用「A」代表 10，「B」代表 11，而使十進位的 3,435 寫成十二進位的 1BA3。

換進位制的可能性極小。雖然其他底數的系統仍然是數學家的玩物，但差不多所有的人都幾乎完全是用十進位制。不同的記數系統唯一一次從數學的好奇心跨界到現實世界，就是在電腦上面。二進（位）制使用的數字很有限，所以對電腦來說很有用處：幾乎找不到比只用 0 與 1 更精簡的系統了。現代電腦發展起來的方式，是建立在只有兩種選項的情況下；電路中的電線要麼是有電流通過，要不就是沒有電流。硬碟上的磁鐵不是朝向單一方向的地磁北極，就是地磁南極。因此，一切不是 0 就是 1。幸好所有的數都能轉換成二進位的一長串 1 與 0。

然而，在擁有一套有限且夠用的數字系統，與仍然足以很有效率地書寫數目之間，我們還是可以找到折衷之道。不論是人類還是假想外星人，大約十個或十二個數字對高智慧生物來說就可以運用自如了。電腦需要有限位數的二進位數才能執行：所有的智慧型手機、數位電視甚至微波爐，背後都是以二進位數進行計數與運算。但當電腦需要跟人互動時，就會很好心地把二進位數轉換回十進位數，給我們方便。

最初的陽春電腦就沒有那麼周到了。有一次我很榮幸跟一位年長紳士見面，他年輕時是艾倫・圖靈（Alan Turing）在 1954 年去世前所教的最後一個數學學生。圖靈獲得「計算機科學之父」稱號，當之無愧，他在曼徹斯特大學工作時就為世界上第一批電腦寫出了最早的作業系統。圖靈的第一套作業系統顯然需要熟悉二進位的計算機使用者，就像圖靈本人。把二進位數轉換成十進位數的新版作業系統推出後，圖靈直到臨終前在使用時都仍然堅持把計算機重設成二進位系統。

即使電腦裡使用的二進位數已經推到層層使用者介面之下，我們仍然看得見一些蛛絲馬跡。在用電腦的時候，你還是會碰到二進位數留下的痕跡，包括從 16 GB 和 32 GB 記憶卡到螢幕 1,024 像素解析度的一切東西。就像人類喜歡湊個整數——1,000 和 1,000,000 看起來就是好看多了——電腦也是如此：差別只在於它們喜歡二進位的整數。由於二進位中所有的位值都是 2 的次方，因此你會開始在電腦周邊看到這些數突然出現：$2^5 = 32$ 而 $2^{10} = 1,024$。

有的時候，電腦還會無意間丟出一個十六進位數，譬如在 Wifi 密碼中，但大多數人不會注意到。「十六進位愛好者」會使用符號 0 到 9 再加上字母 A 到 F。比起一眼就能看到的 2 的次方，這些數比較不起眼，但仍然存在。你去看一下 WiFi 路由器的背面，就會發現通常是一串數字（0 到 9）與字母（A 到 F）的原始密碼。另外，如果你去看繪畫或照片編輯軟體中的色彩數值，也會看到十六進位數。當然現在你看得懂十六進位數，以後就會不時在電腦採用的數當中看見字母 A 到 F，而且假若你和我一樣，你也會夢見這些字母……

碰到數字需要用比二進制更有效率的儲存方式時，就會使用十六進制，但會看到十六進位數的只有電腦程式設計師和其他非常專業的電腦使用者：16 在這些情況下是必用的底數。這個選擇看似奇怪——為什麼不乾脆用十進制呢？——但會選 16 是因為它本身是 2 的次方，而當一個底數是另一個的次方時，兩種底數轉換起來會很容易。一般來說，從　種底數轉換成另一個底數時，新系統的位值會完全不同，不過如果新底數是原來的次方，有些位值會略過，但也沒有新增的位值。在十六進位的例子裡，一組四個二進位數永遠會轉換成同樣的單一新符號。

```
0000 → 0        1000 → 8
0001 → 1        1001 → 9
0010 → 2        1010 → A
0011 → 3        1011 → B
0100 → 4        1100 → C
0101 → 5        1101 → D
0110 → 6        1110 → E
0111 → 7        1111 → F
```

二進制轉十六進制，所以 1011110000100001 轉換成 BC21。

　　一旦弄懂了不同的記數系統，就很容易層層探究這些系統底下的真實數學。事實上，陌生的數目比陌生的語言更容易解讀。冒險家在 19 世紀重新發現馬雅古城，有大批難解其意的文字出土之後，比文字先解讀並成功翻轉出來的就是數目——儘管是用那個很怪異的二十進位系統。假使我們真的和遊歷星系的假想外星人會面，只要理解他們所用的數字符號，我們就可以用數字進行愉快的交流——不過，如果想跟他們分享數學謎題，我們就必須找一個不管數目怎麼寫都行得通的題目。

為底數痴狂

　　你能不能在 10 到 20 之間，找出不是相鄰數之和的唯一一個數？

　　不可能是 13，因為 13 = 6 + 7，而且 6 與 7 是相鄰數；同樣地，18 也不可能，因為 18 = 5 + 6 + 7。假如你已經找到答案，就在 30 和 40 之間找這樣的數。繼續做下一個，做到 60 之後，你就會開始注意到這些數當中的模式。這個「相

鄰數之和」謎題的有趣之處在於，不論你用什麼方式記數都成立。古羅馬人可以用他們的數字解這個謎題，古馬雅人和我們的假想外星人也可以。

你找到的第一個答案應該會是 16：不管把哪一組相鄰數相加起來，都沒辦法加出 16。於是 16 就加入了像 8 與 32 這樣的數組成的菁英陣容（在〈書末解答〉會告訴你為什麼這些數具有這個性質）。

如果你在找另一個謎題，而且這個謎題要可以從特定底數的難題轉換成另一個記數系統的困境，那就讓我們回到所有非零數字只使用一次的累進可除數，但這次的底數不是 10（如果你得翻到前幾頁重溫一下累進可除數，別難過，我也一樣）。假如人類是照不同的方式演化而來，而我們用的底數變成 4，那麼我躺在診療椅上時就會找到兩個解：123 及 321。在五進位時，沒有解；但在六進位時，也會有兩個解（14,325 及 54,321）；七進位時沒有解；八進位時居然有三個解（3,254,167、5,234,761 及 5,674,321）；九進位時沒有解；而十進位時的唯一解我們已經見過了（381,654,729）。下一個有解的是在十四進位，是 9C3A5476B812D。呼。

我很驚訝十二進位時居然沒有解。如果我們假設從外太空來的假想訪客使用的底數是 12（不管你怎麼想，我覺得我們開始越來越了解他們了），那麼他們就完全無法理解這個謎題（這是**不要**聽從十二進位擁護者的另一個理由）。於是，我寫了電腦程式來找找看這些數（某個週末我閒來無事），結果突然跳出一個十四進位的解，這令我更加驚訝；我原先以為，如果十二進位無效，在更高的進位下可能也不會有解。我盡我所能修改程式，繼續往上檢驗到十五或十六進位，看看是否就此沒有解了。我不知道底數超過 16 以後還有沒有解。如果誰的空閒時間比我多，或是程式設計能力比我強，**求求你**告訴我。

像這樣把一個問題放在不同的情況下看看會發生什麼事，稱為「推廣（或一般化）」，這種探求是推動數學前進的力量。數學家總想找到能應用到越多情況下的解法和模式，也就是盡可能推廣。如果只找到一個答案，這個數學謎

題不算完整，要等到你設法推廣到其他的情況才算完整——包括雷翁哈德·歐拉（Leonhard Euler）、克耳文勳爵（Lord Kelvin）在內的聰明人物，也都展現出這種求知慾而在數學上出類拔萃。由於數學家喜歡純粹以數，而不是以數字符號和所用的記數系統來思考的謎題，因此就某種意義上，一個謎題如果只能在所給的那個進位系統成立，未免就有點「次等」的感覺。數學家不喜歡只在十進位成立的事物；我們之所以覺得十進制有趣，只是因為我們有十根手指頭罷了。數學尋求的是普遍適用，而非適於特定底數的真理。

話雖如此，還是有一些**高超**的數謎只限定在十進位數中。只是別跟英國大數學家哈第（G. H. Hardy）說。哈第在 1940 年指出了這件有趣的事：「在 1 之後的數當中，只有四個數的各位數字的立方和剛好等於它自己。」接著馬上又說：「但是數學家對這些數不感興趣。」他確實承認這樣的性質「很適合當作謎題專欄的題材，可能為業餘愛好者提供消遣」，只是絕不把這視為數學。這真是可惜，因為我個人很喜歡這種無意義的數字奇趣。

這四個數是：

$$1^3 + 5^3 + 3^3 = 153$$
$$3^3 + 7^3 + 0^3 = 370$$
$$3^3 + 7^3 + 1^3 = 371$$
$$4^3 + 0^3 + 7^3 = 407$$

除了 $1^3 = 1$，就沒有其他像這樣的數，但大家很快就開始推廣，儘管只有在十進制下（所以哈第想排除這種消遣的企圖失敗了）。有人注意到，符合這個條件的僅有四個數恰好都是三位數，於是就開始尋找本身等於各位數字四次方和的四位數（結果有三個，8,208 是其中一個）。由於這些數似乎很自我沉迷，因此叫做自戀數（或譯水仙花數）。如果你有興趣知道，五位數的自戀數有三

個，54,748 是其中之一，而且往更大的數繼續找的話，會有更多收穫。靠著龐大的運算能力，你可以證明最大的自戀數是個 39 位數的龐然大物：115,132,219,018,763,992,565,095,597,973,971,522,401。

至於另一頭，就別花力氣了；二位數跟一位數的刺激感少太多了。唔，既然提了就說一下吧。沒有二位數的自戀數：任兩個數字平方之後再相加，都不會等於二位數本身。我檢驗過了，所以我曉得。而嚴格說來，所有的一位數都是自戀數，因為任何一個數的一次方都等於它自己；這些就稱為無聊（trivial，**也譯為明顯、顯然、平凡**）自戀數。在數學上，「無聊」就是指你嚴格來說已經滿足條件了，但這個結果很無趣。從無聊解中，學不到什麼有意思的事情。

哈第當然會認為**所有的**自戀數都是無聊的。沒錯，這些數不是最了不起的數學發現，但還是發展過程中很偉大的消遣娛樂。不過哈第有件事說對了：有趣的數學模式與純屬巧合的事物之間必須劃分清楚。只要記住進位系統底數的局限，以這種方式玩賞數的性質還是能帶來許多樂趣。從特定底數的性質很容易掉入占數術（numerology）的不毛之地，擋也擋不住——我們肯定不會想去，誤信數字裡含有根本不存在的意義。別忘了數學談的主要是**數**，不是數字。

這也是數學家為何會更進一步，讓數不但與我們用來書寫數目的數字脫鉤，也與實物完全脫離關係。如果你很想知道數是什麼，這就是最重要的事實。我可以拿一堆石頭當具體的好例子來談論數，但我也能選用別的東西；五隻鴨子同樣是說明 5 的好例子，五杯茶也是，只是這些都涉及某種以地球為中心的物品。把數學模式或概念跟有形真實世界分離的過程，在數學上稱為抽象化（abstraction）。不過，「5」與五個一組的東西沒有了直接關係後代表什麼樣的抽象概念，我們很難清楚知道。但謝天謝地，有個解決之道。

數學家實際上已經一致同意，對於各種含有五個東西的集合體，我們就給「5」這個名稱。我們說的「5」，就是指所有五個東西一組的理論集合，我們寫出 5 + 3 = 8 時，是表示如果你把任一組五個東西與任一組三個東西（從我們

稱之為「3」的集合）湊在一起，合起來的那堆東西屬於稱做「8」的這個集合。這種定義失掉了長篇大論，但獲得了普遍性……

數學的這種普遍性意味著，若有任何在太空中旅行的外星文明到達了小小的地球，我們唯一的共通點可能就是數目。假如我們無法建立出同為碳基生物的關係，甚至所看見的是不同的光譜範圍，我們仍舊可以交換數謎。如果第一個假想外星人著陸時你是第一個趕到現場的，我有兩個數謎可讓你選。

第一個是哈第可能很討厭的：3,435 這個數。這是個穆西豪森數（Münchhausen number），跟自戀數有點像，而這也是它以 18 世紀的德國人穆西豪森男爵（Baron Münchhausen）來命名的原因，這位男爵以前常常不著邊際地講自己的豐功偉業。要得到穆西豪森數，就是把每位數字乘上等於自己的次方，然後相加起來。果真，$3^3 + 4^4 + 3^3 + 5^5 = 3,435$，而且這是除了無聊的 1 之外，唯一一個滿足這個條件的十進位數。不過，這個數謎在其他的底數系統下也會成立，而且我們這位有十二根指頭的外星朋友很幸運，十二進制下有一個穆西豪森數：3A67A54832。但真正的贏家會是有十三根手指的生物，因為他們有機會得出四個解（33661、2AA834668A、4CA92A233518 及 4CA92A233538）。

第二個選擇是「37 戲法」，如果稍微改一下的話。這個數謎雖然牽涉到數字（而不僅僅是數目本身），但還是可以改成在任何底數下都有效。同一個數字寫幾遍（給定次數），然後除以那幾位數字之和，在任何位值底數系統下都一定會得到同樣的答案——只是有可能不是整數。[1] 因此，不是所有的數字謎題都僅限於一個底數下。嗯，我想底數涵蓋的內容就是這些了……

1　當數字寫出的次數可以整除底數減 1 時，你得到的答案就會是整數。所以在十進位制下，底數減 1 是 9，而 3 可以整除 9。若要在十二進位制下得到整數的答案，數字就需要寫十一遍。

2

製作形狀
MAKING SHAPES

　　重要的事先講：大多數人切披薩的方法
有個嚴重的缺點。面對一盤披薩時，普遍的切法
是直直切出在中央交叉的幾刀，切成大小相同的幾片。
這算是公平的切法，因為每個人不但拿到一樣大的，形狀
也是形同的：有一邊是撣圓（而且是由餅邊製成）的三角形。
這種切法的問題在於，雖然每一片都有同樣的形狀，但是都沾到了
披薩的正中央，意思就是如果披薩中間有某個配料你不喜歡，你沒辦
法選到一片沒有這個配料的。披薩的更好切法是讓切出的各片有同樣的形
狀和大小，卻不是每一片都包含到正中間。

為了找到這種切法，你要準備一盤披薩。可以是真正的或是假想的披薩，而且也許你會發現，直接在紙上畫一個圓更容易些。你的考驗就是找出方法把這塊披薩，或是把畫在紙上的那個圓，切分成形狀相同但不是全都碰到中心的若干片。這個問題不是「腦筋急轉彎」：解法可不是「一開始就弄一個方形的披薩」或是「去找沒那麼挑剔的朋友」，這是可以用普通圓形披薩解出來的問題。

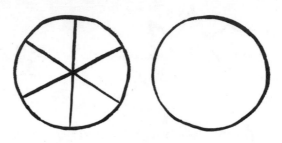

一邊是切法沒創意的披薩，另一邊是讓你用更好的方法來切的未切披薩。

　　嗯好……**的確是**有幾個條件。我們準備考慮一個正圓形披薩，上頭均勻地鋪著同樣的配料，而且沒有餅邊；還有，披薩皮非常非常薄（所以不可能讓你作弊橫切餅皮）。總之呢，我們可以把這張披薩描述成正圓、均勻、無限薄，而且（因為是二維的）非常划算。如果你願意的話，它也可以稱得上是無摩擦力、像是隔絕在真空中的，不過那就會讓它更難吃到，雖然有可能更好消化。

　　這個問題具備了成為完美謎題的一切要素。起初看似不可能有解法，但只要你開始嘗試，就會有一點眉目，接著你會忽然找到解法——甚至還會需要吃下真正的披薩，把你從數學的高處拉回到現實中。另外，這也牽涉到數學上最棒的形狀之一：圓。圓沒有角，只有一條邊，是最簡單的形狀，當然也是最古老的形狀之一。從人的眼珠到直射著我們的太陽，正圓形出現在大自然中的方式是正三角形、正方形、正五邊形所沒有的。

　　如果你正在嘗試這個披薩問題，可能就需要畫幾個圓。簡單的方法是徒手

畫，只要兩端有接在一起，線條也有形成一個圈就行了。不然就是用圓規來畫。圓規是我最喜歡的數學用具之一，不止是因為那隻尖腳為代代學生提供了娛樂（方便在課桌上刻字或是充當螺絲起子），還因為它具體顯現出圓是什麼：與中心點永遠等距離的一條線。先把圓規兩腳張開到你想畫出的圓的半徑大小，然後把尖腳固定在紙上，畫出一條線，這條線會通過所有與尖腳距離剛好一個半徑的點。畫好了：一個正圓！或者還不是……

不過嚴格說起來，圓規在紙上畫出的不會是精確的圓。如果放大得夠近，你會看到線條上有細微的不規則，這是因為紙張表面絕不是完全光滑的；再者，圓規的支點或螺絲釘若稍有鬆脫，就會使半徑產生變動。你會漸漸習慣這件事：在數學上，我們喜歡清楚區分完美、理想的情況和實際發生在不完美、雜亂現實世界裡的狀況。在概念上，**的確有**「正圓」這樣的事物，它是由完美地繞著一個精確的中心的一條精確曲線構成的；在真實世界中，我們**可以**在紙上畫出近似完美的正圓，上頭的瑕疵小到沒什麼影響。

使用圓規不但可以畫出披薩的圓周，還能畫出披薩問題的解法。切披薩的時候不要切成直線，而是以披薩圓周的相同曲率來切幾刀，就像下圖那樣。不同於很多數學難題，這個問題有切實可以的解法：你可以實際動手用這種切法分披薩。我就切過。下次你去披薩店的時候，把下面這張圖印一份帶著，然後請店員照著圖幫你切好！（當然，這個要求會引來各式各樣的反應。）

怎麼樣公平切披薩，分兩個步驟。

打個結，摺出五邊形

　　不是所有的形狀都像圓一樣規規矩矩。要用圓規弄出一兩個圓很容易，但是畫出有五個邊的五邊形就難了。用直尺畫出有五個邊的形狀還算簡單，不過如果你想讓每個邊的邊長一模一樣，成為「正」五邊形，你的希望可就要落空了。大家都知道幾何學開始於古希臘人，而且他們很喜歡正五邊形。若能畫出正五邊形，你甚至就取得了加入某個祕密數學俱樂部的資格。我無法提供你機會，但可以讓你看一個極為簡單的祕技。

　　拿一個長紙條來，簡單交叉打個單結，接著慢慢把紙條拉緊，同時把它整平，最後這個結會弄成正五邊形。如果不信，你可以量一下各邊長；如果還是不相信，我會在〈書末解答〉驗證這些邊理論上是一樣長的。由於我們可以在這麼短的時間內，且幾乎是隨處就能夠迅速摺出這個五邊形，因而使它冠上了「應急五邊形」的刺激綽號。

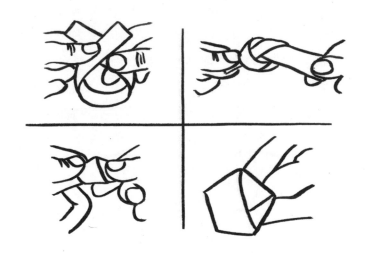

用紙條打個結，會摺出一個鬆散的五邊形。

　　但很遺憾，應急五邊形可能提供不了讓你加入古希臘人祕密數學俱樂部的

權限（或是在絕大多數的緊急狀況下沒多大用處）。到西元前 300 年左右，古希臘人已經沉迷於只用圓規與直尺來畫出形狀了，而在今天，古希臘人和他們如何用尺規做出幾何形狀也仍然令我們著迷，因為他們是最早的數學家之一，而幾何學又是數學當中的第一個領域。圓規與直尺為何能夠算是數學的開端，而這有個很好的理由，**並且**也關係到為什麼光有數目還是永遠稱不上「真正的數學」。

計數（counting）的歷史比繪出形狀久遠得多，這點無可辯駁；數目鐵定早於幾何。有許多紀錄顯示，早在史前時代就開始使用數目了。遠古時代的人通常是在溼黏土上做記號來記錄數目，而且從現存的古代泥板上，可看到用來記錄財務交易與務農存糧、預測潮汐隨月相變化等事物的例子，還有一些泥板上則刻著我們所認為的「練習題」。這些題目都是用來傳授重要數字技巧的謎題，這些技巧隨後還可以拿來實際應用。這一切聽起來也許很像數學，但少了兩件重要的事：沒有人證明過他們做的數學一定正確，而且他們不是為了好玩而做的。

人們一開始使用幾何學，是出於實際的理由，像是劃分田地或蓋建築物。幾何形狀加入數目的行列，成為人類用來發展文明的另一件工具。這一切都因古希臘人而有了改變。他們決定純粹為數學本身而去做數學。對他們而言，這像是遊戲，不僅如此，他們的注意力不止是放在尋找答案上，還要證明他們找到的答案是毫無疑問、千真萬確的。有一個人具體展現了這種新的數學思考態度：歐幾里得。

據我們所知，歐幾里得（Euclid）出生於西元前 300 年前後（古希臘人沒有經常做的一件事就是記錄出生日期）。事實上，就算「歐幾里得」是一整群人的化名，對我們來說也無所謂。無論如何，他（或他們）確實寫了十三冊書，而且這些書流傳至今。這部鉅著統稱為歐氏《幾何原本》（或簡稱《原本》），歐幾里得在書中設法描繪出當前人類所有的數學知識，**並且**證明這全是對的。

歐幾里得不希望有任何人是不得不相信他，或不加查證就相信任何事情：每一步都必須嚴謹證明過。但很遺憾，我們不可能從零開始證明**每件事**：你必須從一些假定為真的事情出發，看看會走到哪裡。因此歐幾里得選出幾件最明顯易見的事來假定，這些事情很顯然是真確的，甚至不需要理由或證據。第一件就是，用直尺可以畫出直線；第二件事是，用圓規可以畫出圓。你大概不會相信，光從這兩個命題出發，就可以把你帶到多遠的地方。

準備好自己的用具，看看能不能用你的直尺和圓規畫出一個三邊完全等長的三角形（即等邊三角形或正三角形）。如果太簡單了，就去畫正方形（四邊必須等長，這很顯然），或試試看正六邊形。當你設法畫正五邊形時，真正的挑戰就來了……一切的嘗試都在表明，你無須未經證明就先假定三角形是存在的。歐氏《原本》中的第一個證明，就是如何用圓規與直尺畫出一個三角形；一旦接受線與圓是存在的，那麼正三角形、正方形、正五邊形與正六邊形自然而然也會存在。

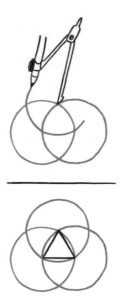

畫出三個圓後，就會冒出一個等邊三角形！

就像我們在數目中看到的，這是抽象化的另一個例子。我們都知道，當人們讓自己從有形的真實世界脫離，設法從抽象的形式去理解形狀時，數學就開始了。直角是從一塊田的角落兩段籬笆實際相交才存在的某種東西，成為一般化的概念。不像數目是以特定底數系統來表示，形狀似乎少了這種限制。圓是圓，直線就是直線，不論你怎麼去表現。那些假想外星人可能會跟我們爭辯該如何把某個數目寫下來，但他們也會不得不同意五邊形是五邊形（無論用哪種語言；我們就繼續用幾何學、直尺與圓規的語言吧，這樣就很清楚自己在哪裡）。

然而有趣的是，假想外星人一開始採用的假設也許會和古希臘人不同。用紙條打結摺出正五邊形，在歐幾里得看來應該不算是令人信服的方法，因為這超出了他的起始假設，但假想外星人可能覺得沒問題。人類發展出對畫圖的熱愛，所以我們對於形狀的理解，很大程度上取決於我們是怎麼樣畫出形狀的，而另一方面，假想外星人也許很愛摺紙，於是傾向從摺紙的角度理解幾何學。幾何形狀事實上多得很，比歐幾里得願意承認的還要多。

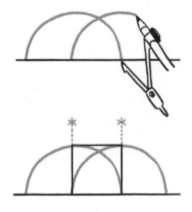

在任一線段上加幾個弧，你就能畫出正方形來。

別太快像古希臘人一樣

有幾件事是古希臘人用圓規和直尺辦不到的，譬如三等分一個角，或畫出一個圓與一個等面積的正方形，而這讓他們**很抓狂**。問題出在他們也無法證明這些事不可能辦到（我們現在知道這幾件事不可能用尺規作圖來做到），所以他們始終認為有可能找到解法，只要他們有足夠的聰明才智。的確，把一個角分成三個較小且大小相同的角，感覺上非常容易，自然會假設這絕對辦得到。

然而透過摺紙，假想外星人要做到這件事並不困難。隔壁頁就是利用摺紙的解法，是在 1980 年由北海道大學的阿部恆（Hisashi Abe）率先提出來的。古希臘人之所以一直沒有發現這個解法，是因為它需要同時讓兩個點與兩條線對齊，這就超出圓規與直尺的能力範圍，但透過摺紙很容易達成。

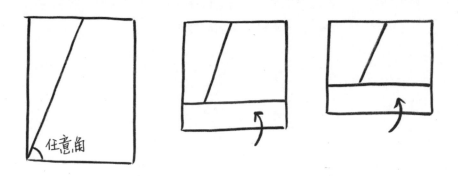

以摺紙法三等分一個角

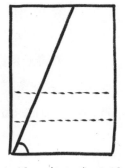 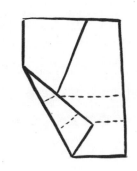

往上摺一次之後再摺一次，這樣就有兩條平行線（摺線1及摺線2）。

把紙角往上摺起，使這個角碰到摺線1，同時讓摺線2碰到原先所畫的角的邊線。

先在一張紙的角落隨便畫一個角。

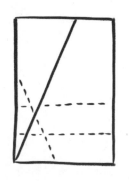 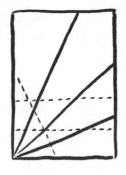

現在摺線1上會有兩個點：紙角碰到它的那點，以及新的摺線與它的交點。畫出紙角與這兩個點的連線，這樣就剛好把這個角一分為三！

　　讓古希臘人受不了的另一件事情是各邊穿越其他邊的形狀。如果你把剛才打出的五邊形紙結拿起來對著光看，會看到當中的五角星形。五邊形與五角星形都是有五個邊且五邊均等長的形狀——只不過五角星形因為各邊互相重疊，而往往被排除在外（這兩種形狀的英文名稱分別為 pentagon 和 pentagram，字尾不同，以避免混淆）。五角星形不是「真正的」形狀，這在某種程度上有點道理，但真是可惜。我會說這是個人喜好的問題。我就很喜歡各邊相交的形狀。

　　如果你不喜歡各邊相交，那你只會有一個七邊形，但假如你不介意偶爾

相交一下——面對現實吧，這年頭誰不是呢？——那麼就會多找到兩個非常棒的正七邊形。若全部包括進來的話，正十一邊形（hendecagon / eleven-sided shapes）就會有五個。在只有一個規則形式的多邊形當中，六邊形是邊數最多的：超過六邊的任何形狀都有兩種以上的規則形式。不過，邊數越多不保證一定有很多規則形式；舉例來說，正十二邊形（dodecagon / twelve-sided shapes）只有兩種。

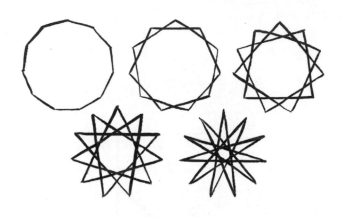

五種正十一邊形。

大家在需要畫星形時老是選擇畫五個邊的五角星形，我認為這太可惜了，為什麼不畫七個邊或九個邊的星形呢？一方面是：假如你真的想練習畫各種不同的星形，最困難的地方就是讓頂點有相同的間隔。下面是幾個預先等距標示好的點，讓你試畫一些星形，你也可以到 makeanddo4D.com 這個網站上列印出更多像這樣的「懶人包」。

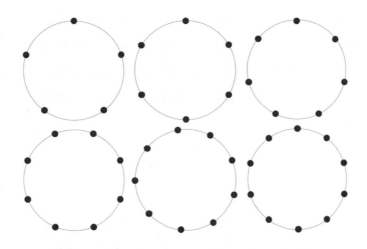

　　在冥頑不靈的規定及癥結之下，（理所當然）難倒古希臘人的最後一件事，是畫出一個有七個邊的規則形狀。這**真的**讓他們很抓狂；經過諸多努力，他們解決了正五邊形的作圖問題，但證明正七邊形很難畫出來。於是他們決定把它暫且擱下，先試其他形狀。接下來幾個正多邊形當中，八邊形與十邊形可以用直尺和圓規來畫出，但九邊形和十邊形似乎就辦不到了。在這之後，正十二邊形很容易，但十三邊形與十四邊形的作圖又都是不可能的任務了。[1]令人洩氣的是，古希臘人懂得的數學太少，無法證明這些形狀是絕對不可能用尺規來作圖的，所以他們只好繼續做白工。

　　我應該指出一件事：並非古希臘人做不出這些正多邊形，而是他們沒辦法用自己想用的方法來畫。用直尺反覆試幾次後，你可以畫出一個很準確的正七邊形，鐵定足以符合隨便一個實際七邊形的需求。讓歐幾里得和他的友人惱怒的是，它永遠不會是真正完美的七邊形。他們在未加證明的情況下願意相信的東西只有直線和正圓形，如果找不到方法讓他們從這兩種形狀出發去做出正七

1　如果你在找無法做正多邊形的模式，最常見且幾乎正確的猜測牽涉到質數。這很接近了。要記住，不但正三角形和正五邊形可以尺規作圖，正十七邊形也可以做出來。

邊形，他們就很不開心。沒有從頭證明過，他們就不肯假定正七邊形存在。

在我看來，古希臘人變得太執迷不悟了。只用線和圓來三等分一個角是有可能辦到的，但需要先在一個地方畫出一圓，再把這個圓移到另一個位置去。由於用尺規無法在紙張上做到這件事，古希臘人覺得它不算是正當的方法。然而這是他們的特權，數學終究是個大型的遊戲，而古希臘人是在自己制定的規則裡玩得入迷。數學也是不容許作弊的遊戲；[2] 你只能繼續新增規則。

這或許是我最喜歡的數學定義：數學是個遊戲，在這個遊戲中你能選擇起始規則——你假定為真或允許的事物——然後設法從這些規則出發去證明新的事實，證明得越多越好。數很單純：你先假定數是存在的，接著開始證明其他事，比方說沒有任何一個十進位自戀數的位數超過三十九位。數的世界非常划算，因為它的起始假設只有一個：數就是一切。但另一方面，幾何學有更大的空間可用來做起始假設。然而數學有一點很棒，那就是一旦選定了假設，你就會跟其他在宇宙中任何地方甚或宇宙之外，使用相同假設的任何人得到同樣的結果。如果我們知道假想外星人在幾何學上使用了哪些假設，我們就能得出相同的結果。

正方蛋糕

我曾經拿披薩問題考朋友，他們在明白我不打算給答案的時候，回敬了一個類似的謎題，就只為了把我惹惱。這個謎題是這麼說的：有五個人等著分食一個形狀是正方的蛋糕，它的裡面是美味可口的均勻蛋糕，外面的五個面全是

2　其實有一個從數學的根本來作弊的重要方法，而且這個方法已經在數學世界裡引發很多爭議：用電腦來幫你執行思考過程。

厚度相等的誘人糖霜。由於這五人喜歡蛋糕也喜歡糖霜（畢竟根據定義它是很好吃的），所以他們想把蛋糕切成五塊，而且每一塊都要有相等的蛋糕體積與糖霜表面積。很顯然，這不但有可能辦到，而且還可以把這個謎題改寫成任意人數分一個正方蛋糕（雖然我仍在等機會把這個知識實際應用在真正的正方蛋糕派對上）。

　　這個謎題和披薩問題的共同點可不止有「派對食物／碳水化合物／高熱量」這個元素：兩者都有超過一個解法。正方蛋糕的傳統解法是要透過層疊錐狀的切法，把蛋糕切成體積可變、而糖霜表面積維持不變的形狀。不過，在我找到非傳統的切法之前，我並沒想到這種傳統解法；我的切法是把蛋糕的上表面切成三角形。幸好我有不止一個虛擬正方蛋糕可讓我試驗。

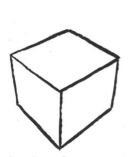

第1步：烤個正方蛋糕，並加上糖霜。

第2步：沿著側面標出三條等間隔的水平切痕（但不要真的切過蛋糕）。

第3步：從蛋糕的上表面開始切，往下斜切出錐狀的五分之一塊蛋糕。然後繼續向下斜切出隨便什麼錐狀的五分之一塊蛋糕。

正方蛋糕的傳統切法

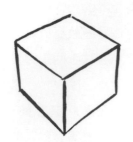 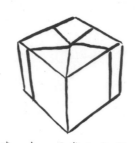 

第1步：烤個正方蛋糕，並加上糖霜。

第2步：沿著上緣標出五個等間隔的點，並跟中心點連起來。

第3步：沿著每條線直直向下切，就切成五塊形狀普通的蛋糕。

正方蛋糕的非傳統切法

　　我的方法是先讓蛋糕的上緣分成等長的五段，然後再找出上表面的正中心。從邊緣的各個記號切到中心點，再直直往下切，因此蛋糕側面的糖霜會切成表面積恰好相等的五個長方形，上頭的糖霜及各塊蛋糕的體積也會是相同的。即使在蛋糕上表面的三角形的形狀不完全一樣，但因為三角形有個古怪的行為模式，所以還是有相同的表面積。

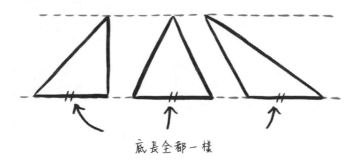

底長全都一樣

　　幾千年來的學生都知悉，三角形的面積是底乘高的一半，通常寫成 $1/2 \times$ 底 $\times$ 高，或 $1/2bh$。老師通常會要學生把這件事背下來，這很遺憾，因為數學講求的其實是證明為什麼事情會這樣。三角形面積該如何計算，這點相當清楚

明白：你可以看出，三角形占的面積會等於（概念上）圍住這個三角形的長方形總面積的一半。長方形的面積是三角形的底長乘以它的高，所以三角形的面積是這個值的一半。

這個面積公式並沒有提到此三角形內的任何一角，這就表示三角形的面積與內角的角度完全無關：一切只跟底長與該底邊到對頂點的高有關。因此，如果有一系列等底、等高但角度完全不同的三角形，這些三角形的面積仍舊一樣。我們的正方蛋糕就屬於這種情況：上頭的三角形全都有一樣長的底邊與高。

角落的幾塊蛋糕看起來較難處理，不過我們可以把這幾塊看成兩個相鄰三角形，並證明合起來的面積是相等的。這確實代表角落的幾塊不如我承諾過的那樣，並不是三角形的，除非你願意接受多出一個角的三角形。是啊，我覺得你不會願意。

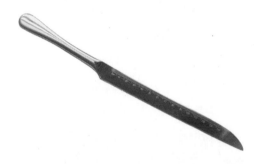

別再爭論蛋糕切得精不精確了！

跟往常一樣，別相信我說的任何一句話。數學家永遠會想要把解法一步一步檢驗過，因為他們喜歡嚴謹的證明。烤個長方[3]蛋糕——有何不可呢？長方

3　長方體的英文是 cuboid，數學家用「-oid」這個字尾代表某樣東西的形式類似、且比該東西碰巧是任何常態更為一般的情況（是從拉丁文字尾 -oides 偷來的）。就蛋糕來說，只要我們讓各個隅角的直角都保持 90 度，邊長就可以改變，且整體形狀看起來仍然很像正立方體，而讓數學家稱之為長方體。

蛋糕該如何切，〈書末解答〉有完整的指導，所以下次你要切這樣的蛋糕時，除了刀子，務必也準備一把直尺。我個人的話，我的蛋糕刀的刀背上就刻有一把尺，確保準確至極。

切披薩的方法不止一種

不光是蛋糕的切法不止一種，切披薩的方法也不止一種。事實上，披薩問題有那麼多解法是很荒謬的。當然，如果你沒找到第一個解，那麼知道自己錯過了不止兩個而是無限多個解，可能也是於事無補的。其中幾個解甚至比我告訴你的第一個解法還要好。

第一個解的缺點是其中幾片互為鏡像，在數學上，我們仍會把這些視為相同的形狀，因為兩片互為鏡像的披薩拿起來之後可以完全重合。兩者是「全等的」（congruent，這個字源自拉丁文的 congruere，意思是「聚在一起」）。全等的條件要比形狀相同更加嚴格，你可以辯稱撞球和月球都是球體，所以形狀相同，然而兩個形狀若要全等，還必須有同樣的大小。

其他的解法是從同樣的步驟開始，把這個圓切成六塊同樣的曲線三角形，但接下來，不是從兩曲線的交點以直線切到對邊的曲線，而是再用一條曲線。現在，沒有哪一塊是另一塊的鏡像，所以沒有什麼好爭論的了：這個方法切出的十二塊完全相同，只是其中一半碰到中間，其餘一半沒碰到。

第一個解使用兩種互為鏡像的形狀，第二個解只需要一種形狀。

　　從這裡開始，解法越變越複雜，而且全都可切成超過 12 塊。[4] 很碰巧，有兩種方法可以把披薩切成完全相同的 42 塊，且不是每塊都有碰到中間的配料。也有很多方法能夠把披薩切成 20、30、40、50 等等十的各個倍數等份。這是個解法五花八門且沒完沒了的謎題，你在〈書末解答〉**不會**找到所有的解。

　　人們可能都覺得數學是很嚴謹的學科，就好像是古希臘人決定了規則，現在每個人都必須效法。實際上，數學是不斷新增規則，然後看看打破規則會怎麼樣。我們不必因為歐幾里得的喜好，而在扁平的紙張上做數學。而且就算遵照同一套規則，往往也會有超過一種做法，有時候完全相同的問題甚至會得出許多不同的解。給數學家一個蛋糕，他們就會給你一個解。

4　還可以找到很多切成 12 等份的解，但全都是同一個主題的變化版。

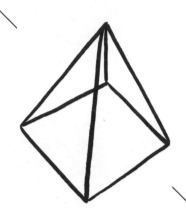

3

忍不住要開平方
BE THERE AND BE SQUARE

美國航太總署（NASA）在 1994 年計算
出一個奇怪的數字碼，並把它暗藏在網站中與外
界隔絕的小角落，直到今天還在。如果你去看 NASA
公開網站的「每日一天文圖」（Astronomical Picture of the
Day）專區，有個隱藏的資料夾叫做「htmltest/gifcity」，裡面
有個檔名如密碼般的檔案 sqrtz.10mil。如果你找到這個檔案並把它
打開，你的電腦螢幕上就會塞滿數字。以下就是那個檔案裡的 1,000 萬
個數字的開頭：

1.41421356237309504880168872420969
80785696718753769480731766197379
073247846210703885038753432764157 2...

　夠了嗎？我不清楚 NASA 為什麼要弄出這所有的數字，但我可以猜個八九不離十。這其實是數學家相當熟悉的數：2 的平方根或稱「根號 2」。把一個數乘上自己，我們會說把那個數「平方」。把根號 2 自乘，得到的答案就是 2。至於 NASA 為什麼要算出這個數的前 1,000 萬位數字，我的猜測是：純粹是因為 NASA 的工程師覺得很好玩。

　數學家似乎對平方數某種奇特的迷戀。如果從普通的數出發，如 1、2、3 等等，把這些數平方，就會得到 1（1×1）、4（2×2）、9（3×3）等等。根據慣例，每當我們把一個數平方，我們不是把每個數寫兩遍，而是在這個數的右上角寫個小小的 2，例如 $1^2 = 1, 2^2 = 4, 3^2 = 9$。這些平方根及上標不時出現在各種謎題和遊戲中，好比說：把數 1 到 16 重新排列，使得相鄰兩數相加之後一定會等於某個平方數。（等一等，還沒開始啊……）

　我抗拒不了這個誘惑：我太愛平方了。有一次我和幾個朋友在酒館裡，我們點餐的桌次是 36 號，所以我在吧檯就這個數字發表了一點意見。然後我突然想到：還有其他的形數，而 36 除了是平方數（正方形數），也是「三角形」數。我從沒想過既是正方形數又是三角形數的數，這讓我一時說不出話來。我只能假設吧檯人員感受到同樣的頓悟，因為他們就只是站在那兒盯著我看。

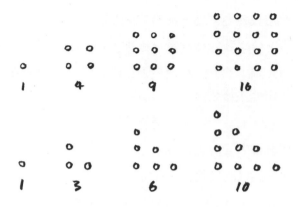

前四個正方形數及三角形數。

　　平方數與正方形的關聯相當容易理解。如果一堆東西的數量是平方數，你就可以把這堆東西排成正方形。其他的形狀也做得到這點，所以數目是三角形數的一堆東西可以排成三角形。36 既可以排成 6 乘 6 的正方形，也可以排成 8 乘 8 的三角形。除了無聊的 1 以外（我把它略去，因為它實在**太單調乏味了**），36 是同時身為正方形數及三角形數的最小的數，比它更小的正方形數（4、9、16 及 25）都不是三角形數。現在我想找出 36 以後的下一個三角兼正方形數。感謝老天爺，跟我一起喝酒的兩個朋友也是數學家，我們很快就開始嘗試找出其他的例子。但不管我們喝了多少，都想不出半個。

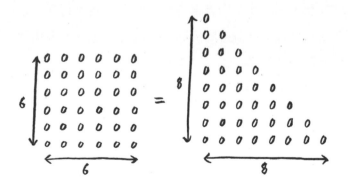

我們想得到的可找三角兼正方形數的簡單方法都行不通——在沒有拿出筆記型電腦的情況下。所以我們把筆電拿出來，在一張工作表上把幾千個正方形數列成一欄（見第 1 章，關於「數學作弊」的腳註）。先來點代數：如果令字母 n 代表任意數，可知那個數的平方為 n^2。三角形數就稍微複雜一點了，第 n 個三角形數是 $n \times (n+1) \div 2$（因為兩個三角形會拼出一個 n 乘 $(n+1)$ 的長方形）。不過，工作表很方便計算這些東西，於是我們很快就多了列有幾千個三角形數的一欄。真是美好的一晚！（我可沒有鼓勵大家酒後推導數學。[1]）我們現在只要找出同時出現在兩欄中的數就行了。36 之後的第一個數是 1,225，接下來是 41,616、1,413,721 及 48,024,900。

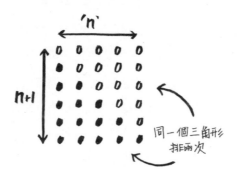

然而即便有筆電可用，身陷酒館的三個數學家仍然不是數學上的領先者。其他人永遠會執意更進一步，而且果真有數學家已經找到符合各種形狀的數。像五邊形、六邊形這樣有多個邊的形狀，統稱為多邊形，因此就有各種多邊形數。我們來看幾個多邊形數吧（在〈書末解答〉還有更多）。前幾個五邊形數是 1、5、12、22 及 35，而前幾個六邊形數是 1、6、15、28 及 45（〈書末解答〉還有更多）。在 0 和 1 之後最小的正方兼五邊形數是 9,801（下一個是超級龐大

1　譯按：此處作者的原文是 drinking and deriving，借自「酒後駕車」的英文 drinking and driving。

的 94,109,401）；在 100 萬以內（0 + 1 之後），只有兩個三角形兼五邊形數：210 及 40,755。目前還沒有人找到同時是三角形數、正方形數、五邊形數的數。數學家已經檢驗到有 22,166 位數的所有的數，都沒有找到……但在有人證明這些數不存在之前，數學家還是會繼續尋找下去。

現在有個清楚浮現的問題就是：「為什麼？」事實上，現在有幾個很好的問題全都在問「為什麼？」而且問得頗有道理：數學家究竟**為何要**花寶貴的時間尋找這些奇怪的數？當然不是因為這些數很有用：沒有實際的理由可解釋為什麼想找到這些數。尋找的過程就像某種遊戲；找到這些數就是遊戲本身的報償。你可以把大部分的數學想成像在看火車或是集郵。呃，我可能挑了兩個不是最好的例子。我是在設法說服你接受這件事。好吧，或許就把數學看成像是在狩獵大型獵物或是打刺激的電玩遊戲：樂趣就在尋覓及完成難關當中。

言歸正傳，回到我們前面舉出的難題。

如果你剛才試過把數 1 到 16 重新排列，好讓相鄰兩數相加後會等於某個平方數，那麼你就已開始向數學家的身分邁出一步，而且你將會想出下面這個排列結果：

$$8-1-15-10-6-3-13-12-4-5-11-14-2-7-9-16$$

我希望你在越接近解開謎題的時候，會有在開闊非洲草原上看到大型獵物，或在英國赫特福郡荒郊看到難得一見的 LNER Pacific 蒸汽火車頭的興奮感。老實說，興奮的程度不相上下。不論是哪一種，都是驅使人類做數學的原因。事實上，我們認為正是這種對平方數的迷戀催生出數學。數學誕生之後，為人類帶來了各種利益，但那並不是它的原意，現在也不是。的確，有一部分的數學純粹是為了實際目的發展出來的，但儘管如此，它的根基仍是某些原本為了好玩而生的數學。應當要這樣。

麻煩的畢達哥拉斯教派

　　歐幾里得也許是第一位嘗試把所有的數學整合成一個有條理、嚴謹的學科的數學家，不過在他之前出現了第一位數學巨星：這個人——傳奇人物——就是畢達哥拉斯（Pythagoras）。世世代代的學童對他的大名的認識都是「跟三角形有關的那個人」，可實際上他可能是從事真實、真正的數學的第一人。他不僅發現了存在於形狀與數的模式，還證明那些模式永遠成立。

　　出乎意外的是，儘管畢達哥拉斯大名鼎鼎，但我們對他的生平事蹟幾乎一無所知。畢達哥拉斯活躍的時代比歐幾里得還早，西元前 6 世紀出生於希臘的薩摩斯島，到西元前 535 年左右他的年紀已經夠成熟，能跑去埃及住上一段時間。之後他返鄉一小段時間，組了一個社團——畢氏半圓（Semicircle of Pythagoras），最後他定居在義大利南部的克羅托內，在那裡創辦了一個具哲學宗教性質的組織。畢達哥拉斯學派（Pythagorean Society）當然從事了大量的數學，不過與其說他們是別的組織，不如說是個宗教團體。他們相信「從最深層的意義來看，實在（reality）的本質是數學」，但又更加特別運用哲學去實現心靈的淨化。如果你想研究畢達哥拉斯不同尋常的信仰（以及對豆子的反感），相關的奇觀軼事還不少。

　　在數學上，這個學派的成員做了許多現代人會覺得很熟悉的事，包括探究三角形數。一般也認為這個音樂上的概念是畢達哥拉斯發展出來的：和諧的音之間有簡單整數比。我們認為歐幾里得的著述當中，很大一部分是畢氏學派先發現的，包括幾乎整個《幾何原本》第 4 卷。然而最讓畢氏學派出名的是畢氏定理，這個定理描述了所有的直角三角形都具備的永恆特性。畢氏定理的證明是《原本》第 1 卷的最精采處，整卷當中的其他內容全都推向這個最高潮。

　　總而言之，畢氏定理是在說：如果你把任意直角三角形的三邊長度平方，兩個短邊加起來會等於長邊（直角三角形的最長邊通常稱為斜邊，斜邊的英文

字 hypotenuse 是古希臘人給的）。措詞傳統些的說法是：斜邊的平方等於另外兩邊的平方和。歐幾里得則是這麼說的：「在直角三角形中，直角所對的邊上的正方形會等於夾著直角的兩邊上的正方形（之和）。」若套用世世代代學子們的說法，就是：「為什麼我們需要知道這個？」

在一開始，從事數學的範圍僅限於人們需要知道的東西；數學是用來完成工作的實用工具。人類最初可能是因為需要，也許是為了計算如何砌起一道牆或平均劃分一塊田，才開始探究直角三角形。把三角形用於實際用途的一些人可能已經注意到，兩邊的平方相加起來會等於第三邊，並且應用了這件事。在畢達哥拉斯重新發現畢氏定理之前一千年，[2]巴比倫人就已經熟知這個跟直角三角形有關的定理了，而且畢達哥拉斯在埃及遊歷時，埃及人已經在使用這種三角形了。

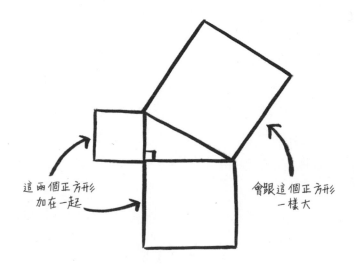

這兩個正方形
加在一起

會跟這個正方形
一樣大

畢達哥拉斯送給數學的禮物並不是定理本身，而是他證明了這個定理對所有的直角三角形來說都是對的。在畢達哥拉斯之前，所有的數學都是應用在真

2　而且毫無疑問地，在印度與中國及其他古代文明似乎也總是會發生這些情況。

實世界的事物上，都與實物有直接關係，畢達哥拉斯算是不愁實際應用、把數學當成抽象主題來思考的第一人。他證明了，這個正方形總和的模式並不是偶然出現的，只在人們遇到且檢驗過的那些三角形碰巧成立，而是對（歐氏幾何）宇宙裡任何地方的任意直角三角形來說都正確的模式。

　　但很遺憾，畢達哥拉斯對於數學的各種可能性的態度，不如他應該要有的那般開明。他的定理讓我們看到，如果有個直角三角形，兩短邊的長度恰好都是 1 單位（公分、英寸、英里等等，隨便什麼單位都可以），那麼第三邊的長度一定會是 2 的平方根（1.4142 公分、英寸、英里等等）。如果量一下你先前畫過的正方形，對角線長剛好會是 2 的平方根。但是畢達哥拉斯拒絕接受 2 的平方根存在。

　　畢氏學派認為，不管什麼數，都可以找到相除之後會得出該數的兩個數，這意思就是，對任意數 n，都可以找到另外兩個整數，例如 a 及 b，使得 $a \div b = n$。不過，他們錯了，而且 2 的平方根就是反例：它不是兩個不同的數相除的結果。傳說有個畢氏學派的成員意識到他們錯了〔據說那個傢伙名叫希帕索斯（Hippasus），但古代的文本寫得不清不楚〕，結果他們把他推下海淹死，以示懲罰（也可能是為了別的事情——細節往往會隨著時間模糊不清）。無論如何，畢氏學派可能已經發展出我們所知道的「數學證明」，只不過他們在遇到不喜歡的結果時選擇置之不理。

井井有條

　　16 世紀晚期，周遊世界的探險家華特・雷利爵士（Sir Walter Raleigh）需要解決一個數學問題（雷利爵士對英國有不少貢獻，像是大力開拓北美殖民地，

據說也是他把馬鈴薯和菸草引進英國的）。幸好他讓一個數學家留在船上，於是問他有沒有什麼快速的方法，可把砲彈堆成正四角錐，然後算出裡面有多少顆砲彈，而不是用「就去數一數」的老套。他的數學幫手是湯馬士・哈里奧特（Thomas Harriot），哈里奧特在歷史上也是重量級人物，是透過望遠鏡觀測太陽黑子和月球的第一人。

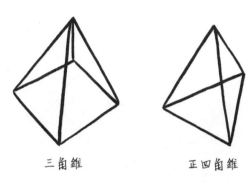

三角錐　　　　　正四角錐

　　如果你有夠多的砲彈，也可以親自堆堆看。假如沒有，橘子是很好的球狀替代品，但橘子的麻煩在於它們會想堆成三角錐，而不是雷利感興趣的正四角錐。如果一開始的砲彈數為三角形數，接下來各層就擺成越來越小的三角形，最後在頂端只放一顆砲彈，堆積的過程非常順利。三角錐的正式名稱叫做四面體（tetrahedron），所以這樣堆積成的橘子數就稱為「四面體數」。倘若一開始是把砲彈排成正方形，然後往上堆越來越小的正方形，你就會堆起一個正四角錐，雷利爵士想計算的就是這些正四角錐數。

　　哈里奧特可以算出，堆成 n 顆砲彈高（n 為任意數）的正四角錐裡總共會有 $n \times (n + 1) \times (2n + 1) \div 6$ 顆砲彈。如果你願意的話，可以驗算一下。倘若你堆了三顆橘子高的正四角錐，就會需要 14 顆橘子，果然，$3 \times (3 + 1) \times (2 \times 3 + 1) \div 6 = 14$（即 $3 \times 4 \times 7 \div 6 = 14$）。我很喜歡在腦袋裡假想一整船的人，在作戰如火如荼之際放下一切去做計算，確定他們有充足的砲彈儲備量。

　　如果你真的把砲彈堆成正四角錐，現在你可以把這堆砲彈打散，設法重新

排成正方形。從雷利的問題後來衍變出這個謎題：哪些正四角錐數的砲彈堆可以重新排列成一層正方形？這個難題的答案稱為「砲彈數」，我把這些數視為所有這類多邊形數的老祖宗。我最喜歡的砲彈數是……4,900——而且它不光是我最喜歡的砲彈數；我敢保證它也會是你最喜歡的砲彈數。4,900 是這個謎題**唯一**的可能解：其他的正四角錐數都不是正方形數。

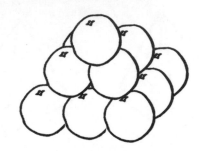

　　4,900 這個解，是法國數學家艾杜瓦・盧卡斯（Édouard Lucas）在 1875 年發現的（不管是不是發現，至少是他把這個解推廣的）。盧卡斯認為這**可能是**唯一的解，但沒辦法證明。當數學家猜測某件事情是對的，但無法確切證明時，這件事就稱為猜想（conjecture）。因此，「4,900 是唯一的砲彈數」是盧卡斯的猜想。麻煩的是，後來的人可能會證明出這些猜想是錯的，然而在這個例子中，盧卡斯的直覺是對的：1918 年，有人**證明出**除了 4,900 之外，就沒有別的砲彈數了。

　　盧卡斯是我最喜歡的數學家之一，因為他不但做出了一些很棒的數學結果，他還是「休閒數學家」的先驅。休閒數學家是一些愛好數學，會把數學純粹當成樂子來打發時間的人。盧卡斯的著作《娛樂數學》在 1882 年至 1894 年間出版（可惜仍然只有法文版），四卷當中收錄了各種很好玩的數學遊戲和消遣活動。盧卡斯也做了有史以來第一個「攻城略地」（Dots and Boxes）遊戲的描述，這個遊戲到今天還在世界各地的教室裡占用掉學生無盡無休的時間。

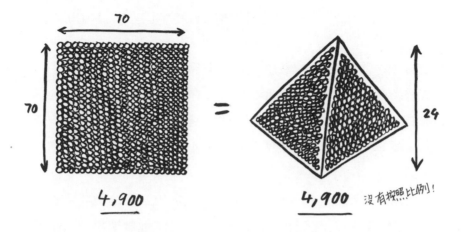

70

70

= 4,900

24

4,900 沒有按照比例！

　　我自己也是個休閒數學家,而且受到盧卡斯的啟發,想找出其他跟砲彈數類似的數。我選擇了既是某個多邊形數,又能堆成底面是該多邊形的角錐的數。我的初次突破是,946 個砲彈可以排列成邊長為 22 個砲彈的六邊形,或是堆成 11 個砲彈高的六角錐。後來我又發現,1,045 和 5,985 都是八邊形數與八角錐數。我玩上癮了,還想繼續玩。

　　當時我沒有用工作表,而是寫了一個電腦程式(程式設計也是我的嗜好)。我一讓程式開始執行,就覺得自己應該會陷入痴狂,於是讓程式跑一整夜,看看能得出什麼結果來。到了早上,迎接我的是 90,525,801,730 這個數。結果就是,如果你有超過 900 億顆砲彈,就可以排列成邊長為 2,407 個砲彈的 31,265 邊形——或是重新堆成 259 層高的 31,265 角錐。

　　我很確定,許多大數的功能跟 90,525,801,730 有點像,但這個數是我的。就我所知,是我最先發現它的。自從有了時間以來,90,525,801,730 這個數就存在了,而且既是 31,265 邊形數也是 31,265 角錐數,但注意到這件事的第一個人類是我。要是我們哪天真的遇到假想外星人,也許他們根本沒什麼空閒找這個數,那麼這就會是我可以拿給他們看的新東西:我個人的大型獵物。

計程車！

20 世紀有一位最偉大的數學家幾乎全靠自學，他也是我最愛的立方數（也是可排成正立方體的數）故事的主角。在印度長大的拉馬努金（Srinivasa Ramanujan）就是禁不住要做數學。雖然沒有受過指點，他卻能在沒有任何人給他看過的情況下，獨自重新發現了各種數學理論。他還發現了一些前所未見的新數學事物。

但很可惜，因為是自學，所以他孤立地發展出自己的數學系統。他的記法跟平常的數學記法太過不同，結果當他寫信給其他數學家時，他們都把他當成瘋子。他的特異記法裡有一些隱晦難解的記法，譬如「$1 + 2 + 3 + ... = -1/12$」，從這裡你就看得出來為什麼了。他的其中一封信在 1913 年 1 月 16 日送到了哈第的手上，哈第可以解讀拉馬努金所寫的內容，而且看出他所做的數學非常不同凡響——他正在做沒有其他人做過的數學。哈第很快就安排拉馬努金到劍橋，跟世人分享他的數學。多年後，在哈第漫長而傑出的生涯尾聲，匈牙利數學家保羅・艾狄胥（Paul Erdős）顯然問到了他對數學的最大貢獻是什麼，結果他回答：「發掘拉馬努金。」

從 1914 年至 1919 年，拉馬努金在劍橋和哈第一起生活及工作，直到他不幸生病為止，然而這並未阻止他做數學。有一次哈第坐計程車去倫敦南部的醫院探望拉馬努金，一到醫院，便隨口提到他坐的計程車車牌號碼是相當無聊的數字 1729，希望不是不好的兆頭。結果拉馬努金立刻回應說，1,729 其實很有意思，因為它是可以用兩種寫法寫成兩個立方數的最小數字。確實沒錯，1,729 既等於 $9^3 + 10^3$ 也等於 $1^3 + 12^3$。這個數字現在稱為計程車數或拉馬努金－哈第數。想到哈第也欣賞過休閒數學，我就很高興。自從得知這個故事，我每次坐計程車都會看一下車牌，但到目前都還沒有遇到這個有名的 1729。

話說 NASA 與數字

　　我們回到開頭所談的話題。我之所以認為 NASA 是為了好玩才算出 2 平方根的那麼多位數字，原因就在於此。驅使大多數的數學家及每位休閒數學愛好者的動力，就是為了好玩。另一個重大的暗示就是，那個網頁上是這麼說的。那些數字是 NASA 的羅伯 · 內米洛夫（Robert Nemiroff）「在幾週的時間裡利用一台 VAX alpha 電腦的空檔」計算出來的。所以搞了半天，NASA 的工程師們有一台閒置的尖端電腦，認為他們週末時可用來跑跑程式。為了好玩。他們還計算了其他幾個數的平方根。

　　我不能指責他們，而且計算平方根對電腦來說是很好的考驗，部分原因在於這是永遠完成不了的工作。平方數的平方根很容易找到，因為平方數是乾淨俐落的整數，利用簡略的符號 $\sqrt{}$ 代表平方根，就有 $\sqrt{1}=1$、$\sqrt{4}=2$、$\sqrt{9}=3$，以此類推。但是如果你想找非平方數的整數的平方根，譬如 $\sqrt{2}$，數字就會沒完沒了繼續下去。這正是 NASA 為什麼能計算到超過 1,000 萬位：數字永遠沒有盡頭；這個問題永遠解決不完。就算你把根號 2 的前一百位數字平方，答案仍舊不是 2。

$$
\begin{aligned}
&1.41421356237309504880168872420969807856967187537694807317 \\
&6679737990732478462107038850387534327641572 \\
&\times \\
&1.41421356237309504880168872420969807856967187537694807317 \\
&6679737990732478462107038850387534327641572 \\
&= \\
&1.99999999999999999999999999999999999999999999999999999999 \\
&99999999999999999999999999999999997921066900256462438\,17\ldots
\end{aligned}
$$

有一天我窮極無聊，決定看看我能不能找到平方根開頭幾個數字跟本身一樣的數。果然找到幾個！後來我還找到了像這樣的整族數字，我把這些數稱為嫁接數（grafting number），因為它的「（平方）根」就像是從該數本身「生長」出來的。不過，光是找到這些數對我來說還不夠，我就像個真正的數學癮君子，想獲得更多的快感。

$$\sqrt{764} = 27\cdot64054992\ldots$$

$$\sqrt{76394} = 276\cdot3946454\ldots$$

$$\sqrt{7639321} = 2763\cdot932163\ldots$$

尋找並記錄這樣的數字，非常像在集郵，我所做的不過就是寫下這些數，然後給它們一個名稱。雖然這是完全合理的數學樂子，但若是要有真正強烈的數學刺激感，你必須找出背後的模式，這就是從描述某件事走向解釋其原理的階段。經過一點嘗試，我看出一些嫁接數是從哪來的：這些數全都來自 $3 - \sqrt{5}$ 這個式子，每個數無條件進位到整數之後都有奇數位數。我很自豪地把它命名為嫁接常數。

GRAFTING CONSTANT:
$$3-\sqrt{5} = 0.7639320225002103035908263312687237645593816403\ldots$$

GRAFTING NUMBERS:
$$\lceil (3-\sqrt{5}) \times 10^{2n+1} \rceil$$

嫁接常數

764
76394
7639321
763932023
76393202251
7639320225003
76393202250021031
7639320225002103036

嫁接數

此後，其他數學家開始進一步研究我的嫁接數。對我而言，這些數掌握住了讓數學成為一門藝術、不單純為實際應用而考量時的那些層面。第一個層面是找到並描述模式；第二個層面是找出為什麼有那些模式，並證明這些模式會永遠成立。最後，這一切事情都只是為了好玩才做的，純粹就是為了找樂子啊。

4

改變形狀
SHAPE SHIFTING

　　現在該來玩點好玩的了：拿出你的剪刀。

沒有什麼東西比一把剪刀更有資格說，現在該來

做些可能會有一點受輕傷危險的事情。讀這一章的時

候，你需要準備一個圓規和一把剪刀，也會用到一些做紙

箱用的那種厚瓦楞紙板，切下兩個直徑 10 公分（即半徑 5 公

分）的圓形紙板。你可以用圓規做，或是把這本書上的範本裁切下

來，放在瓦楞紙板上照著裁切。做好圓形紙板並定出中心點（如果你

是用圓規做的，就不必做這個步驟，因為圓規尖腳戳出的小洞就能當成中

心點）之後，就在每塊紙板的邊緣往中心點切一道開口，切到 29％的地方（若

半徑為 5 公分，就是切大約 1.5 公分長）。開口的寬度要夠寬，兩個圓板才能插在一起。把插在一起的圓板放在桌上，然後你就會看到這個玩意兒奇蹟似地以一種奇特的擺動滾離原位。

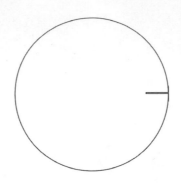

照著這個搖搖卡範本裁切兩個圓形紙板。

　　這個東西叫做搖搖卡（Wobbler），只有在兩個圓板相交得恰到好處時才會成功。如果相交得太多，它會如圖中所示停在狀態 A，兩個圓板與桌面成 45 度角；如果相交得不夠多，就會停在狀態 B，其中一個圓板豎直，與桌面垂直。唯有開口恰好是半徑的 29.2893％時，才會相交得恰到好處，「搖搖卡」會繼續擺動下去。好啦，因為有摩擦力和空氣阻力，最後顯然還是會慢下來（而且大概幾乎不太可能把厚紙板的開口切得準確到小數點後幾位），不過，如果你的「搖搖卡」做得夠好，再輕輕吹氣給它一點動力，起碼會讓它橫越桌面甚至房間。」

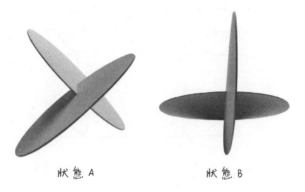

狀態 A　　　　　　　狀態 B

　　「搖搖卡」會擺動的原因是，在它向前移動時它的重心（或質量中心）不會上下移動（它就像剛拿下國際保持水平大賽冠軍的平穩東西一樣沉穩）。要抵抗重力抬起一個有質量的東西，需要花力氣並消耗能量，所以物體並不會自己滾上坡，同樣地，一個物體在滾動過程中若需要你幫忙抬起它的質心，這個物體在平面上也不會滾動。輪子做成圓形會跑得那麼順暢的原因就在於此：圓形沿直線向前滾動時，質心的高度維持不變。這也解釋了輪子做成正方形為什麼是糟糕的點子。如果碰一下方形輪子，它不會滾動；方輪需要你用力推一把，讓它把質心抬高到能夠翻過一個角，而落在自己的下一條邊上。圓形輪會在平坦的地面上滾動，方形輪就需要有人持續推動。

　　你可以驗證一下，「搖搖卡」的質心距離地面的高度在狀態 A 與狀態 B 中是完全相同的，證明過程只要用到一點畢氏定理，不需要什麼更複雜的數學。〈書末解答〉有完整的證明，包括告訴我們為什麼開口必須切到半徑的29.2893％的那一步（簡單說，這樣才能讓兩個圓心恰好相隔半徑的 $\sqrt{2}$ 倍）。神祕的數 $\sqrt{2}$ 又出現了，把我們帶回到平方根。要證明質心保持在這個高度，過程就複雜多了，不過這個結果在 1990 年就由數學家大衛・辛馬斯特（David Singmaster）成功證明出來了。即使高度不變，質心還是會左右搖擺，這也是為無什麼「搖搖卡」前進得跟跟蹌蹌，就像酒喝多了。

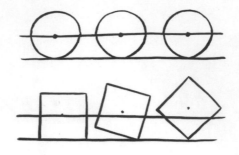

圖如果觀察得夠仔細，你就會看到這個圓在滾動。

我所能找到最早提到「搖搖卡」的資料，是 1966 年發表在《美國物理期刊》上的一篇短文，作者是史都華（A. T. Stewart），短文在談他所稱的「雙圓滾軸」（Two-circle Roller）。人類使用圓形來滾動已經有幾千年了，輪子名列人類的第二大發明（僅次於火，而勝過切片麵包），所以我覺得很不可思議，這種新的滾圓方法居然在 1960 年代才有人發現。這種方法也可以用在橢圓形上。就像正方形是四邊都等長的長方形，圓是兩個半軸等長的橢圓。雖然橢圓不會照傳統的方式滾動，我們還是可以把兩個橢圓相交做成「搖搖卡」，但要切多長的開口必須看橢圓的形狀而定。

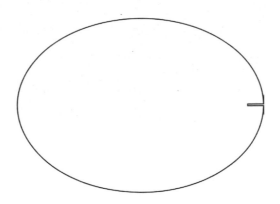

在橢圓的情況中，兩個圓心相隔的距離不是 $\sqrt{2} \times$ 半徑，而是 $\sqrt{2} \times \sqrt{2(\text{半長軸})^2 - (\text{半短軸})^2}$。

不過，我們不該太快把方輪歸為完全無效的輪子。只要給它一個量身訂製的表面，正方形也能滾動得很暢快：這種路面有彎曲的隆起，如此一來，方輪質心高度的上下變動可跟路面的下上起伏互補，而變成是保持在一直線上。為了跳出這種曼妙的舞步，方輪只有一個完美的舞伴：一種非常特殊的曲線，稱為懸鏈線（catenary，顧名思義，這是鏈條懸掛在兩點之間時所成的形狀）。如果你握住鏈條的任一端，就可以看見這種曲線（繩子稍微輕了些，無法垂墜成完全相同的形狀）。把懸鏈線上下翻轉並重複幾次，就構成了可供方輪使用的完美路面。同樣地，不止有方輪如此：只要有專屬的奇特顛簸路面，幾乎所有的形狀都能夠滾動。

看看照片中的男士一臉騎得輕鬆自在的模樣。

寬度固定不變的形狀

在我打字時，面前的桌上有一枚百慕達群島的三角硬幣（你就知道他們那裡發生了什麼事），這是 1998 年由百慕達造幣廠鑄造的限量版 3 元硬幣。限量當然是有好處的：三角硬幣永遠不可能實用。在歷史上，硬幣通常是圓的，因為圓形鑄造起來比較容易，而且沒有特別容易磨損（還會戳穿你的口袋和錢包襯裡）的尖角。到了現代，硬幣有大小不一的直徑，就方便像自動販賣機之類的機器人識別硬幣。圓形硬幣可以在自動販賣機內部的通道往下滾，同時接受直徑檢查，不論方向怎麼變。方形硬幣的寬度（相當於它的直徑）會隨著轉動角度而有不同，因此會給自動販賣機製造各種麻煩。

我不清楚三角硬幣會產生什麼情況，於是上網找來了一枚（花了我不止 3 塊錢的百慕達元），以便好好研究研究。認證證書上列了一大堆官方統計數字，看起來這枚硬幣是 20 克的 0.925 純銀鑄造的（0.925 是法定純度，但這個數字讓我有被人敲竹槓的感覺），限量發行 6,500 枚，直徑 35 毫米。可是三角形怎麼會有直徑呢？三角形寬度不一，就看你在哪個位置測量，不是嗎？然後我就拿出直尺，從幾個方向量了一下，結果都量出 35 毫米，看樣子大概可以證明證書所言不虛（以及精確度）。原因在於，這枚百慕達 3 元硬幣不是普通的三角形。

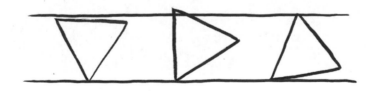

圖稍微轉個小角度，三角形就能假裝變高了。

磨圓的三角形與百慕達銀幣。

事實上我們在前面看過這個形狀了，請翻回到〈製作形狀〉這一章的圖，看一下用來畫等邊三角形的那一連串的圓。這枚硬幣的形狀就躲在後面，藏在經常被忽略的作圖線當中。三個角以直線相連起來，就形成三角形，但也可以用三條圓弧相連，這樣就構成了這枚 3 元硬幣採用的磨圓等邊三角形。我們提過的披薩問題的解法，背後隱藏的正是這個形狀。

除了是很好的切披薩方法，這個有三個邊的形狀還有個非常棒的性質：不論放置的方向，高度都一樣。這代表它可以滾動。如果你把「搖搖卡」的兩個圓板取開平放在桌上，可以讓它們在兩把平行放置的直尺間滾動，因為圓有固定不變的寬度（基於某種理由，我們會用「寬度」描述這個性質，而不用「高度」或「直徑」）。拿更多瓦楞紙板來，把圓規的半徑張開到 10 公分，像前面那樣畫三個相交出等邊三角形的圓（不必畫出完整的圓，只要畫三個弧，能構成三角形各邊就夠了）。把這個形狀裁下來，照同樣的步驟再做一遍，這樣你就有第二個一模一樣的形狀。把兩張三角形卡放在兩把平行的直尺之間，它們就會滾動得很暢快。如果你把三角形拿走換成圓形，兩把尺的間隔始終保持 10 公分遠。

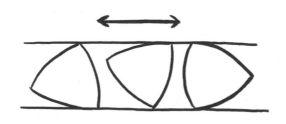

倘若這些聽起來太費事，可以去找些 20 便士或 50 便士的英國錢幣，這兩種硬幣都是正七邊形的，但每邊都磨圓了。你可以在紙板上裁出這個形狀，方法是把圓規尖腳固定在各角，畫出對邊的弧。奇數邊的正多邊形就可以這麼做。你的 50 便士實體硬幣和你用圓規、瓦楞紙板做成的硬幣，都會在兩把平行直尺間滾動得極為暢快，因此奇數邊的七邊形 50 便士和 20 便士雖然不是圓形硬幣，但都仍然會在自動販賣機裡暢行無阻。不過，澳洲自從 1969 年就推出了有 12 個平邊的硬幣，英國在 2017 年也推行一種平邊的硬幣，而且自動販賣機能夠處理相當多種的寬度變化，因此把邊磨圓的做法稍嫌多此一舉。

圓邊的等邊三角形有許多想不到的性質，因而博得一個特別的名稱：勒洛三角形（Reuleaux triangle，是以 19 世紀德國工程師法蘭茲 • 勒洛的姓氏來命名的）。除了鑄幣，你還可以利用這個形狀做成可鑽出近似方形孔的鑽頭。由於方形樁釘很少見，圓形樁釘跟方形孔又格格不入，所以實際上方形孔鑽頭不如聽起來那麼有用。然而美國在 1978 年核准一項專利，就是用一個勒洛三角形鑽頭去鑽探煤礦（專利號 4074778）。我相信這項專利目前仍然完全沒有人爭奪，這種設計也完全沒有人採用過。

一連串的可滾動不規則形狀

這些寬度固定不變的形狀，遠比單純的勒洛三角形及正多邊形家族的其餘形狀來得稀奇古怪。我們現在要挑戰看看能不能做出一個形狀，不管怎麼轉動寬度都仍然完全相等。任何一個像這樣的形狀都應該會跟圓形一樣，在兩把直尺之間滾動得很暢快。

第一關：角不相等

第一個挑戰是要做邊數為奇數、所有邊長都相等、但每個角都不相等的形狀。半規則的五角星形還算很容易畫。針對這類形狀的作圖，比較容易的畫法是用該形狀的星形版本：在這個例子中，就是用五角星形代替五邊形。因此，先選擇你要的邊長（同樣地，10 公分就很理想，會讓形狀跟你在前面做出的成品相容），然後畫出前三個邊，你想畫在哪裡就畫在哪裡，只要第三條邊有從第一條上方交叉通過即可。自由發揮的步驟到此為止；為了讓這個五角星形的邊長都是 10 公分，而且又要連回起點，所以最後兩邊只能在一個位置相交。

把這個變形的五角星形變成固定寬度的形狀，就像做勒洛三角形一樣容易。把圓規尖腳固定在這個星形的各頂點，畫出對邊的弧，由於各邊等長，這個弧會很工整地把頂點兩兩連起來。無論最後做出什麼歪七扭八的形狀，你都可以很有把握地說，這個形狀會有固定不變的寬度。你可以把它裁下來，拿任何一個 10 公分寬的形狀來檢查一下，或是做兩個不一樣的形狀，如果你真想挑戰極限的話。

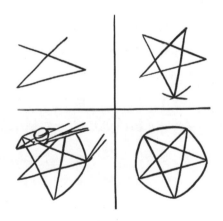

假如你不但想挑戰極限，還想翻越鐵絲網，那麼同樣的方法對邊數為奇數的任何形狀也適用，所以你可以試試看七邊或九邊的歪斜星形，然後加上圓弧邊。這裡的難題在確保各角的順序是正確的，如果順序弄錯了，弧線會跟邊線

相交，形狀就畫不成。不過一旦掌握到正確的順序，你要加多少邊都沒問題。很可惜，邊數超過九的形狀看上去開始跟略微歪掉的圓形差不多，就像賣場購物車上的輪子一般。

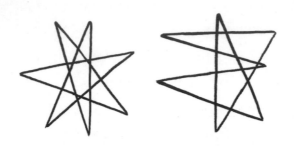

這兩個七邊形當中只有一個畫得成，猜猜看是哪個？

第二關：邊長不相等

好，現在我們準備晉級了，要做寬度固定、邊數為奇數且邊長不相等的形狀。因為弧形邊不會再把各角兩兩相連，所以比較複雜，但這個問題可以解決，方法是把原來的邊延長到需要的長度，並用弧去修補差距。邊長各為 9 公分、6 公分及 5 公分的三角形是很好的嘗試起點。如果你仔細遵照指示去做，最後就會做出一個寬度同樣永遠是 10 公分的新變形形狀。

倘若試做過幾個，你會發現這些等寬三角形的寬度永遠等於最長的兩邊相加再減掉最短邊。從最短邊最容易看出這件事，最短邊向其中一個方向延長後會跟最長的邊等長，而向另一個方向延長後會等於第二長的邊，因此總寬度就會等於最長邊加上第二長的邊然後減去最短邊，因為最短邊算了兩次。看懂了嗎？每個補綴弧的半徑也等於對邊減去最短邊的長度。

如何做出不規則的等寬形狀

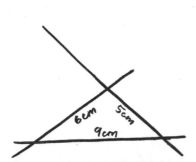

1. 先畫出任意三角形，並把各邊延長。

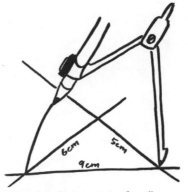

2. 從最長邊畫弧連到最短邊。

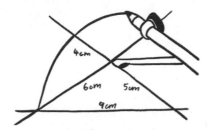

3. 把圓規移到最近的角，畫個「補綴弧」連到下一邊。

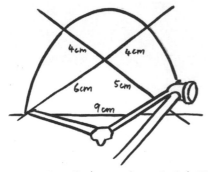

4. 把圓規移到第三個角，張開尖腳畫出下一條弧形邊。

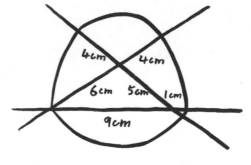

5. 繼續繞著三角形畫弧，直到你連回到起點為止。

加分題：任意邊數

　　現在該進入形狀繪製的超級聯賽了：**任意**邊數的等寬形狀，不論邊數是偶數還是奇數。前面的方法有可能擴充到有奇數個不等長邊的任意形狀。我最喜歡的是邊長為 8 公分、7 公分、6 公分、5 公分、4 公分（要照此順序，這點很重要！）的五角星形。利用前面的方法，先在最長的邊和最短的邊之間畫個弧。

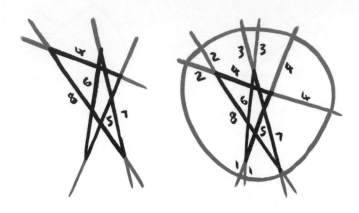

　　畫這些形狀時會遇到的困難，是要確定沒有「向內彎」。如果一個形狀有邊往內彎進去，它就變成凹的（concave）形狀。凹的形狀會有幾邊碰不到底部，所以成不了可滾動的等寬形狀。一旦掌握了怎麼畫凸的（convex）形狀，你就能隨自己喜好增加邊數，去畫出有奇數個邊且邊長不等的形狀。

　　這裡真正的挑戰是怎麼做出有**偶數**個邊的等寬形狀。所有的奇數邊多邊形也有奇數個角，所以當你把這種多邊形變成寬度固定的形狀時，每邊都會有一條弧形邊，而除了一角之外所有的角都各有一個補綴弧。由於有這個沒有補綴弧的角，最後的總邊數總是奇數。只要多加一個補綴弧，我們就可以繼續做出偶數個邊的等寬形狀——讓所有的補綴弧變大一點就能做到了。

　　前面的 9 公分 ×6 公分 ×5 公分三角形，有半徑為 0 公分、4 公分、1 公分的補綴弧，你可以把這些弧的半徑加大同樣的量，來做出新的形狀。最簡單

的選擇就是把圓規的半徑加大 1 公分，這樣就讓補綴弧變成 1 公分、5 公分和 2 公分。或是自由發揮！想加大多少就加多少：選擇有無數種。只要改一下第一個補綴弧的半徑，就能把有奇數個邊的每一個不規則多邊形，做成無數個有偶數個邊的等寬形狀，每個都略有不同。我們可以說，每個起始形狀都能產生一整個家族的解法。

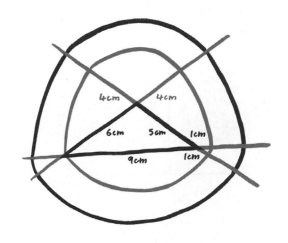

有 6 個邊的等寬形狀。

寬度固定的披薩片

這些奇異的不規則等寬形狀家族無法幫我們解決披薩問題，但規則的等寬形狀可以。寬度固定的奇數邊規則形狀，每一個都能產生出自己的一套披薩問題解法。若要試試看，可以去找一枚 50 便士硬幣，照著它在紙上描出四個邊，然後移動一下硬幣，好讓你照著它描出另外三邊，起點和終點要跟前四個邊相同（會非常吻合），然後多畫個凸出去的第四邊（見下圖）。如果你一遍又一

遍重複這個步驟，總共畫出 14 條線，你就會畫成一個完整的圓；分成 14 個一模一樣開口笑狀楔形的正圓，所有的楔形都能切成兩半，這樣就只有半邊碰到中間的配料。

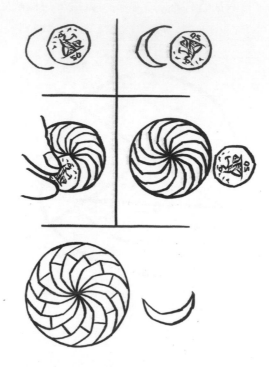

我們仔細看一下把披薩切分成的對稱形狀。這個形狀有點像七邊形，但有三邊往內翻轉，成為開口笑的形狀。我把這個形狀稱呼為「七邊笑形」（heptagrin），我是說真的。對任何有奇數個邊的正多邊形，你都可以把不到一半的邊往內翻轉，做成對應的「多邊笑形」。我們原先的解法所根據的是同時用直線和曲線切成兩半的「三邊笑形」。我們可以用那些曲線把每片切成超過兩片。利用同樣的曲線方法，這些開口笑形狀的披薩切片就能再切成三等份、四等份、五等份等等，到無限多等份。

重述一下重點：每個寬度固定的奇數邊規則形狀，都能提供披薩問題的一

個解法，意思就是說，披薩問題有無限多個解法，因為只要多兩個邊就一定會產生另一個形狀出來。除此之外，不同的解法都能把自己的切片再切成數量不同的等份：二、三、四、……到無限多。因此，無限多種可能解法的每一個，各自又有無限多種的子解法（sub-solution），這樣就有一大堆切披薩的方法！在下面的列表中，你可以找到切成42片的兩種方法（任君挑選：把「七邊笑形」切成三等份，或把「三邊笑形」切成七等份）。

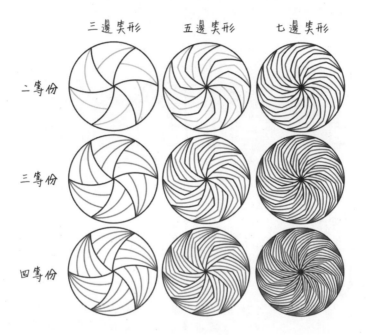

經過一點努力，你會明白為什麼只有五種方法可以切出完全一樣、但沒有全部碰到中間配料的180片，而要切出630片的方法卻有十種。你也可以找找看把披薩切成形狀相同、除了一片之外其餘各片都有碰到中間的切法（倘若你想讓帶有中間配料的切片數量越多越好，這種切法就很有用）。相反的情形就辦不到了：不可能把披薩切成整個中間配料最後全在其中一片上。我們這麼覺得啦。

翻摺多邊形

還有最後一種讓形狀移動和滾動的方法，而且是非常怪異的方法。嚴格說起來，這些奇形怪狀並不是在地面上滾來滾去；應該說它們是滾進自己裡面，讓新的面翻出來。舉例來說，我們可以製作一個翻滾過六個面的正方形。那還等什麼？先拿一大張正方形紙來，分成 16 個小正方形，裁掉中間 4 個，然後仔細按照次頁的指示來摺。最後摺出的成品稱為翻摺四邊形（tetraflexagon）。

1. 先製作一張有十二個正方形的「紙環」。

2. 把最左邊的四個正方形往內摺。

3. 把上面的三個正方形往下摺。

4. 把右邊的三個正方形往內摺。

5. 把下面的兩個正方形往上摺，並塞進原先從左邊向內摺的四個正方形下方。

6. 摺出來的結果應該是個對稱的正方形。

摺出翻摺四邊形

1. 把翻摺四邊形對摺，
讓第一個面藏起來。

2. 從另一側摺回來再打
開，翻出一個新的面。

把翻摺四邊形翻摺一下

　　為了記錄哪面是哪面，可以在正面的 4 個正方形寫上數字 1，在背面的正方形寫上數字 2（一旦學會摺出翻摺多邊形，你就會發現自己在標記這些面的時候會變得更有創意）。把這個正方形摺成一半大小之後，你會發現把它打開的方法有兩種；一種會回到原來的形狀，另一種方法會翻出新的面，把這 4 個新的正方形標上數字 3。接著，再開合一次。在摺過來翻過去的過程中，不同的面會出現了又消失，就像某種策劃過度的摺紙算命師似的。把這個形狀摺起來再以不同的方式打開，叫做翻摺（flexing），這也正是這些形狀稱為翻摺多邊形的由來。這個形狀有四個邊，所以是翻摺四邊形。繼續翻摺下去，一直到你認為已經找出並標記過所有的面為止（你隨時都可以作弊，直接把它完全展開）。總共應該會有 6 個面。

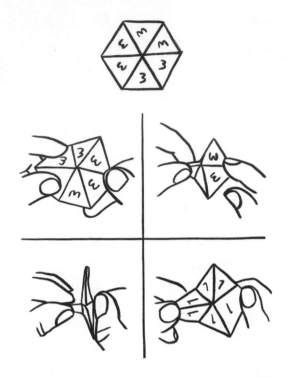

　　這只是眾多翻摺多邊形當中的一種。以六邊形為起點的叫做翻摺六邊形，可用一長列等邊三角形來做。我在〈書末解答〉收錄了有 3 個面和 6 個面的翻摺多邊形的摺紙說明，所以分別會摺出三面翻摺六邊形（trihexaflexagon）和六面翻摺六邊形（hexahexaflexagon）。我們剛才做的那個正方形，確切的名稱是六面翻摺四邊形（hexatetraflexagon）（英文的命名法中，第一個字根（hexa）是「面數」，第二個（tetra）是「邊數」）。

　　翻摺六邊形在翻摺的時候，可以捏住其中一個從中心往外輻射的摺線，同時把它對面的那條摺線往內推。向內推時，你會看到它可以從中間向後拉，讓整個形狀翻摺，翻出一個新的面。

　　最早拿翻摺多邊形吸引世人注意的，是著名的數學遊戲作者馬丁‧葛登能（Martin Gardner）。他從 1956 年開始在《科學美國人》寫專欄，第一篇寫的

就是翻摺多邊形；他藉著翻摺多邊形，向世人介紹自己對休閒數學的痴迷。我在讀他 1959 年的《科學美國人數學益智遊戲消遣》這本書時，第一次接觸到翻摺多邊形。到 1961 年時，葛登能除了描述過翻摺六邊形，也讓世人認識了三面翻摺四邊形和四面翻摺四邊形。對翻摺多邊形的這番探究延續至今，陸續發現了翻摺五邊形、翻摺八邊形、翻摺十二邊形等形狀，全都能以意想不到的古怪方式滾動。最近一次數學研討會上，有人很興奮地拿個十面翻摺十邊形給我看，單單這個東西就讓那次研討會不虛此行了。

翻摺多邊形也沒那麼古老。第一個翻摺多邊形是在 1939 年發現的，是個三面翻摺六邊形。當時英國數學家亞瑟·史東（Arthur Stone，他是艾狄胥的同事）在美國工作，必須把美國紙的長寬各裁掉一點，好放進英國傳統紙張尺寸的活頁夾裡。就在他心不在焉把一些紙條摺成等邊三角形時——嘿！在他意識到之前，他已經摺出了一個三面翻摺六邊形，沒過多久，他的幾個朋友（包括諾貝爾物理獎得主費曼）就和他一起組了普林斯頓翻摺多邊形委員會。塔克曼遍歷〔Tuckerman traverse，以委員會的成員布萊恩·塔克曼（Bryant Tuckerman）來命名〕是他們最初的發現之一；在塔克曼遍歷中，如果你在翻摺六邊形上一次又一次翻摺同個位置，翻到不能翻為止，然後再移到鄰近的角，你就一定會翻出全部六個面，不會失敗（假如你只是隨機翻摺，有些面很難翻出來）。

你要接受的挑戰稍微複雜些。在六面翻摺四邊形上，要找出全部六面可能還算容易。一開始你會看到正面和背面（為方便起見，通常我會用 F 和 B 來標示），你可以橫向或縱向翻摺每一面，而這四種翻摺方式會翻出藏著的所有四個面（可以有系統地把這些面標示為 F_V、F_H、B_V、B_H）。現在必須做的事情就是，看看你可以同時翻出六面當中的哪些面。顯然可以最先同時翻出 F 和 B，但是你有辦法翻出一面是 F_V 而另一面是 B_H 嗎？有些正背面配對能夠恰恰相反，有些不行（詳見〈書末解答〉）。

這就是創意標示法的好處了。用同事名字和辦公室雜務的組合來標示各個

面；這些標示的組合看起來雖然複雜又隨機，但可以任由你控制。「抱歉，梅菲絲，我不知道為何妳又再泡茶，但翻摺多邊形已經講過了。」或是替辦公室的耶誕派對準備一個特製的翻摺多邊形，然後讓應收帳款部門那位特別的同事大為讚賞。

　　至於我呢，我做了一個六面翻摺六邊形的啤酒杯墊，每個面是不同的酒，並記有輪到誰該請大家喝酒。如果你需要一張設計極為精心、有三倍大表面積但尺寸沒變大的名片，六面翻摺四邊形也可以推廣到任何一個長方形（也就是很像正方形的形狀）。我知道我很需要。謝天謝地，我還有第二張名片來說明第一張該怎麼使用。

5

形狀：現在進入三維
SHAPES：NOW IN 3D

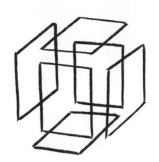

　　我在前面說過，在我看來圓形是數學當中最美好的形狀之一，所以我畫了另一個給你，這個圓剛好跟 5 便士硬幣一樣大。請把它從書上裁下來（如果你手中的書已經受盡折磨，就把它影印到紙上），盡量留下一個完美無瑕的圓洞。現在你要接受的挑戰，是讓一枚 2 便士硬幣穿過那個洞，但不要把紙撕破。沒錯，英國 2 便士硬幣的標準大小是 25.9 公釐寬，比你裁出的直徑 18 公釐 5 便士硬幣大小的洞大得多了，所以預期你不可能在不弄破紙的情況下，讓比較大的硬幣

通過這個較小的洞，是完全合理的——然而這是可以辦到的。我會讓你自己多奮戰一會兒（訣竅：有個重要的提示就標記在談論三維形狀的章節中）。

按比例畫的 5 便士硬幣。

我不記得是誰先告訴我這個「2 便士通過 5 便士」謎題的：這件事深陷在我的記憶缺漏之中。除了極少部分的數學稱得上是我自己發現的，其餘都是我從某個人那裡學來的。這就使數學變成一門非常合群、有點樂於分享的學科。雖然這種互動有可能多半是透過印刷的文字跟早已故去的數學家進行的，但真正令人吃驚的部分往往來自在世的人。從這個硬幣戲法到切長方蛋糕，我在攻讀數學學位期間學到的數學很可觀，多到大概能夠比得上想要「給我看好玩的東西」的那些人所告訴我的事情。

可讓 2 便士硬幣穿過的圓洞是第三個維度。你可以把這張紙彎成立體的形狀，而不是保持平面，這樣硬幣就能輕易穿過去，硬幣一通過，你就可以把紙張還原回平面。簡單解釋一下，由於一張紙是完全平的，所以我們把它當成二維的：在這張紙上你只能左右移動和前後移動。為了維持在二維，平面紙張的任何一個部分都不能離開平直的表面：上下移動就是第三個維度了。在彎成第三維的表面上做數學，就會有奇怪的事情發生，譬如大的物件會穿過比自己小的孔，以及直線會變彎。

1.把紙對摺，讓這個洞從側面看像個半圓。

2.抓住兩邊的摺角，一手各抓一邊，然後一起朝內移動，讓這個半圓孔伸展開來。

3.接著2便士硬幣就很容易從洞口掉出來。

讓大硬幣通過小洞

幾年前我和幾個朋友在美國開車旅行，我們在內華達州平直無比的公路上奔馳。既然沙漠幾乎沒什麼障礙，這些公路沒有理由不能完全筆直，盡可能採取最短的路徑而不須繞過東西。然而突然間，這條內華達州公路會先右彎然後再左彎回來，像是什麼事也沒發生過似地恢復完全筆直的狀態，就好像這條路剛才是在閃避「非公路慧眼」看不見的障礙物。

毫無疑問，我們就像之前的公路旅行者一樣，也在設法猜測為什麼公路會像這樣突然轉彎——是不是當初開路時那裡有樹或房子，所以需要繞過？後來我想到：公路規劃者應該是在平面地圖上規劃，而在現實世界中，那些直線必須因應地球表面是彎曲的球體而不是平的。直線在球體上的表現跟在平的紙面上不同；公路的那些彎道就代表平面幾何與球面幾何之間的差異，而急轉彎是一種補救之道。我的朋友要我把數學留到賭城再用。

在氣球上畫，就可以再現球體表面的幾何結構。嚴格來說氣球雖然不是球體，但隨時可取得，而且如果沒有充過多的氣，也姑且算是球體了。好，去拿

一個氣球、簽字筆或螢光筆和一條繩子，然後沿著氣球正中央畫線繞一圈，代表赤道。現在，畫一條跟赤道平行的線。這下子就有點難畫了。首先，在赤道上方高度相同的位置標出兩個點，但讓兩點相隔大約三分之一個氣球圓周長。在數學上，我們把直線定義成兩點之間最短的距離。要找出這個最短距離，你可以拿繩子連接這兩點，盡量拉緊，而且不要讓氣球變形。然而不管你怎麼做，這條繩子都不會跟赤道平行，而是會先向上彎離赤道然後再向下彎回來。如果你在氣球上看不出這種變化，改用球（比較大，也比較結實）也許就可以了。

把目光從氣球移向遠處，地球上的緯線都**不是**直線，待會兒你會發現以前就看過這個效應了。舉例來說，若去看看全球航線，你會發現飛機似乎沿著彎曲的路徑飛行，而不是採用兩點之間更顯而易見的直線距離。這是因為，飛機是循著**球面上**兩點之間的最短距離。球面上的直線在我們看來不像直線，因為從外部的觀點來看不是筆直的，而是隨著表面彎曲。不過如果你困在那個表面上，那些**就是**最短的路徑。我的看法是，內華達州公路規劃者地圖上的直線並沒有轉換成球面上的直線。

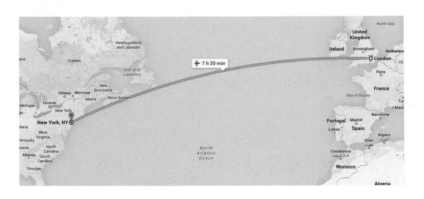

這條曲線是兩點之間最短的距離。

我們從小就假定直線可以互相平行，比方說鐵軌就讓我們誤以為這是有可能的，但後來發現事情比這複雜得多。歐幾里得本人在寫《幾何原本》時，就

發現了這件事。我在前面說過，歐幾里得做了兩個初始假設：我們可以用直尺畫出直線，用圓規畫出圓。事實上，他用了四個公設（postulate）來表達這件事。對了，公設是他的用詞，今天的數學家把這些初始假設稱為公理（axiom），無論你怎麼稱呼，這些事都十分單純，不證自明，不須進一步的證明就能很有把握地假設它們是對的。歐幾里得的四個公設（公理）依序為（但是用我自己的話來說）：

- 任兩個點都可以用一條直線相連。
- 任一條直線都可以延長到你想要的長度。
- 你可以畫任意大小的圓，想畫在哪裡都行。
- 所有的直角都一樣大（即一整圈的四分之一）。

歐幾里得在寫《原本》的時候，一開始是想用這四個公理去證明有平行線存在，只不過他沒有成功，而且遇到困難的人不止他一個。古代的數學家竭盡所能，都沒能夠只用歐氏公理證明出平行線存在。這是鉅作《原本》中的一大空缺。

歐幾里得的解決方式是直接假設平行線存在，列入第五個公設。可是想必連他也認為這有點騙人。該公設敘述的真實性不像他的前四個公理那麼不證自明——平行線的存在是更複雜且細微的概念，覺得需要證明。在《原本》中，前四個公設的陳述方式簡單明瞭，總共只用了 34 個字，而單單第五公設就需要 35 個字，這樣的字數對古希臘人來說意思就相當於「來源請求」。

這是一張很大的「自由擺脫歐氏」金牌。眾所周知，數學是一場可讓你先選擇規則然後再進行的遊戲。後來發現，歐幾里得當初選擇的並不是**唯一的一組規則**……數學家花了兩千年的時間才想出一些同樣好的其他選擇。1823 年，亞諾許 · 鮑耶（János Bolyai）和尼古拉 · 羅巴切夫斯基（Nicolai Lobachevsky）分別嘗試用歐氏原先的四個公理，但去掉了關於平行線的第五個公理，出乎他們意料的是，在沒有平行公設的情況下幾何體系繼續正常運作。

只不過這樣一來，情形出奇不同。

　　他們繼續做歐幾里得所用的證明，就發覺自己做出略微不同的結果，就連三角形這樣的東西也變得不一樣了。歐幾里得在《幾何原本》第 1 卷證明了幾個關於三角形的普通事實，包括「任意三角形的三內角和等於 180 度」這個老掉牙的法則，然而為了證明出來，他用到了假設平行線存在的公設。假如你設法在沒有平行線存在的表面上畫三角形，歐幾里得的證明就不再成立：任意三角形的三個內角加起來不一定會等於 180 度。在氣球上簡單畫一下，你就可以在不同的數學規則中遊戲。

　　在球面上，三角形如果夠小，看起來就很正常：三內角和仍然接近 180 度。但如果你畫出更大的三角形，它的三個內角也會跟著變大，我們就來證明一下。把氣球和螢光筆準備好，在氣球的頂部或底部選個起點開始畫線，畫過氣球表面的四分之一，碰到赤道之後朝其中一個方向轉 90 度，然後沿著赤道再繞四分之一個氣球圓周，接著再轉 90 度，筆直走回極點，十分奇妙的是，這條線也會跟你從起點畫出的那條線成 90 度。這是貨真價實的直角三角形，有**三個** 90 度角……加起來等於 270 度。（居然**不是** 180 度——歐幾里得，這杯敬你！）任何一個球面三角形的內角和會介於 180 度和 540 度，要看每個三角形覆蓋的球面面積有多少。

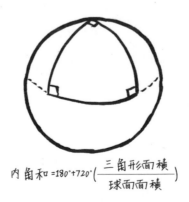

內角和 $=180°+720°\left(\dfrac{\text{三角形面積}}{\text{球面面積}}\right)$

內角和為 270 度的三角形

你也可以在球面上創造出一種全新的形狀，它的邊數比三角形還要少。如果在平面紙張上畫出兩個點，用直線把這兩點連起來的方法只有一種，即使我本人很迷單句式的短笑話，提到單線形狀的次數還真的有點少。然而在球面上，同一對點可以用兩條不同的直線相連。把那個氣球、螢光筆和繩子拿出來，先在氣球上畫兩個剛好遙遙相對的點，然後設法用繩子連起這兩個點。你會發現不論繩子往哪個方向移動，始終是最短路徑。任意兩條像這樣的直線構成的形狀，稱為二角形（lune）（這種有兩條邊的二角形在普通歐氏幾何中是不存在的，這讓歐氏幾何開始顯得有點平淡無味）。

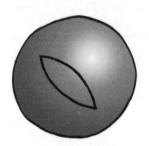

有兩條邊的二角形。

非歐幾何實際上有兩種，各自搭配了可去掉第五公設的兩種方式的其中一種。第五公設強調，若有一條直線，直線附近有一個點，就有辦法畫一條通過那個點、且與第一條線平行的直線，而且這樣的平行線只有一條。反對這件事的第一種方式，是宣稱不可能有平行線通過那個點，這就產生了橢圓幾何（elliptic geometry，跟我們前面一直在做的球面幾何幾乎是一樣的）。[1]另外一個選擇則是論證，能夠通過該點的平行線不止一條，……而這會把我們帶進雙曲幾何的怪誕世界。

---

1 兩者的區別在於，橢圓幾何保留了歐氏的第二公設：線段可以隨你延長。在球面上就不是這樣了：一條線走到最後都會回到起點。

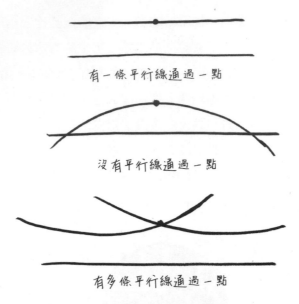

有一條平行線通過一點

沒有平行線通過一點

有多條平行線通過一點

通過一點的三種平行線選擇。

　　雙曲幾何是真正的變化球。根據經驗得知的區別在於，在球面上移動時，得到的空間會比預期來得少；在雙曲面上，則會得到比較多。假如你試過把球包裝成禮物，就會看到這個結果：球的表面沒有足夠多的空間容納整張紙，所以最後總會把包裝紙弄得又皺又醜。相反地，若去包裝一個雙曲表面，包裝紙會扯破，因為雙曲面在你移動時會擴張。幸好，可以用羊毛線鉤編出形狀來做成雙曲面，這樣你就能透過鉤編再現這個結果：用鉤針編織一個圓形，編織過程中還要不斷加環線（或是請會鉤編的人幫你做，你可以用愛／金錢／他們的鉤針當作交換）。這會產生一個為了容納額外區域而必須上下彎曲的雙曲面。

雙曲鉤編：越往外圍，表面會越發擴大。

立體派

　　有沒有可能讓一個物體穿過它自己？嗯，也不是名副其實穿過**本身**，而是穿過自己的分身。如果你有兩個一模一樣的形狀，你可以在其中一個形狀鑽個夠大的洞，好讓另一個穿過去嗎？在 17 世紀，魯伯特王子（Prince Rupert）打賭說，一個正立方體有可能從大小相同的正立方體中的洞穿過去。他說對了！甚至還可以把一個正立方體穿過比它小的正立方體中的洞。由於魯伯特王子料事如神，中間切了這樣的洞的正立方體現在就稱為魯伯特王子的立方體（不像我企圖把 90,525,801,730 命名為麥特帕克數，但不成功）。看看你能不能猜出魯伯特立方體是什麼模樣，甚至自己試試看能不能在正立方體中做出這樣的洞，這是沒吃完的正方蛋糕的完美用途。

一個正立方體　　從了無新意的　沿著對角線切　　斜切
　　　　　　　方式對切

切開正立方體的幾種方式。

　　魯伯特王子的正立方體戲法使用到正方體的截
面，這真是想不到。如果你把正立方體很圓滿地切成
兩半，給各半邊正立方體新增的面要麼是傳統無聊的
正方形（從其中一邊的中點直直切開），要不就是還
算有趣的長方形（從其中一角切到它的斜對角），或
是十分有趣的六邊形⋯⋯。請繼續：在家試試。如果
沒有吃剩的正方蛋糕，就去買特大的一條麵包，然後
拿起麵包刀，從末端切下一個立方塊。接著，倘若你
能在恰到好處的位置斜切過立方塊的所有六個面，露
出的截面就會是不折不扣的六邊形（有個方法可以做
出同樣的形狀，而且不會弄得你滿手麵包屑，那就是
隨便拿個放久了的、不一定能吃的立方塊，然後以某
種方式對著光源：投射出的影子會是一個六邊形）。

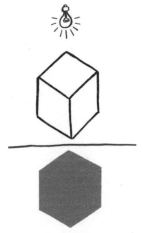

正立方體的六邊形影子。

　　這個六邊形截面的面積比正立方體正方形面的面積來得大，因此如果我們
從六邊形截面的中心直直切出一個正方孔，正立方體就能穿過去。甚至還多出
一點空間：這個六邊形夠大，可讓比原來的正立方體大 3.5％的正立方體通過。
假如你調整一下正方孔的位置，使它與六邊形稍微成某個小角度，就可以讓大

6%的正立方體穿過。在做魯伯特立方體的時候，這個多出來的空間通常用來加強六邊形孔／正立方體的邊緣（特別是在正立方體很大的時候，它可能很容易折斷或弄破）。若你想自己做一個魯伯特立方體，用厚紙板相當容易組裝。

穿過魯伯特立方體的孔。

　　正立方體是很了不起的三維形狀，部分原因在於它實在是太規則了。如果你還記得，在二維中，我們有各角相等、各邊等長的正多邊形，而現在我們把這個性質延伸到三維中。多邊形的三維對應是多面體，是把多邊形相連而成的立體形狀。正立方體是由六個正方形相連而成的多面體，四面體是由四個三角形構成的多面體。多邊形只有角和邊，而多面體也有多邊形各角相交的頂點。正多面體是僅由相同的正多邊形構成的多面體，所有的頂點也都完全相同。

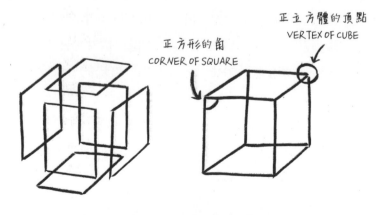

六個正方形造就出正立方體。

希臘哲學家柏拉圖（Plato）在西元前 350 年前後描述了正多面體，所以我們通常把正多面體稱為柏拉圖立體（三維的形狀往往叫做立體，而我剛才已經告訴過你「柏拉圖」三字的由來）。不知什麼原因，柏拉圖立體都是很優雅又賞心悅目的形狀，後代的人也賜予了近乎神祕的重要意義。柏拉圖本人認為，自然界裡不可分割的「原子」的形狀必定是正多面體。德國天文學家兼數學家約翰尼斯 · 克卜勒（Johannes Kepler）說，他在 1595 年 7 月 19 日頓悟出，行星公轉軌道的比率必定是根據柏拉圖立體。甚至有一些在蘇格蘭出土的正多面體，年代可追溯到比柏拉圖還早許多的新石器時代。

三個五邊形構成十二面體的立體頂點。

我們最好來做幾個了不起的立體。正立方體很容易做：從厚紙板上裁下 6 個正方形，然後黏起來。用 4 個三角形紙板，很快就能做出一個四面體。至於十二面體，首先從夠厚的紙板裁下 12 個五邊形，然後把其中 3 個黏起來，做成一個角。你會發現當這 3 個五邊形攤平時，會留下一個小空隙，把這個空隙閉合起來，會讓這幾個五邊形向外彎，形成一個立體的頂點。把 12 個五邊形相連起來，每個頂點都有 3 個五邊形相接，你就做出了自己的十二面體。終於不必跟別人共用了。

但很遺憾，這個方法對六邊形不適用；3 個正六邊形密合得天衣無縫，把一大堆紙板六邊形相接在一起，只會形成一個由六邊形地磚鋪滿的平面。從七邊形開始，情況變得更糟：這些形狀用 3 個是無法接在一起的，因此連二維的

平面都鋪不了。五邊形之後的正多邊形都沒辦法拿來做出正多面體。不過,用等邊三角形還可以做出另外兩種 3D 的形狀。

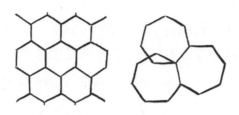

六邊形密合得天衣無縫,七邊形就絲毫不合。

你可以在每個頂點接 4 個三角形而不是 3 個,這樣就會有一個 120 度的縫隙。把它們放在一起所形成的頂點,不會像四面體的頂點那麼尖。繼續做下去,先讓各頂點接 4 個三角形,然後有 8 個三角形,最後你就會做出一個八面體。每個頂點變成接 5 個三角形時,會留下 60 度的縫隙,照這種方式把多達 20 個三角形接起來,會組成一個二十面體。在頂點處有第六個三角形時,會密合得完美無缺,做出柏拉圖立體之路到此為止。

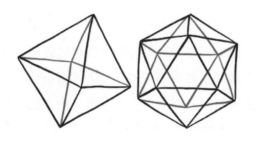

八面體的每個頂點有 4 個三角形,二十面體有 5 個。

證明柏拉圖立體只有五種,是數學上最著名的證明之一,歐幾里得本人的最後一個證明(《幾何原本》第 13 卷的命題 18)就是在論證這件事,這是《原本》的巔峰。但這並不是說,整部作品中間沒有其他扣人心弦的片刻。畢氏定

理的證明就是第 1 卷最後的高潮，很難有比這更精采的了。但很遺憾，這些柏拉圖立體沒有大家冀望的那麼神祕。柏拉圖說錯了：平滑的二十面體不是水元素，火也不是由尖細的四面體組成的（真是可惜）。克卜勒把太陽系看成柏拉圖立體「套疊」的模型，也證明是不對的（巧的是，公轉軌道的實際比率跟他所說的八九不離十，所以還是值得讚許）。我還要據理力爭一件事是，新石器時代的人製作了很多形狀不一的石頭，上面帶有凸塊，所以有些當然看起來碰巧像是柏拉圖立體。

新石器時代的柏拉圖立體……最好是啦。

　　不過，自然界裡倒是有柏拉圖立體，而且存在的方式比你料想的更加切身相關。許多病毒的形狀是呈二十面體，所以如果你感染過某些病毒（譬如疱疹），你就受過二十面體的侵犯。柏拉圖立體是最簡單的三維形狀，構成要件最少，因此對病毒來說很容易建構：描述二十面體需要用到的資訊非常少。基本上，它們的遺傳密碼只須下令說：「去做很多很多的小塊，然後每五個接在一個頂點上。」這正是這些病毒做的事。

形狀呈二十面體的口蹄疫病毒。

把這個三角形印 20 份，相接成二十面體，
就能讓朋友或心愛的人染上疱疹。

被遺忘的柏拉圖立體

儘管這**五種**限量版柏拉圖立體赫赫有名，其實還有四種是古人完全不知道的（真是的，先是平行線，現在又來這個）。就像我們讓各邊彼此穿過、卻不形成交角來做出額外的二維正多邊形（呈星狀的多邊形），我們也可以多做幾種讓各面彼此貫穿、卻不相交成邊的柏拉圖立體。歐幾里得假設各面不能相交，我們就來做相反的假設。12 個正五邊形可組成一種柏拉圖立體（大十二面體），20 個等邊三角形也可以（大二十面體），接下來是加分題：把本身呈星狀的多邊形相接起來組成的星狀多面體。用 12 個五角星形，每三個相接成一個頂點，可以做出大星狀十二面體；每個頂點處改接五個，則會做成小星狀十二面體。

由左至右：大十二面體，大二十面體，大星狀十二面體，小星狀十二面體。

　　這些星狀柏拉圖立體是幾世紀以來由形形色色的人發現的。最早的例子似乎出現在威尼斯的一座大教堂裡：畫家保羅・烏切羅（Paolo Uccello）在大約1430年完成的馬賽克作品中，描繪的毫無無疑是個小星狀十二面體。1813年，法國數學家奧古斯丁－路易・柯西（Baron Augustin-Louis Cauchy）「像歐幾里得一樣」把一切做了整理，證明出大小星狀十二面體以及大十二面體和二十面體是僅有的四個額外柏拉圖立體。[2] 用厚紙板有可能做得出這些立體，只是相交的面確實有點難做。

烏切羅的馬賽克作品，位於威尼斯的聖馬可大教堂。

2　這些形狀現在稱為克卜勒－龐索立體（Kepler–Poinsot solid），因為克卜勒在1619年描述了大小星狀十二面體，而路易·龐索（Louis Poinsot）在1809年描述了大二十面體和大十二面體。

無論是不是星狀的，所有的柏拉圖立體都歸結到一個很棒的共同性質。每一種柏拉圖立體都一定會有個大小剛好的內接正多面體。給你最後一個可在派對上玩的多面體把戲：倘若你在一個柏拉圖立體各個「面」（組成該立體的那些多邊形）的中心畫出一個點，就會有另一個柏拉圖立體內接於其中，而內接正多面體的各頂點剛好就接觸到所畫的那些點。第二個（即內接的那個）柏拉圖立體，稱為第一個柏拉圖立體的對偶（dual）。十二面體的 12 個面配對到內接二十面體的 12 個頂點；二十面體的 20 個面配對到內接十二面體的 20 個頂點。同樣地，正立方體和正八面體配對；正四面體的對偶是自己。這個性質順利擴展下去，大星狀十二面體和大二十面體是對偶配對，小星狀十二面體與大十二面體也互為對偶。

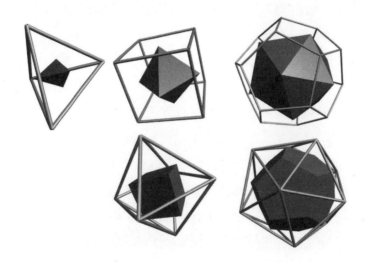

內接於柏拉圖立體中的柏拉圖立體。

回到氣球上

接下來要在第三維空間變更多戲法了。為了弄出這個伎倆，需要拿個氣球，在上面畫出你想畫的任何一個立體形狀。跟前面做球面幾何的東西時不同，我們不準備用氣球當作表面，而是要當成方便放置三維形狀各邊的方式。你可以想像一下，把氣球移走之後，就會留下你所選的形狀的三維線框。在氣球上畫出很多個點來代表頂點，然後用邊把這些點連起來，這些邊甚至不必是直線。你想畫什麼奇形怪狀都行，唯一的規則就是各邊不能彼此相交。

完成之後，你現在看到的大概是以前從未畫過的形狀，不過我可以很肯定地說，如果去數一數你畫了多少個面，加上頂點數，然後減掉邊數，算出的結果是 2。瞧過來！觀眾肅然起敬，竊竊私語說：「他是怎麼弄出來的？」要求退錢的最少人數。

這個伎倆的戲法是，不管你在氣球上畫出什麼形狀，頂點與面的數目總和一定會比邊數多 2。無論你怎麼試（不要作弊），都不可能打破這個規則，而且唯一的作弊方法就是讓邊彼此交叉（或讓面彼此相交），但這就違反遊戲的規定了。注意到這件事的人是數學家歐拉（「Euler」的發音不是「尤」拉，發音錯誤會讓你的書呆宅得分扣掉幾分），他在 1750 年寫給數學同行克里斯提安・哥德巴赫（Christian Goldbach）的一封信裡提到了這件事。**面數＋頂點數－邊數**的值，現在稱為歐拉示性數（Euler characteristic），而對於畫在普通氣球上的任何一個形狀來說，這個值一定會等於 2。

還有另一個作弊的方法：假如你畫個中間有洞的形狀，它的歐拉示性數就不再是 2 了。如果你之前拿到的氣球是像甜甜圈那樣有個洞在中間（真的有這種形狀的氣球，而且很適合在數學派對上使用），並且也在上頭畫了一個形狀，那麼你的頂點數與面數加起來並不會比邊數少 2，而是會相等。

面數＋頂點數－邊數＝ 0 這個關係式，對於中間有一個洞的形狀（但面的本身沒有洞）都成立。這代表帶有一個洞的形狀的歐拉示性數都為 0。這個形狀像甜甜圈的曲面叫做環面（torus）。假如你的環面上有兩個洞，歐拉示性數就會是 –2，而且每多一個洞，這個數值就會再減 2。只要知道某個多面體的歐拉示性數，我們就能利用以下的公式算出它必有幾個洞：**歐拉示性數＝** 2 － (2 × **洞數**)。

等寬形狀：現在變成 3D 版

我們已經從平面二維的等邊三角形走向三維的正四面體，從平面二維的正方形走向三維的正立方體，那麼平面二維的等寬形狀能不能做同樣的事？結果證明可以做到：有一些非球體的等寬立體。不管用什麼方式擺放在平面上，這些非圓球形的球的高度都相同。如果你把一本書擺在三個等寬立體上方，然後來回滾動，它會滾得非常平穩，讓你感覺不出下方其實不是正球體。

事實上，有兩種方法可以把二維的勒洛三角形帶進三維中。第一種方法是把勒洛三角形旋轉一圈，這樣就做出了一個三維物件，其形狀正是這個旋轉勒洛三角形掃過的空間。這種形狀叫做旋轉體（solid of revolution）。在我看來，這有點騙人：它和勒洛三角形沒有太大的不同。如果切過這個立體的中心，切出的截面會是個勒洛三角形，而這也是這些立體能夠做到的原因：無論你怎麼放，它們實際上都是在邊緣保持平衡的等寬二維形狀。並沒有任何新的數學加在這個二維的版本上。

由勒洛三角形產生的旋轉體，又名「騙人的東西」。

若要實實在在的三維，就必須從四面體開始做，把平的各面換成球面。這就像我們在前面用圓規畫出弧形邊一樣，只是現在所用的是小球面塊，而不是圓弧段。接下來，我們也必須把三條邊磨圓（相交於一個頂點的三條邊，或是圍在一個面邊緣的三條邊），這樣就形成了我們所說的麥斯納四面體（的兩種版本之一，要看我們把哪三條邊磨圓）。瑞士數學家恩斯特 • 麥斯納（Ernst Meissner）在 1911 年首次提到這種立體，因而就以他的姓氏來命名，很巧的是，麥斯納和愛因斯坦的高中數學老師是同一位。麥斯納四面體非常難做，不過我跟幾位朋友設法利用射出成型的方式來製作。你瞧：

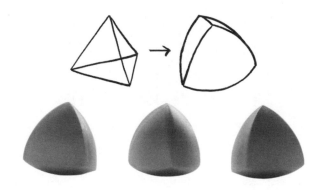

由射出成型塑膠製成的麥斯納四面體。

你一定會想要一個。或是三個。

6

裝好裝滿
PICK IT UP, PICK IT IN

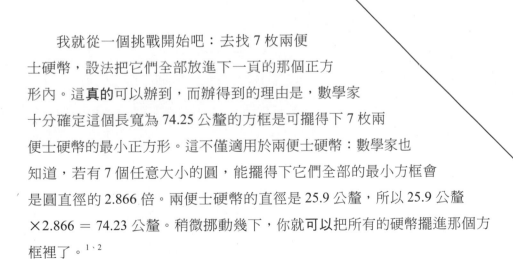

　　我就從一個挑戰開始吧：去找 7 枚兩便士硬幣，設法把它們全部放進下一頁的那個正方形內。這**真的**可以辦到，而辦得到的理由是，數學家十分確定這個長寬為 74.25 公釐的方框是可擺得下 7 枚兩便士硬幣的最小正方形。這不僅適用於兩便士硬幣：數學家也知道，若有 7 個任意大小的圓，能擺得下它們全部的最小方框會是圓直徑的 2.866 倍。兩便士硬幣的直徑是 25.9 公釐，所以 25.9 公釐 ×2.866 = 74.23 公釐。稍微挪動幾下，你就**可以**把所有的硬幣擺進那個方框裡了。[1、2]

這個正方形的大小剛好是 74.25 公釐 ×74.25 公釐。

太簡單了嗎？那好，現在再看看你能不能把 31 枚兩便士硬幣擺進長寬為 144.9546 公釐的正方形裡。或是嘗試更勝一籌。目前的世界紀錄是在邊長 144.9546 公釐的正方形裡擺進 31 枚兩便士硬幣，但數學家還沒想通的一件事是，這是不是把圓形物件放進方形洞的最佳做法。目前還沒有人找到把 31 個圓擺進一個正方形的最有效方式。那個世界紀錄可能由你來締造。事實上，最後的紀錄只到 30 枚硬幣，還有 36 枚的額外情況，至於其他的選項，仍可能有創新紀錄的迴旋餘地。

1　好啦，74.25 公釐的方框比實際需要的 74.23 公釐大一點，不過那還不到印刷線條的準確度，我們也知道硬幣的大小不怎麼精確，所以還可以接受。就把多出來的 0.02 公釐當成我送你的禮物吧。

2　編按：10 元硬幣的直徑為 26 公釐，需要的方框寬度應該為 74.51 公釐。

N	比率	容納兩便士硬幣的大小
7	2.866025404	74.23 mm
10	3.373720762	87.38 mm
13	3.731523914	96.65 mm
31	5.596701676	144.9546 mm
42	6.426611073	166.4492 mm
101	9.788881942	253.532042 mm

　　如果你提高賭注，選擇花時間嘗試把 101 枚硬幣擺進正方形內，試了幾個小時後你也許會開始想有沒有什麼更快的方法。而且真的有！寫個電腦程式幫你做（我會說這完全合乎規則）。電腦已經為一枚到一萬枚硬幣的所有情形找到相當好的解了。[3] 不過，就像你若真的找到 31 枚硬幣的更好擺法時會遇到的問題，電腦也有同樣的問題：我們怎麼知道這是最終的答案，是最小的正方形空間裡能擺的最多硬幣數？惱人的是，總是有可能某人在某個時候會打破你的紀錄。

3　你可以從艾卡德‧史貝赫特（Eckard Specht）的網站下載所有目前仍保持紀錄的一萬枚硬幣擺法：http://packomania.com/csq

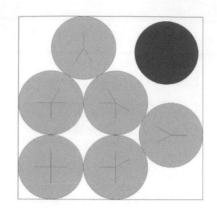

方框裡的 7 枚硬幣。畫成深色的那枚硬幣還有磕磕碰碰四處移動的迴旋餘地。

　　我覺得裝填問題這整個領域都非常刺激有趣。人類對於把物品裝到空間裡的數學，所知甚少。這看起來是簡單的事：讓物品緊靠在一起，讓所占的空間越少越好。可是我們似乎就是沒辦法做對。但真正令人著迷的是，從數學的角度來說，裝填的主題是極為開放的：就像歷史上其他數學領域在出現某個重大突破而達到更高一層的領悟之前，發現自己處於某種混亂狀態一般，這個主題此刻也處於同樣的混亂狀態。你有時候可能會感覺到，許多的數學早已在遙遠的過去完成了，不過這裡正有個領域，尚未做出最好的數學。

填滿平面

　　我們就從頭開始吧：用扁平的東西擺滿二維平面。即使不限於擺進正方形中，圓形也是很難擺的形狀，因為不管擺得多麼緊密，都會留下空隙，而像六邊形等其他形狀，就能排在一起而不留任何空隙，所以當然是最有效率的鋪法。整修過浴室的人都知道，有可能把各種瓷磚鋪在一起，讓牆面上不會留下難看

的空隙。在數學上，這種用形狀蓋滿空白平面的動作叫做平鋪（tiling），它和更為人熟知的數學詞語「密鋪」（tessellation，又稱鑲嵌）稍有不同，密鋪規定所鋪的形狀及其位置要有一定的順序。密鋪及形形色色的其他排法都包括在平鋪內，所以我接下來會採用「平鋪」這個包羅更廣的術語。

我們雖然知道一些填滿平面的好方法，但距離要找出所有的鋪法還早得很。我們有一些無聊的選項，譬如全用正方形或三角形，不過還可以做得更好。我最喜歡的方法之一是用不規則的九邊形，這種形狀可呈螺旋狀把表面完全鋪滿。我們也可以採用不止一種形狀。正方形和三角形可以結合起來，做出扭稜正方形平鋪（snub square tiling），而由六邊形、正方形、三角形組成的夢幻隊伍，會產生斜方截半六邊形平鋪（rhombitrihexagonal tiling，這是個很了不起的字，但在拼字遊戲裡只能拿到 36 分）。有了這些嘆為觀止的選項，害我每次看到浴室牆面上的正方形瓷磚都暗暗感到很失望。

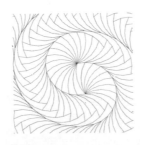

一個又一個的同樣九邊形鋪出了這個螺旋。

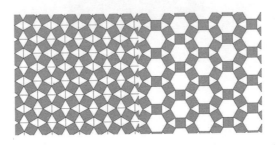

扭稜正方形平鋪與斜方截半六邊形平鋪。

有一個鋪排難題，從找出解答到證明出這個解答絕對無誤中間經歷的時間，我相信是時間最久的紀錄保持者。它的解在人類出現之前就找到了，但直到2001 年才證明出來。這個難題就是：在二維中最佳的鋪排形狀是哪一種？所謂的「最佳」，是指這個形狀排在一起時不會留下空隙，而且就其邊長來說能夠覆蓋的面積最大。冠軍是六邊形，在人類構想出數學很久之前就由蜜蜂發現了。這個難題稱為蜂巢猜想（honeycomb conjecture），一直到幾百萬年後，美國人托馬斯・黑爾斯（Thomas Hales）才證明出，就算採用彎弧形邊的奇形怪狀，也不會把平面鋪排得比六邊形更有效率。

若六邊形是二維鋪排的最佳形狀，那麼最差的呢？很不幸的是，這又是一件人類還不知道的事。我們倒是知道，儘管圓形相當差勁（緊密排在一起的圓形最多能覆蓋 90.7％的表面），但還有比它更糟的，這種形狀叫做修勻八邊形（smoothed octagon）。拿一個八邊形來，把八個角換成弧形的雙曲線（雙曲線跟圓與橢圓屬於同一個家族，大約是同輩的堂表親），最後產生的形狀能夠覆蓋的表面永遠不會超過 90.24％。不過，可能還有更差的二維裝填形狀——只是尚未找到。

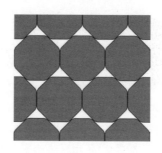

修勻八邊形留下的縫隙比圓形留下的還要大。

填充空間

　　人類對於多面體如何堆滿三維空間的理解是個笑話；而且沒有很好笑。為了研究單獨一種多面體堆砌在一起的不同方式，我點進了內容全是數學的線上資源網站：Wolfram MathWorld。儘管這個網站通常是各種數學主題的權威百科，在空間填充多面體（space-filling polyhedron）這個條目卻展現了一股不尋常的絕望氣氛。顯然，數學家邁克・高伯格（Michael Goldberg）從 1974 年至 1980 年花了六年的時間，想盡辦法把所有的空間填充多面體分門別類，包括 27 個六面體、16 個七面體、40 個十一面體、16 個十二面體、4 個十三面體、8 個十四面體、1 個十六面體（沒有空間填充十五面體，萬一你想知道的話）、2 個十七面體、1 個十八面體、6 個二十面體、2 個二十一面體、5 個二十二面體、2 個二十三面體、1 個二十四面體，以及他認為可能是面數最多的多面體：1 個二十六面體。吁。我實在欽佩他在自己的行事曆中找出那麼多空檔，然後把它填滿，而且還是用多面體。

　　然後在 1980 年，彼得・恩格爾（Peter Engel）獨自新發現了 172 個面數介於十七到三十七的空間填充多面體。後來還陸續增加。目前 MathWorld 網站上的條目以這句平靜的懇求做結束：「當今所做的調查都歡迎提供。」此刻我們在做的似乎只有列出能夠填充空間的多面體，但未能有系統地了解所發生的事情。我們欠缺一個像樣的理論。不過就像蜂巢猜想的例子，這些事情是急不得的。

　　即使我們限定自己只去搜尋柏拉圖立體（正多面體），數學家還是學習到新的事物。在二維的正多邊形當中，可完全覆蓋一個表面的有三角形、正方形及六邊形。在正多面體中，只有正立方體可以堆滿一個三維空間。經常有人聲稱四面體也能填滿空間（包括亞里斯多德在自己的《論天》一書中所說的），但儘管這件「事實」一再有人重述，事實上它並不是事實：所言不屬實。倘若

你覺得應該可行，並開始堆積四面體，你就會發現它們之間始終有一些小空隙。

我個人甚至把正立方體視為有點作弊的解法，因為它只不過是填滿平面的正方形的一種擴充。把二維形狀靠著平行的邊擴充到三維，就叫做角柱（prism）。除了正立方體（正四角柱），三角柱和六角柱也同樣可行。任何一個正多面體都無法以不同於二維中的方法填充三維空間，這就有點像二維勒洛三角形的旋轉體**嚴格說來**是等寬的立體，但麥斯納四面體才是第一個真正的三維解。

說句公道話，四面體可以堆疊得很好，但要和八面體搭配才行。有個重複出現的空間填充模式，是 2 個四面體搭配 1 個（跟四面體等邊長的）八面體，而這還不是唯一的選擇。就在 2011 年，當時 73 歲的數學家約翰‧康威（John Conway）發現可以用 1 個八面體搭配 6 個較小的四面體來填充空間。這用到的仍只有柏拉圖立體而已，我們還在尋找新的可能！

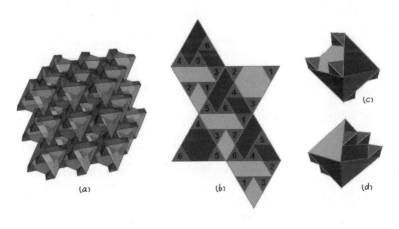

一個八面體搭幾個四面體可以鋪得十全十美。

如果你想找到三維中堆積得最有效率的多面體，可以設法把柏拉圖立體稍微改一下。若把正八面體的六個角切掉，會露出新的正方形面，而新產生的這種立體就叫做截角八面體（truncated octahedron）。這是克耳文勳爵在 1887 年

的論文〈論分區面積最小的空間分割〉（On the Division of Space with Minimum Partitional Area）提出的「最佳三維空間填充物」獎章的候選者。當數學家想互相分享自己的想法或發現，會把他們的概念整理寫成詳細的論文，然後發表出來供其他人研讀。克耳文寫這篇論文吹捧截角八面體的優點，但在一百多年後，數學家會發現他其實弄錯了，儘管如此，他仍然安享榮耀。

沒有哪個空間像泡沫一樣

指出克耳文弄錯了的證明，就一直在大家眼前。有一個比截角八面體更好的三維空間填充辦法，而且又是大自然捷足先登。在晶體中已經見得到這些優異形狀的結構，這個結構甚至出現在偉大的化學家萊納斯・鮑林（Linus Pauling）1960 年版《化學鍵的本質》書裡的附圖中，那張圖描繪的是六水合氯晶體的結構。問題在於沒有人花心思去看看這個結構在填滿三維空間方面多麼有效率。

而且不是沒有尋找。克耳文推測獲勝者應該是截角八面體的時候，其他的數學家馬上就開始想辦法證明他是對的，再不就是設法找出更好的形狀當作反例去證明他是錯的。數十年過去了，這個問題仍未解決，結果變得越來越惡名遠播。凡是能解決克耳文猜想的人，都會在數學圈子一夕成名，獲得眾人讚賞。

為此努力的其中一位數學家是肯・布拉克（Ken Brakke）。儘管他的父親有一本《化學鍵的本質》，但他最後沒有成功（有人比他先找到這個結構）。他從來沒有湊巧翻閱過那本書，然後看到那個六水合氯的示意圖，實在可惜。後來他哀嘆說：「在我企圖擊敗克耳文的時候，這本書就立在我父親的書架上，離我 10 英尺而已。」不過布拉克對於解決克耳文猜想還是做出了重大的貢獻：

他建構了吹泡泡的現代電腦模型。

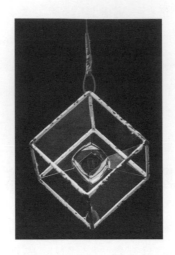

在探究空間填充的形狀方面，泡泡以及構成泡泡的肥皂膜發揮了重要的作用，因為泡泡和肥皂膜有一個非常重要的內蘊性質：肥皂膜總會設法縮小，盡可能使表面積達到最小；這只會受到泡泡內空氣體積的限制。如果向空中吹泡泡，它會形成球形，因為那是包住一定體積的空氣的最小表面積。泡泡若碰觸到其他東西，就會依據新的最佳解改變形狀，這表示我們有可能吹出正立方狀的泡泡。

要吹出正立方狀的泡泡，就需要製作一個正立方線框，然後把它浸在特別調配的泡泡水中。若製作得恰到好處，你就會吹出 6 個附著在正立方線框各「面」上的泡泡，和一個懸在正中央的正方泡泡。如果製作得不太對，可以把吸管浸在泡泡水裡，用吸管加入或弄掉泡泡。唯一的問題就是，假如你非常仔細看這個正方泡泡，會注意到它並沒有那麼正方：每個面都不是完全平的。這是因為肥皂膜的微妙行為模式。

由肥皂膜構成的泡沫看起來可能像是很複雜的結構，但可以全都歸結到幾條數學簡單的數學法則。比利時物理學家約瑟夫 · 浦拉托（Joseph Plateau）在

1873 年描述出這些法則，於是今天我們稱之為浦拉托的四條定律。前兩條主要在說明肥皂膜總是完好平滑的，而肥皂泡泡表面每一處永遠會呈同樣的彎曲程度。最後兩條則針對泡泡彼此間的作用：永遠是三個面相交形成一條邊，永遠是四條邊相交形成一個頂點。下次你洗碗或喝啤酒，或邊洗碗邊喝啤酒的時候，不妨觀察一下泡沫。不管看起來多麼複雜，你都只會看到三個面成一組以及四條邊成一組。

除此之外，面與邊永遠以同樣的角度相交。所有的面的夾角都為 120 度，因此永遠呈等間隔。把完整 360 度的圓分成三份，會等分成二維中的 120

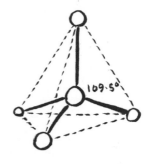

度，在三維中做等分，就稍微複雜些，因為現在要處理的方向更多（除了左右與前後，還有上下），不過這個問題已經由正四面體解決了。如果把所有四個頂點（間隔完全相同）連接到四面體的正中心點，這些連線全會以 109.5 度相交。這個夾角叫做四面角（tetrahedral angle），而泡沫中所有的邊都以此角度相交。

克耳文那篇 1887 年的論文把重點全放在拿肥皂膜去尋找填充空間的最有效方法。就過時科學文章的角度來看，這篇論文讀起來很有意思。開頭很大部分在談他考慮一個正方泡泡，就像我們剛才做的那個，他稱之為浦拉托立方體，因為浦拉托就是用這個正立方線框來做實驗的。克耳文描述他如何對著浦拉托立方體吹氣，讓它變形，然後停下來觀察它彈回最佳的表面縮小位置。

克耳文提出的理論是，如果是把等體積的泡泡堆起來，會堆成截角八面體（或十四面體）的形狀，若說得更正確些，應該是跟泡泡等同的形狀。就像我提過的，我們在前面做的那個立方體不是完美的正立方體，因為各個面是微微彎曲的，夾角為 120 度，而且各邊夾角為 109.5 度，並非標準的 90 度直角。一

堆泡泡應該會形成由截角八面體組成的克耳文結構（Kelvin structure），它們的面有稍微變形，以符合浦拉托定律。

可惜的是，只有在它所接觸的其他泡泡也呈截角八面體時，肥皂膜才會形成這種截角八面體。倘若泡沫最後接觸的邊界面有不同的形狀，就會對整個泡沫結構造成影響，也就不會形成完美的形狀了。不過，如果夠接近正確結構，肥皂膜就會化成那個形狀。這正是布拉克在做的事：他開發了一個名為 Surface Evolver 的套裝軟體，這套軟體可以模擬肥皂膜表面，並用數位的方式做克耳文得手動完成的事。好玩的情況：兩種方法都容易出現蟲／錯誤。

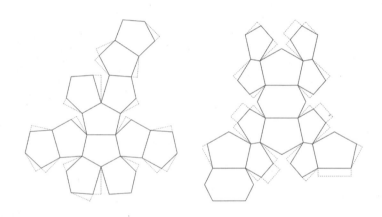

左邊是由不規則五邊形構成的十二面體（其中一邊的邊長為其他四邊的 130.9%），右邊是由 12 個不規則五邊形（其中兩邊為 86%，一邊為 57.6%）但再多擠進 2 個變形的六邊形（其中兩邊為其他四邊的 152.%）所做成的十四面體。

1994 年，在都柏林三一學院工作的兩位物理學家利用 Surface Evolver，找到一個比克耳文結構更好的結構。這個結構以丹尼斯‧威爾（Denis Weaire）和他的博士生羅伯‧菲藍（Robert Phelan）的名字命名為威爾－菲藍結構（Weaire–Phelan structure），是由兩種多面體組成的：一種是由 12 個五邊形構成的不規則十二面體，還有一種是由 12 個五邊形與另外擠進來的 2 個六邊形所構成的十四面體。如果你在厚紙板上切下這兩個圖樣並做出模型，就可以把它

們黏在一起變成這個結構。作弊的方法是只做十四面體，在你要把它們黏起來的時候，留下的空隙就會是那些十二面體。

由 6 個十四面體及 2 個十二面體構成的威爾－菲藍結構重複單元。

更棒的是，我們可以把整個結構做成吸管骨架。去買一大包吸管，裡面要有至少四種顏色，這樣你才可以用不同的顏色代表四種不同的邊長，另外還要同樣大包的毛根，這些毛根可讓吸管固定在一起。把毛根切成 10 公分的長度，讓兩條毛根從中間扭在一起，然後把末端往回摺起，做成四角星形。現在，在每個角各套一根吸管。感謝浦拉托，我們知道這是必須面對的唯一情況。因為厚度的緣故，吸管不會全部剛好相交於頂點的中心，所以必須稍微切短一點。重複做以下所示的頂點選項，經過反覆調整之後，就會做出令你大為驚嘆的威爾－菲藍結構，然後你可以好好觀察它的內部構造。太吸引人了。

邊	比率	直徑 6 公釐的吸管
A	2.272	7.3 cm
B	1.736	5.5 cm
C	1.492	4.7 cm
D	1.000	3.0 cm

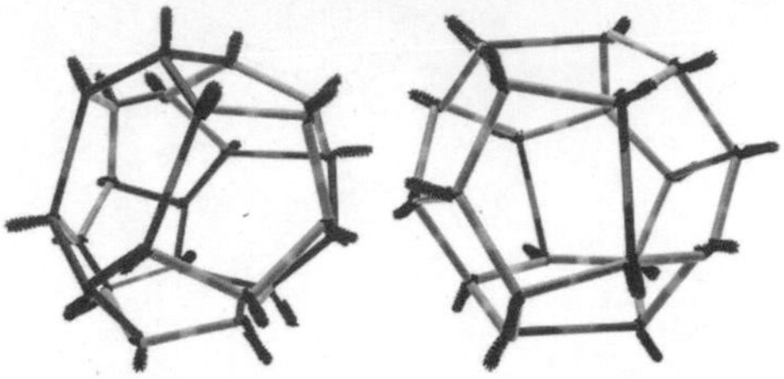

用吸管做成的十二面體與十四面體。你會需要很多個。

　　威爾－菲藍結構需要的平均表面積比克耳文結構少了 3%，這可能沒有節省多少面積，但已經給數學界帶來了巨大的影響。經過一個世紀的搜尋，數學家不敢相信有人居然找到了比克耳文結構更好的結構，發掘出這種結構讓他們欣喜萬分，可是在大眾媒體上幾乎沒引起關注。這麼重大的發現，理應要誘使國際建築公司設計建造出大型建築大小的威爾－菲藍結構模型（比方說，需要有錢投資人出資 9,000 萬英鎊），然後在電視上做個有史以來最大篇幅的國際報導。中國在 2008 北京奧運期間就做了這件事。

　　為了替圓形的「鳥巢」體育場增色，北京奧委會想要一個四方形的水上運動中心，結果澳洲公司 PTW Architects（與各工程公司合作）在設計競圖中脫穎而出。他們希望自己的設計帶有水自然冒著泡泡的感覺，而研究到最後的結果就是用威爾－菲藍排列法來堆疊泡泡。為了看上去不那麼規則，他們實際上是以未對齊多面體的角度切開泡沫，而讓它有錯落凌亂的外觀。

命名為「水立方」（但嚴格說來是個長方體）的這座建築大為成功，也讓全球數十億人都有機會看到威爾－菲藍結構了不起的切面。奧運結束後，「水立方」變成開放給大眾的游泳館。我做了一次數學朝聖之旅，親眼目睹它的風采，不過他們不許我進去游泳，因為我沒有官方的健康證明文件（這是真實事件），但在裡面，仍然可以看到幾根巨大鋼梁，構成了威爾－菲藍結構中的幾個變形五邊形。如果你有機會去北京，這個鮮明的數學建築仍在那兒讓人驚豔。這正是我們為何要做數學的不朽成果。

說到球

我們繼續看下去……。拿顆橘子來。現在看你可以同時讓多少顆橘子碰到這一顆。沒有時間可以浪費了，我直接告訴你答案吧。如果拿來一個球，應該可以同時讓 12 個相同的球碰到它。讓兩個形狀像這樣相碰，在數學上有個相當甜蜜又專門的稱呼，叫做「親吻」（kissing），因此

球的親吻數至少為 12。但有可能是 13 嗎？如果你有努力要讓 12 顆橘子擺成親吻狀態，就會發現還有相當大的移動餘地。感覺起來應該還有空間容納第 13 顆才對。

　　像牛頓（Isaac Newton）等專家都推測過，並沒有空間讓第 13 個球一起同樂，但沒有人能夠非常肯定地排除其可能性。排列球的方法非常多，很難算出所有的選項。到 19 世紀末終於有一些證明，證出第 13 個球擺不進去，不過仍有很多關於球要怎麼排列的其他未解問題。首先，沒有人知道最好的堆球方法是什麼。

　　很多水果呈球形，這點事實上非常討厭，因為就我們所知，用球形來填充三維空間的結果絕對是最糟的。不像在二維中，圓形雖然糟糕，但嚴格說來還有更糟的形狀；在三維中，我們還沒發現比球形更沒效率的可堆砌形狀。身為最佳形狀的相反，球形是出了名的最差形狀，不過，儘管我們**知道**它在所有的對稱形狀當中是最糟的，但還沒有排除有某種極為特異的形狀出現並且「打敗」球形的渺茫機會。然而，看樣子橘子可以是任意形狀，而且堆得更好。幾百年來，蔬果小販已經勉強採用他們認為最好的方法來堆橘子了。克卜勒跟他們持同樣的看法，並在 1611 年推測，蔬果小販的選擇在堆球問題上是好到不能再好的選擇。

　　你在第 3 章堆起橘子塔的時候，很快就會發現擺成底部為正方形的四角錐幾乎是沒有用的。堆球時很難讓它們維持正方形排列，除非你堆疊的是像砲彈那樣既重又無法滾動的東西。橘子就像所有的球形物體，會滑動到不同[4]的排列位置，每排與前一排錯開，每個水果都落在凹處。如果繼續以三角形的排法堆疊，就會把球堆砌成一個四面體，而這些球占了可用空間的 74.048％——克卜勒和蔬果販都聲稱最多就只能做到這樣了。你的人生如果給你一堆橘子，那

4　把橘子堆成正四角錐跟堆成正四面體，排列法是一樣的，只是沿著不同的走向排列。比較難堆成四角錐的原因就出在走向。

就堆成四面體吧。

不過，證明這件事幾乎是不可能的。正如我們在把硬幣擺進正方形時所看到的，雜亂無章的排法有時候比規規矩矩的排法更有效率。譬如說，若你要在親吻到中心球的 12 個球之餘擠進第 13 顆球，你可以稍微移開幾個球，讓它們不再是全都貼近中心球，但仍然排列得相當密。就像我在前面所說的，問題在於堆球時可用的排法實在太多了，沒有人能夠一一檢驗是否比克卜勒猜想的方法更好。

黑爾斯再一次插手。成功解決蜂巢猜想之後，他繼續挑戰克卜勒猜想。相較於 1611 年以來其他人失敗之處，使黑爾斯占有成功優勢的原因是不怕讓電腦來替他做一部分的工作。說句公道話，活在電腦已發明出來的時代也是他占有的優勢。黑爾斯設法讓排列球的所有不規則方法縮減到差不多五千種情形，然後他把這些情形投影到二維，以方便計算，同時還把它們分成可由電腦一一檢查的個別問題。

即使盡可能用電腦來做大部分的工作，這仍是幾乎不可能的任務。他在 1990 年代開始解這個問題時，電腦的運算能力還不夠強大。他最後寫出的論文（經多次修訂後於 2005 年發表）多達 250 頁，連同幾 GB 的重要電腦程式碼和資料。黑爾斯在這篇論文裡列出了他用到的所有電腦程式，所列的最後一個程式是用來記錄其他各程式的執行內容。換句話說，黑爾斯使用電腦來輔助其他電腦的使用。他寫道：「把輸入到證明中的幾 GB 程式碼和資料整理起來，本身就是一件非無聊（non-trivial）的工程。」

但不知何故，它成功了。電腦檢查了每一種可能的擺法，找不到更好的：黑爾斯證明了克卜勒和蔬果販一直是對的。他的寫作方式清晰明瞭，是學術數學論文少見的（這使他成為我的偶像），所以我很推薦大家去讀他的論文〈克卜勒猜想的歷史概述〉的頭幾頁。這篇論文闡述克卜勒猜想的方式超乎我所能，附有更多的細節，但令人遺憾的是，儘管整個證明跟開頭一樣有可讀性，卻沒

有人讀過且檢驗過。數學論文發表之前，都需要其他數學家先把關（稱為同儕審查），確保沒有錯誤。黑爾斯的論文是交由 12 位專家組成的審查小組，不過由於太多的工作是電腦完成的，所以經過了四年的驗證，他們只能說他們有九成九的把握這是完全正確的。那可不行。

黑爾斯對此事的反應真是太天才了，他打算用電腦來複驗並同儕審查那些由電腦完成的工作。真天才，正如我說的。他的證明用了電腦去做最困難的工作，就表示複雜到人類無法計算的某些事成功辦到了，但最後做出來的證明過於複雜，複雜到人類檢驗不了。黑爾斯的新冒險稱為「小污點計畫」（Flyspeck Project），因為 flyspeck 是少數幾個帶有 FPK 字母的英文字——FPK 即代表 Formal Proof of Kepler（克卜勒猜想的形式證明）。就在這本書英文版付梓前幾天，黑爾斯完成了「小污點計畫」，在新的結果寫成論文之後，本書內容上的更新會放上網站：www.makeanddo4D.com。

我很喜歡這些裝填問題，原因是人類幾乎就要解開這麼多答案。我們對於如何裝填二維及三維空間顯然知道得很少；我們到最近幾十年（數學歲月裡的一眨眼間）才開始了解最單純、最規則的情形。假如我們跟假想外星人會面，這可能會是他們可教我們很多東西的領域。要是我們還要很久才會跟他們會面，那也沒關係——我猜人類還要一兩百年才有辦法掌握這方面的數學邏輯。

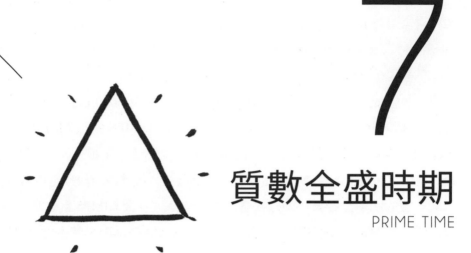

7

質數全盛時期
PRIME TIME

　　質數是數學裡的一線明星，它們雖然沒

有坐擁豪宅或有意想不到的精神失常症狀，但的

確有另外兩個很重要的性質。首先，它們無法被其他

的數整除。其次，它們被數學狗仔隊追逐：找到它們就有

獎金可領。有位不具名的贊助人透過一個名為電子前哨基金會

（Electronic Frontier Foundation）的組織設立一筆獎金懸賞質數的：

找到第一個有超過 1,000 萬位數的質數可獲 10 萬美元獎金，超過 1 億

位數的質數可獲 15 萬美元，有 10 億位數的質數可獲 25 萬美元。第一筆獎

金已經有人領走了，其餘兩筆還在等大家去拿。

任何人都可以加入尋找大質數的行列，而且有機會分享獎金。由於尋找質數非常需要運算能力，因此在1996年啟動了「網際網路梅森質數大搜索」（Great Internet Mersenne Prime Search，簡稱GIMPS——真是不幸，gimp這個字也有「笨蛋」的意思）這個「草根超級運算」計畫，隨便什麼張三李四都可以參加，讓自己的電腦成為某個分散式虛擬超級電腦的一員，目前組成這個超級電腦的處理器有 9,700,000 個，每秒執行約 164 兆個運算。GIMPS 就在 2009 年找到了位數超過 1,000 萬位的質數，拿走第一筆獎金。就報紙頭條而言，「GIMPS 發現最大質數」（也可解讀成「笨蛋發現最大質數」）可躋身最佳標題之列。

質數的麻煩在於無法準確預測它們落在何處。像 GIMPS 計畫這樣企圖尋找大質數的嘗試，很大部分是先推測某個大數可能是質數，然後透過可能整除它的數（可能的因數）去判定，來確定它真的是質數。如果你加入 GIMPS 網路，你的電腦就會分派到一個待檢驗的大數。在絕大多數時候，這些大數最後都找得到因數。為了暗中對自己稍微有利，GIMPS 不是把完全隨機的大數分發出來檢驗：他們故意只用比 2 的次方數少 1 的那些數。

古希臘人最早注意到，即使比 2 的次方數少 1 的那些數不一定是質數，這些數還是有成為質數的傾向。到 2 的 13 次方為止，有 5 個數比質數多 1，而隨著數字變大，機率會變低，但可能性還是比任意選個大數來得大。所以你如果加入 GIMPS，你的電腦會接到一個非常大的 2 的次方數，算出來的答案會有幾百萬位，而你的電腦就要檢驗比這個數少 1 的那個數是不是質數。2009 年勝出的那個質數比 $2^{43,112,609}$ 少 1。

$$2^2 - 1 = 3 \qquad 是$$

$$2^3 - 1 = 7 \qquad 是$$

$$2^4 - 1 = 15 \qquad 不是 \quad 3 \times 5$$

$$2^5 - 1 = 31 \qquad 是$$

$$2^6 - 1 = 63 \qquad 不是 \quad 3 \times 3 \times 7$$

$$2^7 - 1 = 127 \qquad 是$$

$$2^8 - 1 = 225 \qquad 不是 \quad 3 \times 5 \times 17$$

$$2^9 - 1 = 511 \qquad 不是 \quad 7 \times 73$$

$$2^{10} - 1 = 1023 \qquad 不是 \quad 3 \times 11 \times 31$$

$$2^{11} - 1 = 2047 \qquad 不是 \quad 23 \times 89$$

$$2^{12} - 1 = 4095 \qquad 不是 \quad 3 \times 3 \times 5 \times 7 \times 13$$

$$2^{13} - 1 = 8191 \qquad 是$$

　　儘管最遲從西元前 300 年開始就有人研究比 2 的某次方數少 1 的數了，這種數卻以 17 世紀時的修士馬蘭‧梅森（Marin Mersenne）的名字來命名，這些數是因為梅森才變得廣為流傳。他列出了所有是質數的梅森數——很可惜其中錯誤百出。不過，沒有什麼事比出錯更能鞭策其他人把事做對。梅森聲稱，當 n = 2, 3, 5, 7, 13, 17, 19, 31, 67, 127, 257 這些數值時，$2^n - 1$ 是質數。其他人則有別的想法。

　　2、3、5、7、13、17、19 這幾個小的值都已經檢驗過了，結果都是質數。古希臘人曉得 2、3、5 和 7，而 17 與 19 都在 1604 年由義大利數學家皮耶特羅‧卡塔迪（Pietro Cataldi）證實了。除此之外的一切都只是梅森的猜測，儘管他陳述得頗有把握而確實很有說服力。梅森的座右銘是：要麼就努力猜，不然就回家。卡塔迪也做了自己的猜測：n = 23, 29, 31, 37，但因為梅森的推測出的錯比卡塔迪稍微少一點，所以我們記住梅森，遺忘了這個義大利人（再者，這個法

國人也因其他科學成就而聞名，因此他從質數所引來的惡名逐漸東山再起）。

一百多年後，歐拉才有辦法證實 n 為 31 時的猜測是對的（他思索的是三維的形狀和氣球）：$2^{31} - 1 = 2,147,483,647$ 的確是質數。這是第八個梅森質數，而且數值又超過 20 億，大家自然斷定不會有人找到更大的質數，光靠人的腦袋（加上持續供應的紙筆，甚至用上算盤）似乎沒辦法判定比這個數還大的數。數學家彼得・巴羅（Peter Barlow）在 1811 年寫道，2,147,483,647 這個質數是「最大的，以後也不會找到更大的；這些數只是很稀奇，沒什麼用處，因此不太可能有誰會再嘗試找出比它大的」。

結果，盧卡斯在 1876 年證明出 $2^{127} - 1 = 170,141,183,460, 469,231,731,687 ,303,715,884,105,727$ 是個質數（他思索的是砲彈），也就證明巴羅說錯了。盧卡斯發現，要判定某個數有沒有因數，有一些狡詐的捷徑，只不過仍然需要令人厭煩的大量計算。直到今天，這個數還是靠手（即腦袋／紙筆）算出的最大質數。盧卡斯也刪掉了梅森誤列入的一個數，他證明出 $2^{67} - 1$ 不是質數。接下來幾年間，大家發現了幾個梅森沒注意到的質數（在 1883 年，有人發現 $2^{61} - 1$ 是質數，而到 1914 年為止，$n = 89$ 及 $n = 107$ 也加入行列），同時又從他的清單裡刪了一個（到 1933 年，有人證出 $2^{257} - 1$ 不是質數）。然而這些都比不上盧卡斯發現 $2^{127} - 1$ 的巨大成就。

有趣的是，即使盧卡斯能證明出 $2^{67} - 1$ 有因數，他還是不知道是哪些因數。這種證明就叫做存在型的證明（existence proof）：你可以證明某個東西是存在的，而不去找出這個東西究竟是什麼。比方說，數學家老早就知道若 2 所乘的次方數本身不是質數，對應的梅森數也不會是質數；所以我們知道 $2^{14} - 1$ 不是質數，因為 14 不是質數。盧卡斯所做的事，足以證明 $2^{67} - 1$ 一定有因數；然後其他數學家展開行動，設法找出是哪些因數。

第一個找到這些因數的是數學家弗蘭克・尼爾森・柯爾（Frank Nelson Cole），他在 1903 年的一場演講中向美國數學學會（AMS）發表了這些因數，

演講過程中他一語不發，拿起粉筆直接在黑板上寫個 1，然後寫出它的兩倍 2，再接著寫 4、8、16、32 等等，一直寫了 67 次加倍之後，他就寫出 $2^{67} - 1 =$ 147,573,952,589,676,412,927。接著他走到第二個黑板前，開始把 193,707,721 和 761,838,257,287 相乘，讓在座的人看到相乘出來的結果是同一個答案。他在聽眾之間發出騷動的時候默默回座。從梅森聲稱 $2^{67} - 1$ 是質數之後過了 259 年，終於有人找到它的因數。

到 1952 年，一切都變了。世界上最早的其中一部電腦開機了，馬上就找到接下來的五個梅森質數，其 n 分別為 521、607、1,279、2,203 及 2,281。最後一個 $2^{2,281} - 1$，總共有 687 位數。從那時起，電腦就一直在搜索比 20 世紀以前的數學家所能想到的更大的質數。現在我們知道的梅森質數有 48 個，其中超過一半是 1970 年以來找到的。[1] 自從古希臘時代，人們就一直為這些質數著迷，不過我們在相當於人類壽命的時間裡就讓其數量增加了一倍以上。

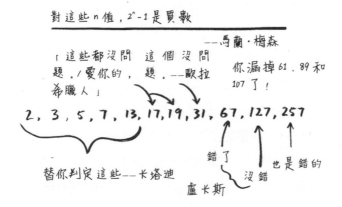

近來找到的梅森質數當中有 14 個是 GIMPS 發現的，包括已知最大的 10 個質數。（在本書英文版出版時）最新的梅森質數是在 2013 年 1 月 25 日找到的：

1　截至 2018 年 12 月，我們知道的梅森質數已有 51 個，已知最大的是 n 為 82,589,933 的梅森質數。

它的值為 $2^{57,885,161} - 1$，共有 17,425,170 位數。[2] 若要把它所有的位數都印出來，每位數字占 1 公釐寬度，結果會是個超過 1,700 萬公釐的長龍，也就是超過 17 公里，這比 562 隻大型藍鯨（採用官方單位來計，即超過半「千鯨魚」（kilo-whale））排成一列的長度還要長。這個數寫出來實在太長了，需要一個 32 核心的強大伺服器花 6 天才有辦法複驗它是不是質數。假如你想加入搜索行列，可上網搜尋「GIMPS」這個關鍵字，或是直接輸入「Mersenne prime search」（尋找梅森質數）。

關鍵因數

假設有個數學看守所裡面有 100 間牢房，編號從 1 到 100，沿著一條長廊一路排下去，看守所的獄警共有 100 名，每人都有一把可開關任何一間牢房門的鑰匙。入夜時，所有的牢房都是鎖著的。第一位獄警（我們就假設他們也有編號，所以她／他是 1 號獄警）沿著長廊巡邏，用鑰匙把每間牢房門打開。第二位（2 號）獄警發覺情況不對，就沿著長廊把每隔一間牢房的門鎖上。第三位獄警則走到每隔兩間牢房前，但她／他的鑰匙現在要麼可鎖上、要不就是打開房門。第四位獄警負責每隔三間牢房的門，要麼鎖上要麼打開；以此類推到所有 100 位獄警。到了早上，哪些牢房門是開著的？

倘若這一章在講質數與因數，那麼你可能不會感到意外，這個問題的答案取決於每間牢房編號可被哪些因數整除。這個主題會在數學上反覆出現：一個數的性質取決於它有哪些因數，而質數是唯一沒有因數的數。事實上，每個非

2　隨後在 2015、2017、2018 年找到的三個也都是 GIMPS 發現的。目前最大的梅森質數有 24,862,048 位數。

質數都可以分解成質數的乘積，而這些質因數就說明了那個數大部分的行為模式：質因數決定了該數會有什麼性質和模式。譬如對數學家來說，28 這個數實際上就是 2 × 2 × 7，這叫做 28 的質因數分解。就某方面來說，質數就像是數學原子，是構成其他的數的元件。不是質數的數稱為合數。

結果在我們的數學看守所中，隔天早上會發現門沒鎖的牢房是那些編號為平方數的牢房。每間牢房的門鎖，會由編號為該牢房編號的因數的每位獄警來使用鑰匙（位置是按轉鑰匙的順序）。若要讓門打開，門鎖必須轉動過奇數次，而平方數是唯一有奇數個因數的數。如果把隨便一個合數所有的因數全列出來，這些因數會形成兩兩相乘得出原數的配對，不過平方數卻會多出一個孤零零的因數，得給自己配對。若要完整列出一個數所有的因數，你必須記下其質因數的每一個組合。

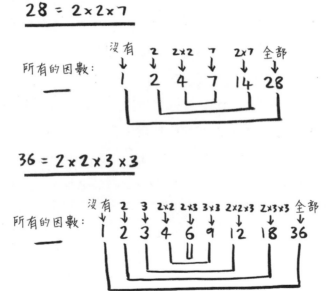

可是為什麼因數會那麼重要？我們也可以把 28 簡單寫成 21 + 7 或 13 + 15

等各種同樣有效的形式，而不是分解成相乘的數呀。是誰發動政變反對加法，而把乘法拱上王位？問題就在於，如果你把一個數拆成最簡單的數的相加，最後會得出一長串相加的 1，這實際上只是在記錄這個數有多大而已。把一個數分解成相乘的因數就比較有意思，因為你會碰到無法再化簡的死胡同，而這些死胡同就是質因數。數學家比較器重乘法而非加法，是因為加法正如你所料會告訴你一個數有多大，乘法卻會說一點這個數的個性。

$$28 = 2^2 \times 7$$

$$vs$$

$$28 = 1+1+1+1+1+1+1+1+1$$
$$+1+1+1+1+1+1+1+1+1$$
$$+1+1+1+1+1+1+1+1+1+1$$

　　因數解釋了我們在前面已經遇過的幾個數學模式。我們在畫那些各邊自己相交的規則二維形狀時，正十一邊形有 5 種可能，但是正十二邊形只有 2 種，這是因為 11 是質數，而 12 有四個因數。在各角（頂點）之間畫出連線時，如果間隔的角數不是總角數的因數，那就只會得出一個新的星狀正多邊形。你在畫出這個形狀的過程中，就會理解有些數意味著你在最後一刻之前都得避開第一個角。因此對十一邊形來說，每 1、2、3、4、5 個角都可畫一條邊，而這五個數都不是 11 的因數（因而有 5 種）；對十二邊形來說，只有 1 和 5 不是因數（因而有 2 種）。

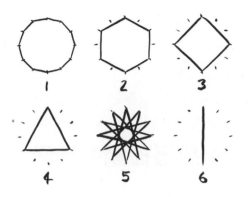

只有把每一個角和每五個角相連的邊，會連到所有 12 個角。

　　這些因數也說明了十二進位擁護者為什麼想要用十二進位數：12 的因數比 10 多。一般來說，一個數有越多的因數，就越適合當作進位制的底數。由於 10 只有 2 和 5 這兩個因數，我們可以很簡潔地寫出 1／2 = 0.5 和 1／5 = 0.2，但像 1／3 這樣的數就永遠寫個沒完：1／3 = 0.3333...。在十二進位中，我們就可以寫出 1／2、1／3、1／4、1／6、1／8、1／9 等數的小數表示，但在我看來，仍舊不值得改換。

　　就連切披薩也跟因數有關。我們已經看到，有兩種切法可把一片披薩切分成 42 塊，且不是每塊都碰到披薩中間的配料。原因在於 42 的因數。如果仔細觀察披薩的切法，你會看出最初的切片數是等寬形狀的邊數的兩倍，接著每塊再切成兩小片或更多片。如果你把比方說 630 這個數拆開，就會明白為什麼你會有 10 種切披薩的方法。

　　因此，在一個數、該數有幾個不同的質因數、有幾個重複的質因數，以及總共有多少因數之間，有微妙的相互影響。唯有藉由把數字拿來分解成因數，再重新組合起來，你才會對眼前發生的事產生了解和直覺。如果有一群數學家坐在餐廳裡，不用多久他們每一個人就會把桌號分解成質因數，或是算出帳單總金額，甚至只是日常生活中的隨機數字。想像一下你的生活樂趣像這樣：搭

捷運的時候不用埋首滑手機或平板，也不必避免與同車乘客眼神接觸，而是利用這段時間設法找出車廂編號的因數，而且也許發現沒有因數，所以它是質數，而你坐到了第一等的車廂。

1 是最孤獨的質數

在這裡有必要澄清一個由來已久的爭論：1 是不是質數？它當然沒有半個因數，這表示它適合成為質數，可惜它不算質數，至少不再是質數。很長一段時間，數學家對 1 是質數很滿意，但從 18 世紀開始，1 就漸漸失寵了，原因是數學家發現自己在談及質數所做的事時，總是必須加上「除了 1 之外」這一條。把它降為二等，會變得比較容易。

如今沒有人把 1 當成質數了，不過直到 20 世紀中葉之前它仍有機會成為質數。在電腦還沒普及前，可以買到有列出質數的參考書籍，而直到 1956 年印行的《1000 萬以內的因數表》（*Factor Tables for the First Ten Millions*），都還是把 1 列為質數。這可不僅僅是某個偏激數學家的看法：作者是名叫德瑞克・萊默（Derrick Lehmer）的美國數學家。在 1934 年首次改進了盧卡斯質數判定法的人，正是他的兒子（名字也是德瑞克・萊默，真是典型的美國人）。甚至在 2013 年，$2^{57,885,161} - 1$ 這個數也是用盧卡斯—萊默質數判定法來的。

靠死記硬背來學數學的現代學生所記住的是，質數要有兩個不同的因數（即它自己以及 1），而 1 不合，因為 1 = 1 × 1 且 1 本身就是 1，所以 1 不是質數。這個論證總讓人覺得不甚滿意：比較像是在細究關於定義該如何措詞這類技術性細節的法律論據。比較好的理由應該會讓我們有稍微深刻的見解，了解 1 怎麼會表現得像個質數。

學生該學會用來解釋 1 不是質數的論證方式，並不是去背誦出某個技術性的定義，而是要指出 1 是完全不適任的因數。由於一個數乘上 1 之後保持不變，所以在做質因數分解的時候可以隨意分散放置，譬如 28 可以寫成 1 × 1 × 2 × 1 × 2 × 7 × 1 ... 等等，這樣就失去唯一性了；一個數和其質因數之間的關係不再是獨一無二的，因此 1 沒有選進質數俱樂部。

我個人覺得數學家在剔除質數方面做得不夠徹底。2 和 3 都是相當糟糕的質數。2 和 3 之所以成為質數，在我看來是因為它們沒有比自己更小的因數了；它們是內定的質數，而不是透過自己本身的任何性質。我認為 5 是第一個真正的質數，因為它比最小的合數 4 大。如果按照我的意願，我們可以把 2 和 3 重新歸類成「次級質數」，不過這不大可能發生，因為其他數學家都不同意。

數字之愛

可以買得到表示心碎的鑰匙圈和飾品，上面的心形裂成兩半，一塊刻有「220」，另一塊刻著「284」，買的人自己留著半塊，會把另外半塊送給心愛的人。我也許該自己做一個。220 和 284 兩數從古希臘時代以來就一直是友誼和愛情的象徵，直到今天都還有相愛的宅男宅女繼續拿來用。

220 的真因數（除了自身以外的所有因數）是 1、2、4、5、10、11、20、22、44、55 和 110，看起來可能不是非常特別——直到你發現這些因數全加起來居然會等於 284。還是不怎麼特別嗎？那把 284 的真因數（1、2、4、71 和 142）相加起來，答案會是 220。由於這兩個數的真因數之和等於另一個數，因此大家認為 220 和 284 關係親密，而賦予「友誼數」這個稱呼。

$$a^3wh = aaaw$$

　　像這樣的數不止這一組。費馬在 1636 年發現了第二對友誼數——17,296 與 18,416，可是這就需要更大的鑰匙圈或飾品才能把完整的數字刻上去，至於笛卡兒（René Descartes）在 1638 年發現的那一對——9,363,584 和 9,437,056，就需要刻在一顆又大又亮的珠寶上了。到 1747 年，歐拉才剛加入戰局不久就有所表現，又找到大約 60 對。然而他們全都漏掉了第二小的那一對——1,184 和 1,210，這組數字是年僅 16 歲的中學生尼可羅 · 帕格尼尼（B. Nicolò I. Paganini）在 1866 年找到的。我們不知道他是不是受愛情或數學的刺激。

　　如果你需要知道，這個網頁上列出了所有已知的友誼數對及發現者：http:// amicable.homepage.dk/knwnc2.htm

220 & 284	畢達哥拉斯	古時候
1,184 & 1,210	帕格尼尼	1866
2,620 & 2,924	歐拉	1747
5,020 & 5,564	歐拉	1747
6,232 & 6,368	歐拉	1750
10,744 & 10,856	歐拉	1747
12,285 & 14,595	布朗	1939
17,296 & 18,416	費馬	1636

　　我們還沒有充分了解友誼數。很長一段時間，大家推測每個友誼數都是 2 或 3 的倍數——直到 1988 年，有人找到 42,262,694,537,514,864,075,544,955,198,125 和 42,405,817,271,188,606,697,466,971,841,875 這對友誼數為止。於是這個猜想升級了，變成：每個友誼數都是 2、3 或 5 的倍數——但在 1997 年有人找到一個有 193 位數的反例。也有人猜友誼數有無窮多個，不過說實話，即使截至目前已經找到至少 11,994,387 對友誼數，我還真不知道該相信誰。

　　像 12,496 這樣的數是這個主題的變奏。若把 12,496 的真因數相加，總和為 14,288，而 14,288 的真因數之和等於 15,472，但如果繼續算出 15,472 的真因數總和，會得到 14,536，而 14,536 的真因數之和為 14,264，14,264 的真因數和等於 12,496，這樣就回到起點了。嘿，這真是繞了一大圈啊。做真因數相加，得出了串連成一圈的五個數，這些數就叫做社交數（sociable number）。有比五個數成一組更龐大的社交數。我們也許不像友誼數那麼親密，但對這些事情的態度很開明。

　　可是最精采的還在後頭呢！有幾個少有的數，當你把它們的真因數加起來，結果會等於它們自己。像這樣的數當中最小的是 6，因為它的真因數是 1、2、3，且 1 + 2 + 3 = 6；再來是 28，因為 1 + 2 + 4 + 7 + 14 = 28。古希臘人把

這些數稱為完全數。下一個完全數是 496，接著是個三級跳，跳到 8,128。在這之後，情況就變得很瘋狂了。下一個是 33,550,336，接下來是 8,589,869,056，緊接著是距離一點也不近的 137,438,691,328，拖拖拉拉跟在後頭的是 2,305,843,008,139,952,128。

古希臘人只發現前四個完全數，也就是到 8,128 為止，33,550,336 在 1456 年第一次出現，接下來的五百年間又找到了七個完全數，其中最大的有 77 位數。自從 1952 年以來，電腦讓我們再找到 36 個完全數。至今最大的完全數是在 2013 年發現的，有 34,850,340 位數那麼長（最後一位數字是 6），它的 115,770,321 個真因數全部加起來居然等於它自己，實在令人詫異。

在 2013 年找到這個完全數，其實是從我們談過的另一件事旁生出來的：尋找梅森質數。歷來找到的每一個完全數，都是某個梅森質數的倍數。早在歐幾里得的《幾何原本》第 7 卷，就提出完全數的定義：「等於自身所有部分總和的數」，緊接著證明所有的梅森質數都是某個完全數的因數。後來歐拉證明出一件（稍有不同的）事：所有的偶完全數都有一個梅森質因數（歐幾里得和歐拉終於湊在一起了，不光是因為他們的名字裡都有個「歐」字）。因此，只要我們新發現一個梅森質數，就會免費獲得一個新的完全數。

完全數只有一個缺憾：奇數。到目前為止，我們只找到了**偶數**的完全數，但沒有理由根本沒有奇完全數存在。如果奇完全數存在，我們知道它們沒有梅森質因數：這些數會有我們未曾想到的全新行為模式。儘管普遍推測奇完全數不存在，搜尋奇完全數的行動仍持續進行，正如往常一樣，這牽涉到大量的運算能力，因此自然就有個企圖搜尋這些數的分散式運算計畫。若有興趣，可以加入 www.oddperfect.org。

漂亮的質數模式

由於質數是構成其他所有的數的基本要素，對數學家來說非常重要，因此了解質數是極為重要的。無奈的是，我們沒有預測質數的好方法：它們在數字間的分布看似是隨機的。但其實不然。質數的分布也許不可預測，不過絕對不是隨機的。

每個質數的平方都比 24 的倍數多 1。

就連最沉穩鎮定的數學家都會因這句話激動不已。感覺上質數應該不會那麼守規矩，不過如果把 5 以上的質數（次級質數 2 和 3 不適用）平方，答案永遠是 24 的倍數加 1。怎麼可能有這種事？事實證明，質數有各種驚人的模式；問題是，這些模式都不能用來預測下一個質數在哪裡。這個「24 模式」反過來就行不通了：比 24 的倍數多 1 的數不一定是某個質數的平方。

在〈書末解答〉有「24 模式」何以成立的證明，但在這裡我們可以看一些更容易理解的模式。若把數字方格內的質數用顏色標出來，就很容易看出其中幾個模式。在大部分的格寬中，質數看似分布得毫無秩序，就像大多數人猜想的，然而當方格寬度恰好為 6 的倍數時，所有的質數突然啪地一聲排成直線，形成一種極為規則的模式，只有次級質數不合群。所有的質數都比 6 的倍數多 1 或少 1。

稍微思考一下，你就會明白為什麼這些質數必定有這種模式：它們根本不會呈任何的隨機位置。首先，沒有哪個質數是偶數，因為所有的偶數都會被 2 整除。這是眾所周知而且公認的；大家樂於阻止質數進入半數的可能位置。下一步是排除所有可被 3 整除的地點；而 1 不是質數，我們在前面討論過這點，所以殘存下來的位置只有 6 的各個倍數的前後一格。

1	2	3	4	5	6	7	8	9
10	11	12	13	14	15	16	17	18
19	20	21	22	23	24	25	26	27
28	29	30	31	32	33	34	35	36
37	38	39	40	41	42	43	44	45
46	47	48	49	50	51	52	53	54
55	56	57	58	59	60	61	62	63
64	65	66	67	68	69	70	71	72
73	74	75	76	77	78	79	80	81
82	83	84	85	86	87	88	89	90
91	92	93	94	95	96	97	98	99
100	101	102	103	104	105	106	107	108
109	110	111	112	113	114	115	116	117
118	119	120	121	122	123	124	125	126
127	128	129	130	131	132	133	134	135

寬度＝9；看起來相當隨機

1	2	3	4	5	6	7	8	9	10	11
12	13	14	15	16	17	18	19	20	21	22
23	24	25	26	27	28	29	30	31	32	33
34	35	36	37	38	39	40	41	42	43	44
45	46	47	48	49	50	51	52	53	54	55
56	57	58	59	60	61	62	63	64	65	66
67	68	69	70	71	72	73	74	75	76	77
78	79	80	81	82	83	84	85	86	87	88
89	90	91	92	93	94	95	96	97	98	99
100	101	102	103	104	105	106	107	108	109	110
111	112	113	114	115	116	117	118	119	120	121
122	123	124	125	126	127	128	129	130	131	132
133	134	135	136	137	138	139	140	141	142	143
144	145	146	147	148	149	150	151	152	153	154
155	156	157	158	159	160	161	162	163	164	165

寬度＝11；仍顯凌亂

1	2	3	4	5	6	7	8	9	10	11	12
13	14	15	16	17	18	19	20	21	22	23	24
25	26	27	28	29	30	31	32	33	34	35	36
37	38	39	40	41	42	43	44	45	46	47	48
49	50	51	52	53	54	55	56	57	58	59	60
61	62	63	64	65	66	67	68	69	70	71	72
73	74	75	76	77	78	79	80	81	82	83	84
85	86	87	88	89	90	91	92	93	94	95	96
97	98	99	100	101	102	103	104	105	106	107	108
109	110	111	112	113	114	115	116	117	118	119	120
121	122	123	124	125	126	127	128	129	130	131	132
133	134	135	136	137	138	139	140	141	142	143	144
145	146	147	148	149	150	151	152	153	154	155	156
157	158	159	160	161	162	163	164	165	166	167	168
169	170	171	172	173	174	175	176	177	178	179	180

寬度＝12；碰！呈直線了！

不同寬度方格裡的質數

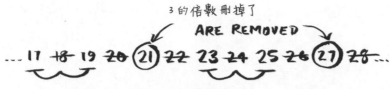

　　我們沒有理由在這裡打住。如果你封鎖 5 的所有倍數，新排除的位置將產生出更複雜的規則——類似「所有的質數都比 6 的倍數大或小 1，比 30 的倍數大或小 5 的數除外」（這就刪掉了 5、25 與 35、55 與 65、85 與 95 等等）。雖然模式描述起來有可能會變得複雜無比，你還是可以繼續刪除 7 的倍數，接著刪 11、13 等等的倍數，最後留下質數。這個把合數過濾掉的方法叫做埃拉托斯特尼篩法（Sieve of Eratosthenes），是找出有點小的質數的好方法。

　　有個更好的模式需要把數字排成螺旋狀，最初發現的人只不過是在無聊的課堂上打發時間。下回你在教室裡或開會時覺得無聊時，要記得你的信筆塗鴉有可能導向新的數學突破。在這個例子裡，信筆塗鴉的人是波蘭裔美籍數學家斯坦尼斯瓦·烏蘭（Stanisław Ulam）。他因數學本領及參與曼哈頓計畫（Manhattan Project，他從事的是「爆炸透鏡」效應，這種效應會使鈽壓縮到臨界密度）而享有盛名，他的發現如今稱為烏蘭螺旋（Ulam spiral）。

　　烏蘭先是按螺旋的方式寫出數字，然後圈出質數，讓他驚訝的是，它們開始形成模式。照他的說法，這個質數螺旋「看上去像是強烈展現出非隨機的外觀」。不管是在只有幾個數的時候，還是在縮小後一次看幾千個數的時候，這些質數似乎都形成了筆直的斜線。還有其他的模式，而我最喜歡的是從 8、9、10 開始，繼續接到 27、52 等等的空白水平直線。無論縮到多小，那條線都因為完全沒有質數在上面而格外醒目。烏蘭螺旋提醒我們質數背後的結構。

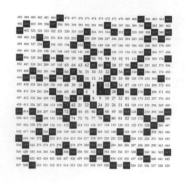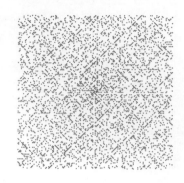

把烏蘭螺旋拉近拉遠看。

然而跟最著名的質數模式一比，上面這些模式可就相形見絀了。還有一個整齊的質數排列令數學家痴迷不已，而且揚言要真正提供對質數的深刻見解；這個模式也許可以讓我們終於明白，為什麼這些數會按那樣的數值順序列隊。它在伯恩哈德‧黎曼（Bernhard Riemann）在 1859 年的論文〈論小於給定大小的質數個數〉中首度提出，如今稱為黎曼假設（Riemann Hypothesis），至於為什麼沒有正確命名為黎曼猜想（Riemann Conjecture），答案就讓大家去猜吧。

黎曼猜想（黎曼假設）的內容是關於小於某個特定上限的質數有多少個。儘管質數看似出現在隨機的位置，平均起來質數的密度好像可預測。數學家認為有辦法算出這個密度，但為了讓我們百分之百確定這個方法算出的答案無誤，就必須一併證明黎曼猜想。很遺憾，黎曼猜想抗拒一切的努力嘗試。甚至還懸賞 100 萬美金，提供給證明出來的人。

黎曼猜想本身牽涉到的內容，要比把數字排成螺旋更複雜；在這裡，數字要經過一個複雜的過程，然後把結果畫成圖形。就像烏蘭螺旋的情形，在畫出這些結果之後，有一些會排整齊，但就另一方面來說，這又不像烏蘭螺旋有少數幾條對齊線：在這裡，所有的點都位在同一條直線上，**沒有**例外。如今黎曼猜想是數一數二的數學難題：沒有人知道為什麼會排成那條線。不過我們倒是知道，這道難題若破解了，我們就能深入了解質數，因而深入了解所有的數。

孿生質數

　　還有一件跟質數有關的事困擾數學家很久，而且我們到 2013 年才找到可能的解決途徑。這個謎團就是孿生質數有多少。孿生質數是指一對相差 2 的質數，例如 5 和 7，29 和 31。不像普通的質數，從來沒有人證明出孿生質數有無窮多個。這個問題的另外一種說法是：能不能證明最大的孿生質數對存在？我們根本不知道答案。孿生質數對可能會終止，也可能會永遠繼續下去。

　　陸續有一些突破，其中一個是挪威數學家維果・布朗（Viggo Brun）在 1915 年做出來的。他知道，如果把所有質數的倒數相加（1／2 ＋ 1／3 ＋ 1／5 ＋ 1／7 ...），那麼越往後加，總和就越大。接著布朗成功證明出，若是把孿生質數的倒數相加，總和不會越來越大。無論你繼續加多少項，它都會趨近一個固定不變的數值，目前我們估計這個值為 1.902160583 ...（這個數字不會在此結束，但我覺得寫出 9 位小數就夠了；不過，可按照要求多提供一些）。這個數叫做布朗常數，儘管並未解決問題，它還是提供了相當有力的線索：它代表孿生質數要麼會在某處完結，要麼就是越來越少。

　　重大的突破在 2013 年出現，這對質數來說是很精采的一年。5 月 13 日那天，網路上謠傳數學家張益唐成功證明了，相差 7,000 萬的質數有無窮多個。沒錯，7,000 萬的差距比 2 大很多很多，但這是第一次有人成功定出質數間距的上界。如果張益唐是對的，那麼不管數字變得多大，都一定會有相差 7,000 萬的質數對。那天下午 3 點，張益唐在哈佛大學發表他的研究，而且大家公認是正確的。

　　張益唐做出的突破是，無論多大都會有個上限。他實際得出的上限是 63,374,611，只是他把它無條件進位到 70,000,000，因為細節並不重要。至少……初時是不重要的。在數學上，基地營一旦確立了，接下來的挑戰就是重新組隊並完成攀登。一開始有幾位輕鬆領先，包括提姆・楚吉安（Tim Trudgian）把上限縮小到 59,874,594，以及史考特・莫里森（Scott Morrison）在 2013 年 5

月底宣稱這個數應是 59,470,640。對於自己比楚吉安略勝一籌，莫里森評論說：「我只是抗拒不了暫時宣示擁有最小差距上界的『王冠』。」

莫里森在 5 月 31 日之前緊抓住他的那頂王冠，成功地讓上限減到 42,342,946——直到隔天，陶哲軒以 42,342,924 這個值把王冠奪走。出生於澳洲的陶哲軒是數學天才，16 歲就完成數學學士學位，赴美攻讀數學博士。他在 2006 年奪得費爾茲獎（Fields Medal）；這個獎是數學界的最高榮譽，常被形容為數學界的諾貝爾獎，但實際上比諾貝爾獎更難拿到，因此更加優越。就像今昔許多數學名人，陶哲軒可能不小心就給人「數學只有超級天才能參與」的印象，但事實並非如此。

陶哲軒啟動了一個開放計畫，屬於其中一個多工數學（Polymath）計畫，讓任何人都能協助縮小「質數間的有界差距」。截至 2013 年 7 月 20 日為止，在極其紊亂的共同努力下這個上界已經縮小了 5,414。「多工數學」計畫本身是由另一位費爾茲獎得主提姆・高爾斯（Tim Gowers）發起的，用意在促進大規模的數學協作。當我問他計畫進展得如何，他說業餘數學家的參與度讓他刮目相看，不管是為其中幾項計畫寫電腦程式及跑程式，還是提供有趣的評論留言。從事者不止有數學界大牌人物，各種人都能有所貢獻，至少在這個例子裡，熱衷的人很多。用高爾斯的話來說：「他們對數學的熱愛一直未減，但沒能成為學術體制的一員就沒辦法從事數學。」

當然不是每個人都能在這麼高等的程度上有所貢獻，但我們還是可以試試看。世界各地有很多人每個月會在酒館為 MathsJams 聚會一次，玩數學遊戲還有解謎。你很可能就置身其中。無論數學程度變得多高等，同樣的動機仍會驅使你為了樂趣去嘗試各種模式，探究事物——儘管最後結果可能很有用，令你覺得不合常理。Google 這家公司擅長找出應用純數學的務實方法，並沒忘記現在驅動他們公司的那些有趣數學源頭。在 2011 年的專利拍賣會上，Google 的出價金額 1,902,160,540 美元讓競爭對手大惑不解。這是在對布朗和他的質數

致敬。

這是質數的極大諷刺：它們幾千年來一直是典型無意義的數學，而今卻對現代生活有非常實際的重要性。直到 1940 年，哈第還在用質數舉例說明無用但沒有害處的數學，而隨著數位通訊興起，一切都改變了，要不是我們把數的性質弄明白了，從網際網路到智慧手機的一切事物現在就不會正常運作。

質數用於資訊加密，是因為如果沒有祕密資訊，幾乎就不可能找出質數。如果你把兩個足夠大的質數相乘，然後把得出的答案交給別人，他們倘若不知道你起初用到的任何一個祕密質數，就會發現幾乎不可能反推算出另一個。這就是為什麼即使大家知道 $2^{67} - 1$ 有因數，還是花了 27 年才找到。像這樣把祕密質數運用在難以逆反的計算當中，正是現代密碼學的基礎。

這也意味著，不光是數學家為了滿足自己對數字的好奇心而去嘗試了解質數，還有其他人出於各種邪惡的理由也想要找出同樣的模式。未來數十年針對質數的研究確實會十分有意思——數學差不多達到鼎盛了。

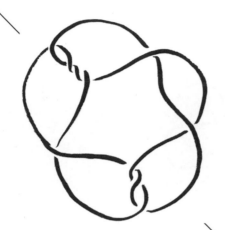

8

打結問題
KNOT A PROBLEM

在某個非常重要的數學領域，細菌比人
類表現得更好：把結解開。細菌在複製的時候，
DNA 會纏在一起，要是沒辦法把結解開，就會停止
活動然後死亡。所有的生物都利用一種叫做拓樸異構酶
（topoisomerase）的酵素來解開 DNA，但是在細菌身上，這
種酵素有不同的變種——第二型拓樸異構酶。這種酵素很善於找出
DNA 雙股長鏈自己交叉打結的恰當位置，以便從其中一股剪斷一小段
再接回到對面的另一股上。

這是扭結

這是一個扭結。為了一開始就避免混淆。……數學上所有的扭結都會畫成一個兩端相接在一起的封閉環，這樣就可以四處挪移，不會有哪一端脫落而使這個扭結解開。此外，結也可以畫成代表細繩的單條線，這條線在中間會斷開，從繩子的另一段的下方跨越。

在這裡切斷
接到另一邊

這不是扭結

把細繩的這一小段從下方換到上方，就能完全解開這個扭結。

　　因此，第二型拓樸異構酶可以找出切斷 DNA 再重接的最佳位置：這些在細胞內的化學分子把結解開的效率，遠遠勝過數學界的佼佼者。我們還要一番努力才追趕得上。

　　追趕上的回報很大。由於人類和細菌的拓樸異構酶稍有不同，理論上有可能只對準細菌 DNA 上那些解開的結。如果細菌因為 DNA 打結而無法繁殖，由細菌引起的感染就不會擴散。同樣地，人類細胞失控變成癌細胞的時候，讓這些細胞的 DNA 打成一個結可能會是抑制腫瘤生長的方法。因此，未來一波的抗菌和醫療有賴我們增進自己對於數學扭結的理解。

打結 DNA 的顯微鏡影像。

這是扭結數學

　　扭結嚴格看起來也許不屬於數學，但同樣地，任何一個情況都可以用數學方法來處理。很長一段時間，只有水手真正在研究扭結，直到很晚近，相關的權威書籍都還是 1944 年出版的《艾許利的繩結書》（*The Ashley Book of Knots*）。這本書介紹了超過兩千種繩結，全按照類型或用途來分類。這是一本很實用的書，目的就是在指導人們如何打繩結。然而，數學家對扭結感興趣的原因是想看看有沒有可能計算出**解開**扭結的最佳方法。結果發現，在數學上了解扭結，難度超乎我們預期，就連看上去像下面這個扭結一樣簡單的扭結，都令數學家百思不解。假使你拿繩子打出這個結，你可以嘗試模仿拓樸異構酶切斷再重接 DNA 片段的方法，來解開這個結。扭結自我交叉的位置稱做交叉點（crossing），這算是名副其實，如果切斷之後把一段移到另一側，就叫做交叉點交換。我們知道，做三個交叉點交換絕對可以解開這個扭結，不過還沒有人找到只用兩個交叉點交換就解開它的方法。

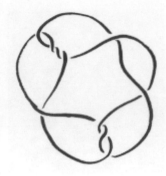

你能不能用少於三個交叉點交換解開這個扭結？

回到實體

　　進入扭結的抽象數學世界之前，我們可以先來看一下解決（頭腦？）打結問題的實體方法。耳機是沒完沒了的糾結根源，好像每次我一拿出耳機，耳機線都會自己纏繞成一團，所以我很想找到避免這種情況發生的方法。數學家認為自己有辦法減低東西糾結成團的可能性：把兩端接起來，變成一個環。環猜想是說，如果某樣東西是封閉的環，就會比它是在開放長線的狀態下更不容易纏繞。

步驟說明

1. 拿一段細繩來。
2. 花十秒鐘把它弄亂。
3. 找出繩子兩端並拉開，看看繩子有沒有糾纏成一團。
4. 記下這種狀況發生的次數然後重複做幾次，做到你覺得煩了為止。
5. 現在把繩子結成一個環，再重做整個實驗。

要檢查環猜想的方向是否正確，有個方法是實際測試一下。把結成環和未結成環的繩子弄亂，看看糾成一團的次數有多少，這樣雖然不會確切證明或駁斥這個猜想，但是也許能為其中一方提供一些非常好的證據。只不過，拿著實實在在的繩子重複做這些步驟可能會很累人，為了省事，何不徵求幾百個學生在數學課堂上做很多遍，然後把結果收集起來？大英扭結實驗（Great British Knot Experiment）在 2010 年就是這麼做的。

　　單單在一所學校（位於科芬特里的 Coundon Court 中學），學生就拿著有 11 種長度、結成環和未結成環的繩子，做了五千多次實驗。他們發現，一條繩子結成環的時候糾結會減少 2.09 倍，跟環猜想的預言甚為接近。在數學上我們會想要確證這一點，因為不論你拿繩子試多少次，試出來的結果都可能只是偶然發生的。但實際上這個故事的寓意是，如果希望某樣東西更不容易打結，那就務必讓它形成一個封閉的環。

　　如果去看大部分耳機線的末端，會看到一個可用來把線相接的耳機夾，我認為沒有人確定這個線夾是做什麼用的。我最新的一副耳機的說明書上沒有提到它或其設定用途。我的揣測是，某家耳機製造商有人知道或是獨自發現了這個環猜想，這個線夾就是為了讓兩個耳塞連接起來，形成一個環。試試看：真的有用，……或者至少是偶爾沒用。

　　現在我們可以展開自己的「扭結大實驗」，設法解開第 158 頁的那個結。憑著本書讀者人多勢眾，我覺得我們可以做到數學家做不到的。找一條繩子來，在上面打出這個結。

　　好了，這道難題就是：從這個結變成沒打結的環，需要多少個交叉點交換？

　　首先，你打出的結看起來要跟圖示完全一樣，而且我們已經知道在這種安排中，只做兩個交叉點交換不可能把結解開。為了使這成為可能，我們必須移動這個結，好讓不同的部分互相交叉。這個結有非常多的安排方式，因而很難證實所需的最少交換數，不過如果我們所有人都來嘗試，就能檢驗很多。團結就能成事！

步驟說明

1. 在細繩上打出這個結。
2. 把它平放，然後拍照。
3. 選出並且想辦法標出你要做交換的兩個交叉點。
4. 完成交換，看看有沒有弄出沒打結的環。
5. 如果弄出來了，就把你的安排方式和交換點拍照電郵給我。
6. 靜候永垂不朽的數學聲名降臨到你身上。

進入理論

關於扭結的最早數學理論，有一些是由想要了解宇宙本質的物理學家發展出來的。19 世紀時，科學界有個激烈的論辯，這個爭論在今天看來非常奇怪，因為我們已經知道結果了，現今大多數人甚至不曉得發生過這件事，然而有很長一段時間，對於構成宇宙的物質是什麼有兩派說法在角力：其中一派認為物質是由原子組成的，另一派認為是由扭結組成的。確實，長久以來大家一直爭辯，說宇宙裡充滿了無法察覺的以太（ether），而我們感覺到的物質只是繫在以太裡的結，這些結纏繞連接起來後就形成了分子。

這種物質結理論的鼻祖正是我們的好朋友克耳文勳爵。對此說法我們現在可能不屑一顧，因為我們知道有原子存在，不過有段時間看起來答案可能就是扭結。由於粒子實在小到無法檢測，因此在那個時代，無法察覺的以太中的扭結是解釋物質組成的合理選擇（發現質子和中子是很久以後的事）。如果扭結可以讓宇宙維繫在一起，突然就有弄懂扭結的必要了，理由在於，如果有辦法把可形成的各種扭結歸類整理出來，就會有某種扭結週期表了。

謝天謝地，數學家不必把我們可能打出的每一種繩結分門別類：他們已經知道有質結（prime knot）這種結。專門探討扭結的數學領域稱為扭結理論（投入其中的數學家就稱為扭結理論學家），就像在數論領域藉由質數來了解其他

各種數，扭結理論真正關心的只有質結，因為弄清楚質結就有可能理解所有的扭結。

　　把一個數分解成質因數的乘積時，是用其質因數除該數，除到得出最小的數為止。把扭結分解成質結時，也是把它分成較小的扭結，直到不能繼續分為止。要做到這一點，可拿個繩結來，把中間的兩段繩子捏在一起，這樣就形成了兩邊都有部分扭結的瓶頸。接著把兩邊都切開，把每邊的兩端都綁在一起，這樣兩邊就分離了。這下子你已經把一個結分成兩個結。如果你倒過來做同樣的步驟，就是在把兩個結相加起來。

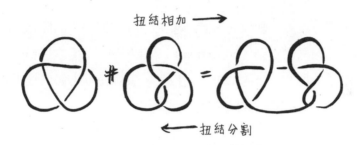

　　把扭結結合與分離，介於我們通常認知的加／減法與我們通常認知的乘／除法之間。為了簡化起見，我們稱此為扭結加法，而為了顯出它和算術加法的區別，我們就用 # 這個符號來當某種雙重的、更複雜的＋符號。正如我剛才提到的，等你做到不能再分成兩個更小的扭結時，就得到一個質結了。假如還試圖繼續分離，最後你只會得出同樣的扭結和一個未打結的環。沒有結的環叫做「非結」（unknot），它的作用有點像數字 1，因為把非結和另一個扭結相加，情形就跟某個數乘上 1 一樣：沒有什麼改變。而且非結和數字 1 一樣，仍然是有效的扭結，但不算是質結。

　　扭結可以進一步化簡，因為有些扭結彼此互為鏡像。最最簡單的扭結稱做三葉結（trefoil），它有三個自身交叉。三葉結有兩種，互為鏡射，但行為非常相似，所以我們只須擔心其中一個就行了。如果我們真的想要兩個結一起談，

可以把它們分別描述為左手和右手的扭結。這種「左右手之分」在數學上稱為手性（chirality，也譯為掌性），chirality 這個字是克耳文勳爵在 1894 年以意為「手」的希臘文「cheir」獨創出來的。

首先想出質結分類系統的，是蘇格蘭科學家彼得・葛斯瑞・泰特（Peter Guthrie Tait，也是英式橄欖球與高爾夫球的健將），他的方法是看扭結最少的交叉點數可能是多少，譬如三葉結就是 3。把三葉結移動一下當然有可能讓交叉點超過三個，但仍然是一模一樣的結，只是重新安排一下罷了。因此，三葉結的交叉數是 3：不論怎麼安排，交叉點都不可能少於三個。

如果你拿到一個繩結，可把它擺在平面上的位置會有無數個，但全都是同一個結。為了避免歧義，數學家喜歡給事物明確的稱呼，因此你放下繩結的每個方式都稱為那個結的投影（projection）。如果看一下這本書裡的結圖，每個都是在三維空間中打的扭結的二維平面投影。就像正立方體的投影可能是六邊形或正方形，同一個結可能會有無數種投影。

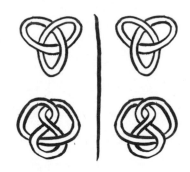

三葉結的鏡射是一個新的扭結；下方的結可以重新安排成自身的鏡射。

如果你取一個結（譬如說三葉結）的投影的鏡像，它就是該扭結「另一隻手」的版本的投影。有趣的是，有幾個結的任何投影的鏡像，仍然是同樣的結。你可以拿起原先的繩結，把它重新安排成它自己的鏡射。這些不分左右手的扭結，叫做雙向結（amphichiral knot）。

三葉結是唯一一個交叉數為 3 的結，所以有個正式的名稱叫做 3_1。交叉數為 4 的結也只有一個（4_1），但是交叉數為 5 的結有兩個（5_1 及 5_2）（右下角的小字僅僅代表，大家商定用此方法命名交叉數相同的不同扭結）。次頁的圖中是交叉數在 8 以下的所有 35 種質結（與那個非結）。交叉數越多，可能的扭結數目也隨之暴增，因此若要把這個圖表擴充到交叉數 16，就需要再畫出 1,701,900 種結。

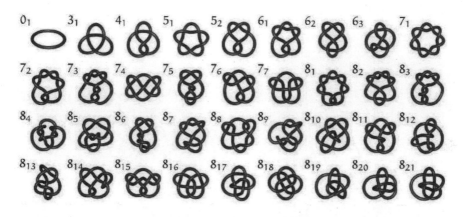

　　從最簡單的三葉結開始（可說是扭結世界中的氫原子），物理學家現在就有個不斷擴增的質結表，由此構成其他各種結。令人沮喪的是，歸類整理工作統統做完後，卻發現宇宙不是扭結組成的，而且諷刺的是，讓物質扭結理論受到懷疑的竟是到 1872 年出版的化學週期表。週期表內不同元素的質量之間的數值關係，暗示有質子存在——後來的發展就不用贅述了。科學家把扭結徹底遺忘了，但幸好數學家沒忘。

著色

　　這兩個圖哪一個是扭結？它們看起來都像纏成一團的線（或是我家電視機後方的電線），但如果把它們拿起來抖一抖，就會發現一個是非結，而另一個在最佳狀況下可以重新安排成最少有 10 個交叉點。假如這些結更加複雜，用繩子做不出來，就非常難判斷一個結的投影是否解得開。由於科學家很開心地把注意力轉移到原子上，數學家就接手了扭結理論，開始設法找方法計算出哪些是結，哪些不是。[1]

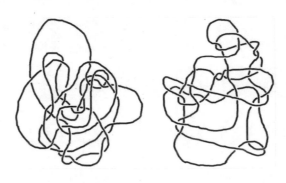

　　然而，他們先從科學家那兒竊取了一些用字。在 1913 年，英國化學家弗瑞德里克・索迪（Frederick Soddy）在瑪格麗特・托德（Margaret Todd）醫生的建議下，用希臘文字根 iso（意思是「相同」）和希臘文 topos（意為「位置」）創了 isotope（同位素）這個字，用來描述即使原子裡的中子數目不同，質子數目保持不變，因此其化學性質不會改變：它們在週期表上的位置相同。於是，從一個扭結投影移動到另一個就稱為合痕（isotopy，或譯為同痕）。線也許會移動，但結保持不變。

　　這下子一個扭結就跟它所能投影出的各種安排的集合體或類型是相等的：

1　嚴格說起來，非結不是沒有結，而是個無聊（trivial）的結。很高興我能把這件事講清楚。

它的合痕類（isotopy class）。名義上，三葉結是可把一段打成三葉結的繩子放在平面上的各種可能方式的合痕類。數學家的首要目標，就是能夠考慮一個結的任何一種投影，計算出它到底是不是扭結。不過，他們能不能算出某個人給的隨便一個投影是否屬於非結合痕類呢？

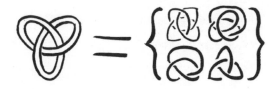

一個扭結就跟其所有投影的所成的集合是相等的。

為了算出來，數學家得拿出他們的色鉛筆。他們必須找出，不管你怎麼移動繩子都保持不變的性質，他們需要的是永遠不會改變的扭結特性。他們很快就找到一個保持不變的性質：可為扭結塗上顏色的方式。大家發現，如果可以只用三種顏色替一個結的一種投影著色，那麼這個結的任何一種投影也都可以用三種顏色來著色。一個合痕類中的所有投影要不都是可用三色來著色，要麼就都不可以。

幾個著上色的結，全都用了三種不同的顏色。

替扭結著色的規則只有一個，而且跟交叉點有關：繩子從另一段下方穿越過時，要麼一定跟上方的線段同色，要麼就必須是跟上方線段不同的兩種顏色，從下方通過時會從一個顏色變成另一個顏色。沒打結的非結不可能用三種顏色

來塗色，意思就是，無論攪得多亂，非結的任何一種投影都不可能用三種顏色來塗色。因此，如果一個結的某個投影**可以**用這種方式著色，你就會知道它**一定**是打了結的，不可能解開變回沒打結的環。

　　這個研究工作是由數學家庫特 · 萊德麥斯特（Kurt Reidemeister）起頭的，他在第一次世界大戰期間是德國陸軍中尉（他在二次大戰前堅決反納粹，因而失去了學術地位）。他在 1932 年出版了一本書，只有薄薄 74 頁，卻徹底改變扭結理論（但要等到 1983 年，他 90 歲冥誕之際才譯成英文）。他在書中證明，在同一個結的任何投影之間移動的方式只有三種，而且都不會改變這個結的三色性（tricolorability）。這些方式稱為萊德麥斯特移動（Reidemeister move），到今天都還是扭結理論的基礎。

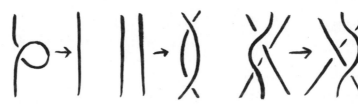

R1：解開扭結。　　R2：把環從另一段　　R3：讓一段繩子從
　　　　　　　　　　繩子上方拉過。　　　交叉點上方滑過。

　　很不幸，儘管能用三種顏色著色的結全都是打了結的，反過來說卻是錯的：假使有個投影無法用三種顏色著色，不必然代表它絕對是沒打結的。底下這個結沒辦法用三種顏色著色，但也不能變成非結。如果你從最上面的交叉點開始，塗成同個顏色或三種不同的顏色，都無法讓其餘的投影用三種顏色著色。三色性雖然能讓我們找到幾個扭結，但並沒有全部抓到。

這個結沒辦法用三種顏色著色，但也解不開。

不過，即便我們可以用三個顏色為某個投影著色，也能證明它是扭結，我們還是不見得知道最好的解結方法。解開一個結需要做的最少交叉點交換次數，叫做這個結的解結數（unknotting number）。我們碰到的大部分扭結，解結數都還算少。需要做兩次交叉點交換的第一個結是 5_1 結，接下來，7_1 是解結數為 3 的第一個例子，而 9_1 是第一個需要交換四次的。在所有 165 種有 10 個交叉的結（當然是只有質結）當中，有 44 種可以一步就解開，93 種需要兩步，15 種需要三步，還有 4 種各需四步。

5_1 結、7_1 結和 9_1 結。

你們當中比較反應較快的人大概已經注意到，這些結只占了 165 種交叉數為 10 的結的 156 種，仍有 9 種交叉數為 10 的結，人類還沒找出最佳解結法。

我在前面（第 158 頁）給大家看過的未破解扭結是 10_{11} 結，它是目前級別最低的未破解扭結。就算我們靠著「扭結大實驗」把它破解了（我真的希望我們辦得到），還有 8 個交叉數為 10 的結要解開，而且我們根本還沒做到有 11 個交叉或是更複雜的結。

這一切的結果就是，數學家還沒有一個無所不包的方法，可用來檢查纏繞成一團的細繩或 DNA 的投影，判斷它是不是扭結；如果是的話，我們也肯定找不到用最少交叉點交換來解結的最佳方法。在世界各地的數學系所，扭結理論學家都在繼續研究這些問題，只不過如今在等待結果的不是物理學家，而是生物學家，他們需要用這些答案去發展新一波的醫療。

扭結理論學家已經發展出一系列了不起的技巧和方法來探究扭結，但距離完成還遠得很。就像由盧卡斯徹底改變梅森質數的搜尋工作，克耳文勳爵引入尋找空間填充形狀的新方法，我認為我們仍在等待全盤理解扭結所需的關鍵數學技巧。為了做出這樣的突破，我猜新一代的數學家將來一定要進入大學成為扭結理論學家。

結都白打了

一直以來，打結的目的就是把東西綁在一起。《艾許利的繩結書》當中介紹的繩結都盡可能達到牢固，不容易鬆開。然而數學家有時候會挑戰一下，嘗試設計出很容易散開的結和鏈（link）。舉例來說，我們可以把幾個環連接起來，這樣就無法鬆開了——除非其中一個環斷掉，使其餘的環完全分離。

你的第一個挑戰，就是想辦法把三個環接起來，而且只要切斷其中任何一個環，另外兩個也會跟著分離。這種安排方式通常稱為波羅梅奧環（Borromean ring），命名自一個義大利文藝復興時期的家族，這三個環出現在他們的盾形紋章上，有人揣測是在象徵家族團結：只要損失任何一人，其餘每個人都會受煎熬。一直以來波羅梅奧環都是用來象徵各種三方面的統一，包括基督教的三位一體，不過很難比得上百齡罈艾爾啤酒的商標，上頭的三個環代表絕佳啤酒必需的純度、酒體、風味的通力合作。「百齡罈」這下子成了波羅梅奧環的別名，這真是令人愉快。

這種結構可以擴充到四個、五個或更多個環；不過它們全都連接在一起，只要移除任何一個就會全部解散。倘若你一個也想不出來，在〈書末解答〉有幾個例子，都是這類由超過三個環組成的鏈。用可彎曲的環可以很順利地做出波羅梅奧環，可是很不幸的，由於三個環交織的方式，我們沒辦法用三個剛硬的圓環照這種方式套在一起。不過，用三個剛硬的橢圓環倒是辦得到。

3D 列印的橢圓波羅梅奧環。

最後，我們還可以嘗試一種掛畫方式，讓畫盡可能輕輕鬆鬆從牆上掉下來。你在自己家裡也許不想這麼做；但如果需要精心捉弄你的朋友／死對頭／亦敵亦友，這招就再完美不過了。靠著細繩和掛鉤掛在牆上的一幅畫已經岌岌可危，要是那個掛鉤脫落，這幅畫就會掉到地上，不過如果有兩個掛鉤撐住掛畫繩，

那麼就算其中一個脫落了，另一個掛鉤還是會繼續安全地讓畫掛在牆上。反其道而行的真正挑戰，就是要把畫掛在兩個掛鉤上，但只要有一個掛鉤脫落畫就會掉下來。

有一些偷雞摸狗的招數可以做到這件事，也就是你會在物理邏輯謎題看到的那種解法。我們可以讓畫保持平衡地立在兩個掛鉤上，這樣一來，如果其中一個脫落，畫就會掉下來。你也可以讓掛鉤隔得很遠，只要有一個脫落，掛畫繩鬆掉的長度夠長，畫就掉到地上了。如果最終目標是讓畫碰地，這兩招都行得通，不過我們的目的是要看看，一條繞在兩個點上的線有沒有可能因為移除了一個點而完全解開。

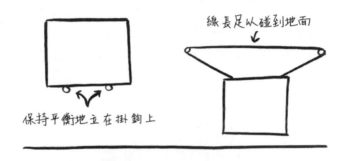

快速教你如何用作弊的方法解這個謎題。

事實上，可達成此目標的方法不止一種，不僅如此，還可以把畫掛在隨便多少個掛鉤上，而且移除任何一個都會使畫從其他的掛鉤脫離，掉到地板上。我的紀錄是五個掛鉤。我找來五個人，伸出手臂代表五個掛鉤，然後把一條很長的緞帶繞在手臂上代表掛畫線。把一隻手臂拿開之後（而且必須說，是費了一番輕柔的連拖帶拽才讓它脫離束縛），緞帶也從其他四隻手臂鬆脫了。這雖然不是扭結數學最最有用的應用，但可以讓我們笑到岔氣。

用數學方法繫鞋帶

把鞋帶繫好（如果你不是魔鬼氈鞋信徒的話）是你每天練習打結的機會，而且我覺得每次都綁出同樣的結是在浪費這個機會。要繫出傳統的鞋帶結，有個更快、更簡單的方法，但大家似乎還是花長時間來綁！

步驟說明

第 0 步：按慣例，把鞋帶兩端互繞一次並拉緊，為這個結整理出底層。趣味小知識：所有鞋帶結的基礎結都是三葉結！

第 1 步：把其中一邊的鞋帶向前繞成圈，然後握住這個圈的下方。

第 2 步：把另一邊的鞋帶向後繞成圈，同樣握住這個圈的下方。

第 3 步：把各邊的鞋帶放在另一邊的圈的下方。

第 4 步：用另一隻手抓住鞋帶並拉緊。

第 5 步：你看！

多練習幾次，你就可以用你平常繫鞋帶花的時間的幾分之一完成這件事。在旁觀者看來，會覺得你好像只是抓著兩邊的鞋帶穿過來又穿過去，然後就很神奇地打好一個結。如果他們仔細檢查，根本無從判斷這個結是慢慢綁出來的，還是用你的快速綁法：它是同樣的結。你可以在兩隻鞋上各用一個綁法，然後比較一下這兩個結；你會發現分不出來。

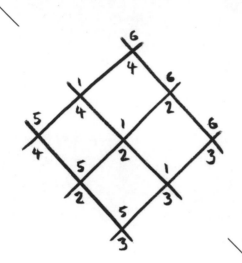

9

就為了圖形
JUST FOR GRAPHS

　　2010 年世界杯足球賽期間，有一些數
學家正確預測出西班牙和荷蘭在總決賽中由誰奪
冠。說句公道話，因為只有兩隊可選，所以會有大約
50%的人的預測結果是正確的，就跟某隻章魚一樣。不過，
這些在倫敦瑪麗王后大學（QMUL）的數學家用來預測的方法
非常有意思。他們下載了每支參賽隊伍的傳球次數統計數據，然後
做出一張網絡圖，呈現出各隊哪些球員之間的傳球次數最多。

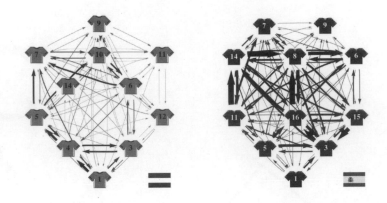

2010 世足賽荷蘭隊與西班牙隊的傳球網絡圖。

　　這些傳球網絡圖讓他們深入了解一支球隊，只看球隊出賽無法立刻獲得這些見解。比賽過程中獲得所有關注的都是進球得分的球員（前鋒），但網絡圖讓我們看到其他的重要球員是誰。負責中場的低調球員，可能是一開始就確保球傳到前鋒的關鍵人物。很少有人記得進球得分前的傳球，更別說要回想並看出那些傳球當中出現的模式。這些網絡圖讓我們很容易看出球在球場上的推進，更重要的是，數學家可以比較兩隊的網絡圖，看看兩個圖的重疊情形。他們發現這是個有趣的比賽結果預測器，他們也是靠這種方式預測出總決賽冠軍的。

　　如果一支球隊可以算出即將面對的對手的傳球網絡圖，就可以利用那個圖來決定策略。其中一個選擇是找出網絡圖上移除之後對其他人影響最大的那個球員，如果這支球隊接下來能動用更多球員專門防守那名球員，就會替球隊增加優勢。省事的是，數學家已經做了大量研究，為了找出方法計算網絡中最重要的點，這種研究通常是拿來保護電腦、基礎建設等網絡不受惡意攻擊，但也同樣適用於足球球員。

　　接著我們必須計算出每位球員的中心度（centrality）——這是在度量他們與網絡中其他元素的關聯程度。要算出網絡上某個點的中心度，方法不止一種，各提供了不同類型的數學見解。最粗略的方法是算出每個球員的總傳球次數，

但這不會把每個球員跟網絡的其餘部分的互連方式考慮進去。比較細微的算法，是把球隊中每位球員與各個隊友相隔的傳球數加起來，這個度量稱為遠值（farness）。但正如英國足球隊一樣，我們還可以做得更好。

到了某個時刻，大多數球員在許多比賽中都會傳球給每個隊友，不過有幾對之間只會有少數幾次傳球，而其他對之間的傳球次數會很多。倫敦瑪麗女王大學數學家做出的網絡圖上，用粗線標示出傳球次數很多的強連結，而用細線標示弱連結。我們可以計算出每名球員連接到不同隊友所需的總連結數，那麼他們的所有隊友的平均值，就是他們的遠值。這就在告訴你哪些球員和其他球員以傳球數來看絕不會相隔得很遠，但並沒有告訴你這個網絡圖少了他們會發生什麼情形。

更好的選擇是算出一個球員對於另外兩個球員間的連結的重要程度。如果有兩位球員想把球傳給對方，我們可以看看是否需要經過某些其他球員，這稱為中介值（betweenness）。若要找出中介值，就要先計算每一對球員間的最短路徑，然後算出中間經過某個球員的傳球數的比例。這正是倫敦瑪麗女王大學的那些數學家所做的事情。對兩隊的 11 名球員，他們有辦法計算出所有 55 種球員配對的最短與最強傳球路徑。[1]

這讓我們看到高中介中心度的重要中場球員；少了他們，要在球場上傳球就會變得更加困難。如果敵隊加派球員防守這些中場球員，對另一隊的擾亂程度有可能超過只去對付備受關注的射門球員。倫敦瑪麗女王大學的那些數學家把西班牙隊和荷蘭隊的網絡圖疊在一起看，可以看出哪些球員對對方有更大的影響，他們就是用這個方法正確預測西班牙會在總決賽中擊敗荷蘭。發起研究的倫敦瑪麗女王大學數學家哈維爾 · 洛比茲 · 潘尼亞（Javier López Peña）是西班牙人，這件事對他的結論當然沒有影響。

1　你可以在網站上看原始圖和已發表的論文及研究結果：http://www.maths.qmul. ac.uk/~ht/footballgraphs/。

我們可以應用網絡的數學解決我們在前面碰到的問題。在做出那些翻摺多邊形的時候，你肯定花了一段時間想盡辦法從一面翻到另一面：譬如有「數字5」的那個面突然離奇地變得很難找到。要弄清楚這些面可能有哪些組合，就需要知道可從一對翻到另一對的可能情形：每個翻摺多邊形的背後都有一個網絡圖。只要畫出那個網絡圖，就能弄懂翻摺多邊形的各面之間怎麼輪轉。別忘了，要說服同事聽命於你，全靠你迅速而且可能是在脅迫下找出那些面的本事了。

　　因此，若你畫出翻摺多邊形各面可能有哪些組合的網絡圖，並把翻摺面的配對互連起來，你就會看出模式。假如把連線弄直，讓出現同一面的所有情形成一直線，這個模式會變得更明顯：這些連線形成一個菱形的網絡。這也證明了，儘管六面翻摺四邊形和六面翻摺六邊形都有六個面，表現出來的行為模式卻不一樣。六面翻摺四邊形的網絡圖中，有一些線會突然中止，而在六面翻摺六邊形的網絡中，同樣的線則會繼續額外產生交叉點。在你翻摺的過程中，這兩個網絡的結構是很好的行為模式預測器。在你翻摺的時候，同事往往更難預測得多。

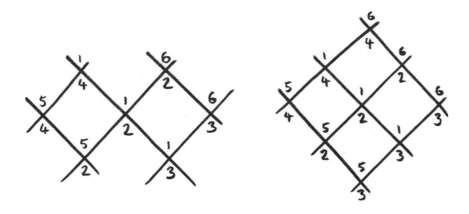

六面翻摺四邊形和六面翻摺六邊形各面的可能組合。

到目前為止，我們看到的兩種網絡類型在幾個方面是不一樣的。傳球網絡圖用到不同粗細的線來表示連結強度，翻摺多邊形網絡圖只用了對齊特定方向的直線。兩個例子都顯示了用來解決特定問題的網絡的某種應用。一般來說，要構成一個網絡，只需要一組以某種方式互連起來的東西，這是數學網絡的基礎。

水電瓦斯問題

你要負責讓三間房子接通水、電、瓦斯，唯一的問題就是，房子與水電瓦斯之間的連接管線不得彼此交叉。這個謎題稱為水電瓦斯問題（utilities problem），而我非常迷這個謎題，甚至還有一個上面印有房子和水電瓦斯的馬克杯。杯子的釉面就像白板，你可以嘗試用麥克筆在上面一遍又一遍解題。你也可以在印在這裡的版本上畫畫看。只不過，這是個有點古怪的謎題，因為它極其難解——這或許可說是「謎題」這個概念的極端變體。

就像前面的足球隊和翻摺多邊形翻面的討論方式，大多數人會把連通這些房子跟水電瓦斯的線稱為網絡，但出於某種原因，數學家就是很難相處，也把它稱做圖（graph）。那些研究足球員網絡的數學家事實上是圖論學家，如果想找他們的網站，你得用「football graphs」（足球圖）這個關鍵字去搜尋。因此

這個數學領域稱網絡理論或圖論都行，看人和背景而定。

回到白板：水電瓦斯難題當中的難題在畫出一個圖，把全部三個點（房子）連接到另外三個點（水電瓦斯）。圖上的點通常叫做頂點（vertex），頂點間的連線叫做邊（edge），在這道題目中，我們想確定的就是沒有任何邊會彼此交叉。如果一個圖可以讓所有的邊都在同一個平面上，而且沒有交叉，就稱為平面圖（planar graph）。很可惜，「水電瓦斯圖」不是平面圖。

我們先暫時離開一下。以下是另一個並非極為困難的挑戰題：把數字連到自己的因數，而且任兩條邊都不會交叉。對於 2 到 12 之間的數字，因數連線圖都是平面圖。你還可以把 13、14、15 等等加進去，仍然是平面圖。但最後你會碰到上限，添加的下一個數字連線到自己的因數時，無法讓圖保持平面。你可以試試看能不能找出這個上限是哪個數字。

大多數人發現他們在因數連線圖上可以做到大約 18，然後就沒辦法輕鬆地放更多數字進去了。但你如果把數字移動新的位置，就能找出空間放 18、19 和 20，甚至更多。解這個謎題的過程中需要把圖重新畫很多次，但它還是相同的圖。就像同一個結會有不同的投影，同一個網絡圖也可以有不同的配置。一個圖就只是一組物件和這些物件間的連結，不管你在紙上怎麼畫。

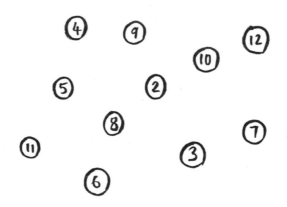

找出一個圖是不是平面圖，有點像是在設法找一個結的最少交叉數：要找到交叉數最少的完美投影很難。一個平面圖可能會有無數的配置包含了一大堆交叉，但總有至少一種畫法是沒有交叉的。數字到（有雷慎入！）23 為止的因數連線圖是平面圖，但要找它的平面圖配置是一大挑戰。當你要把24加進圖中，感覺好像不可能讓它維持平面，不過我們怎麼知道一定**沒有**辦法做到？只是我們不夠聰明，找不到辦法？

　　波蘭數學家卡齊米日・庫拉托夫斯基（Kazimierz Kuratowski）在 1930 年證明了，基本非平面圖只有兩個。其他所有無法畫在平面上且邊互不交叉的網絡，內部一定包含這兩個基本非平面圖的其中之一。我們已經見到其中一個了：「水電瓦斯圖」。另外一個有個好聽易記的名稱，叫做 5 點完全圖（Complete 5-Graph），暱稱 K_5，代表它是有 5 個頂點的圖，每對頂點之間都有邊相連。這是第一個非平面的完全圖（所有的頂點都兩兩相連），所有比它大的完全圖都把它當作子圖包含在內，而且全是非平面的。

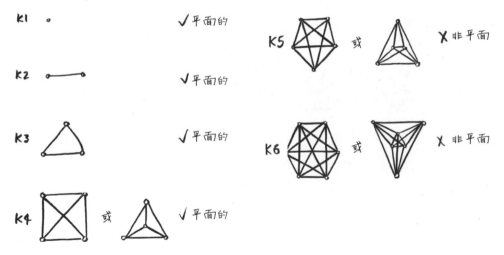

　　在我們的因數連線圖當中，只要你把數字 32 加進去，就一定藏有一個 K_5（一個子圖），因為這些數的子集 {32, 16, 8, 4, 2} 之間的因數連線會形成一個

K₅ 圖。不過，這個圖在這之前實際上就變成非平面的了：在加進數字 24 時就會成為非平面圖。我們可以把子圖想成有點像是質數，因為它們結合起來會變成更大的圖，但還是有一些非常重要的差異。重要的是，數與結只能分解成同樣的質數與質結，而一個圖則會包含各種不同的子圖。子圖分解雖然不是唯一的，但仍然很有用。

子圖很有彈性，而這點可以彌補它們沒有唯一的定義。一個圖裡有可能包藏各種有趣的子圖，找出這些子圖是非常大的挑戰。把 24 加進因數連線圖時，裡面會出現「水電瓦斯圖」，但利用了幾條邊上多出的一些頂點來掩護。我們把這稱為「水電瓦斯圖」的細分（subdivision），而且因為它是子圖，於是也證明了 24 的因數連線圖不管怎麼畫都會出現交叉。如果有人讓你看某個奇特的圖，你也確定它沒有包含 K₅、「水電瓦斯圖」或它們的任何細分等子圖，那麼它就百分之百是平面圖。

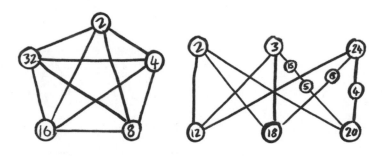

現在有兩件事情要交代清楚。第一件是要證明 K₅ 圖和「水電瓦斯圖」為什麼這麼特殊，以及為什麼我們知道它們一定不是平面的。第二件事情是，水電瓦斯謎題事實上是有可能解出來的（這正是我把它印在馬克杯上的原因，這樣我就可以在吃早餐或咖啡休息時間告訴大家這是有解的）。重要的是，在馬克杯上畫和在紙上畫是不一樣的。我會給一點提示，不過在繼續講下去之前，我們必須先看一下圖與三維立體形狀之間的關聯。

形狀與圖

　　拿出你之前做的十二面體（除非你把自己的得意之作當禮物送給別人了，或是已經永久裝裱起來了——這樣的話就做個新的），看看能不能找到一種方法，從一個頂點出發沿著邊走，把每個頂點各走過一遍，最後回到起點？這個謎題是在 1857 年由愛爾蘭數學家威廉・哈密頓（William Hamilton）首先設計出來的。他的版本是在各頂點寫上大城市的名字，看看你能不能規劃出一個把各城市走訪一次的「世界環遊」。每個頂點各經過一次的路徑，如今仍叫做哈密頓路徑（Hamiltonian path），另一方面，如果最後繞回出發點，這條路徑就算作哈密頓圈（Hamiltonian cycle）。

　　在實際的十二面體上嘗試找出這樣一條路徑可能會令人有點氣惱，因為要在上面畫出來很不容易，不過沒關係（特別是你已經把之前做的十二面體送人／裝裱起來的話）：我拿了一個十二面體來，把它攤平成一個圖，你可以用這個圖來代替。隨便哪個多面體都可以這麼處理。如果你想像自己在其中一面戳個小洞，就可以把整個立體形狀展開鋪平成平面圖（順帶一提，多面體和圖都用到「頂點」與「邊」這兩個詞，這絕非偶然：數學家把多面體和圖視為同一件事的不同版本）。別去管這些面的形狀現在扭曲變形的話，一個圖和一個多面體其實提供了完全相同的結構以及頂點與邊的連結。

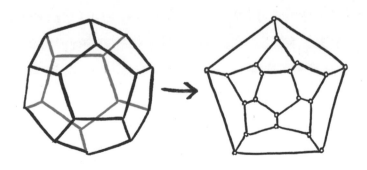

術語說明：同一個頂點沒有重複走過的任何路就叫做路徑（path），這毫不意外。如果那條路的終點跟起點相同，就稱為圈（cycle）。所有的多面體都有圈，但是一個圖有可能完全沒有圈，也可能有一個或多個圈。長度最長的圈叫做圓周，最短的則是圍長（girth，也是「腰圍」的意思）。數學家習慣從日常用語取同義字，拿來代表同一件事的不同版本。如果一個圖完全沒有圈，就稱為樹（tree），而樹圖的集合體叫做森林。我沒有在開玩笑。

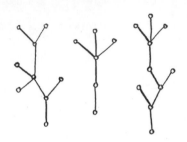

樹圖森林。

如果你試過前面的謎題（見第 48 頁），設法把數字 1 到 16 重新排列，看看能不能讓相鄰兩數加起來一定等於某個平方數，那麼你在做的其實是在找一條哈密頓路徑，儘管那時候你可能沒意識到。若把數字 1 到 16 當頂點畫出一個圖，用邊把相加可得出平方數的數字兩兩連起來，就會找到一條哈密頓路徑。你可以在下面看到完整的圖，但是圖上還包含了節點 17。如果一個圖有哈密頓路徑，我們就說這個圖是可描畫的（traceable）。正如頂點數字到 23 為止的因數連線圖是平面圖，平方數總和圖在加上節點 15 後就會變成可描畫的，最多加到節點 17 為止都還是可描畫的。不過接下來要等加到節點 23 時，才又會是可描畫的，但加到節點24時不是，而從25開始又變成可描畫了。數學家已經證明，節點從 1 到 89 的平方數總和圖仍然是可描畫的[2]，並且推測對於所有更大的數這會繼續成立。

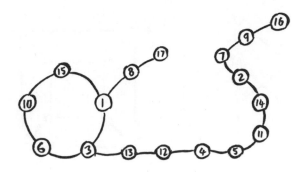

　　圖與多面體的關係有時候相當意想不到。假設你的桌上有三樣東西,按照歷史悠久的傳統,我們就稱之為 A、B、C,而你想要畫一個圖來表示把這些東西從桌上一件一件拿走的所有方法。這個圖的頂點會是桌上物品的所有可能組合,連接兩頂點的邊就代表拿走。就像翻摺多邊形的圖,我們也可以用有系統的方法呈現各邊的方向。從最上面開始,先寫出 ABC,然後向左下方畫一條邊代表把 A 拿走,朝正下方畫的邊代表 B 拿走,而往右下方的邊是 C,這表示你將會碰巧畫出一個正立方體的圖形。數學就是充滿這些意想不到的轉折:誰會想到用來表示三樣物品拿走的圖居然跟正立方體的圖形一樣?我們甚至可以把它重新安排成平面的圖(往右拿走 A,往下是 B,斜向是 C)。代表兩樣物件的相同的圖會是個正方形;代表四個物件的圖就是……一團亂。

2　最新消息插播:我的一位數學家朋友在讀了這本書的定稿之後,很快證明出加到節點90 和 91 的圖也是可描畫的,就為了讓我已經寫好的內容其實是錯的。她覺得這樣很搞笑。所以插播的消息就是:數學家可能是混蛋。隨時歡迎加入(來檢查圖,不是加入混蛋的行列),檢查更大的值。

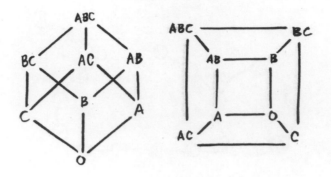

　　這個正立方圖有哈密頓圈。事實上，所有柏拉圖立體（正多面體）的圖都有哈密頓圈，而且嚴格來說要稱做哈密頓圖（Hamiltonian graph）。然而不是所有的多面體都有這個性質。不是哈密頓圖的最小多面體圖是赫歇耳圖（Herschel graph），這是以天文學家亞歷山大 · 赫歇耳（Alexander Herschel）的名字來命名的，但發現這件事的人不是他（他確實有研究哈密頓路徑，只是沒研究這個形狀）。你可以用這個圖說服自己相信沒有哈密頓圈，只是要把實際的多面體做出來稍微困難些。不過，新堡大學（Newcastle University）的數學家克里斯欽 · 珀費克特（Christian Perfect）在 2013 年成功做到了，他設計出的赫歇耳多面體不但像我們所希望的是個凸多面體，而且很棒的是，它還非常對稱。你可以把次頁的展開圖（所有的二維面都等不及要接起來變成三維的）裁下來做一個。

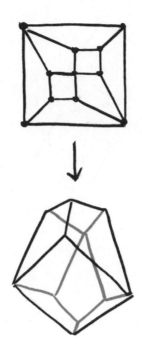

赫歇耳圖與珀費克特—赫歇耳多面體。

　　我們已經看到所有的多面體都是圖——但不是所有的圖都是多面體（特別是沒有洞的簡單凸多面體）。找到可判斷一個圖是否能化為多面體的方法，也許很不錯，結果發現有個非常簡單的判斷方法。這個方法是看圖是不是平面的。所有的多面體都會產生出平面圖，而所有的平面圖都能變成多面體（只要夠大的話）。[3] 先前你在氣球上隨意畫出多面體時，所做的正是這件事：你在畫平面圖。這讓我們對圖有新的理解。正如前面所見，在氣球上畫出的所有多面體的歐拉示性數都為 2，就代表所有的平面圖的歐拉示性數也都是 2。這正是證明（或反證）K_5 和「水電瓦斯圖」為平面圖所需的要件。等待總會有結果。

3　「夠大」的正式意思是，只把任兩個頂點移除是不可能把圖拆解開來的。話雖如此，所有的平面圖（連那些不夠大到成為多面體的平面圖也包括在內）的歐拉示性數仍都為 2。

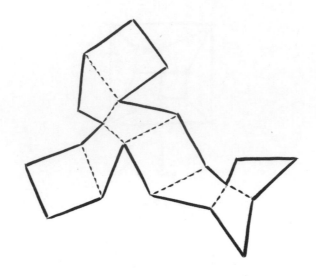

把這個展開圖裁下來，做出你自己的珀費克特─赫歇耳多面體。

　　我們仍然可以用**面數＋頂點數－邊數**這個公式來計算一個圖的歐拉示性數，只是非平面圖的面數可能會變得很難計數。比較好的方法是證明面數根本就不夠多。舉例來說，K_5 圖有 5 個頂點，10 條邊，為了讓歐拉示性數為 2，就一定要有 7 個面。不過即使那 7 個面各只有 3 條邊（最少），也會需要 21 條邊讓面與面可以相接，又因為每條邊會與兩個面接觸，最少就要有 11 條邊（21 ÷ 2 ＝ 10.5，四捨五入到 11）。但 K_5 圖只有 10 條邊，就不夠多了，所以它的歐拉示性數不可能為 2，也就不可能是平面圖。同樣的邏輯也適用於「水電瓦斯圖」，只是它的頂點不夠多，無法構成夠多的面讓歐拉示性數為 2。這兩種圖絕對不是平面圖。

　　這證明了我們無法把 24 加進因數連線圖中，也證明了水電瓦斯問題無法解。這看起來也許像是費了好大一番工夫去證明這麼簡單的謎題無解，不過這就是數學的運作方式，數學家會花比你預期更久些的時間，用嚴謹的態度做這件事。

然而努力並沒有白白浪費：這些都是有益處的數學技巧。我們在第 5 章看過，有洞的形狀擁有不一樣的歐拉示性數。到目前為止我們只成功證明出，水電瓦斯問題在平面上或在沒有洞的多面體上無法解。如果某個形狀帶有一個洞，歐拉示性數為 0，那麼你就會發現，「水電瓦斯圖」若是畫在環面（即甜甜圈的形狀）上，就能得出**面數＋頂點數－邊數＝0**。或是畫在有個洞的任何形狀上，包括馬克杯，這也正是我把謎題印在馬克杯上的原因：杯柄是內建好了的環面。你可以在杯柄上方畫一條邊，在杯柄下方畫第二條邊，一路畫到另一側，而且不會跟其他任何的邊相交。這是讓水電瓦斯問題可解的數學破綻。值得等待，我想你會同意。

外出聚會與著色

現在我們可以運用圖來思考其他的情況，包括赴宴和參加派對。抵達聚會地點時，有可能每個人已經彼此認識，也可能大家互不相識（就變成一場令人尷尬的聚會），更可能出現的情況是當中有些人彼此認識，也有一些互不相識。我們可以運用圖論來說明派對上有誰會彼此認識，舉例來說，隨便一個有六人的聚會當中，絕對會有三個人互相認識**或是**互不相識（為方便起見，我們就稱他們「全為陌生人」）。

這似乎不大可能，不過下次你遇到六人聚會的場合時就可以驗證一下。一定會是這兩種情況的任何一種。為了確認這永遠是對的，我們可以採用完全圖 K_6，每條邊代表兩人可能相識，然後把兩人已經結識為友的邊畫成粗線。K_6 有 15 條邊，這些邊各有粗線或非粗線兩種可能，所以六人之間總共有 $2^{15} = 32,768$ 種友誼網絡，數量非常龐大，但我們如果可以迅速瀏覽過去，每秒檢驗一個，

只需要九個小時就能確認所有的網絡究竟含三個全為友人還是全為陌生人。為證明某件事一定是對的而去逐一檢查各種可能的情形，這種證明法叫做窮舉法（proof by exhaustion），而且因為要花九個小時的時間，你就能明白為什麼得此稱呼。

　　但很遺憾，對於人數更多的場合不大能等比例放大來看。多加一個人，就代表檢驗時間會從九小時直接跳升到超過 24 天，如果你想用窮舉法檢驗 12 人聚會的所有網絡，世間每個人一起工作，每秒檢查 70 億個網絡，這樣仍然要花上 300 多年的時間，而且還不能午休。雖然這在技術上是可能的，但肯定行不通，這也不會是我們所謂的「在合理的時間內」。

人數	網路數
1	1
2	2
3	8
4	64
5	1,024
6	32,768
7	2,097,152
8	268,435,456
9	68,719,476,736
10	35,184,372,088,832

　　上面這個表呈現的是一到十人聚會的情形，你會看見，參加人數越多，友誼網絡數量的增長速率也變得越驚人。第七人加入之後，可能的網絡數量就超過 200 萬種了，到十個人時已經超出 35 兆。倘若我們想知道全人類的情形，光是寫下 70 億人可能組成的友誼網絡數量，就需要超過 7 萬兆位數字（有 18 個 0）。這些數字雖然仍是有限的，但很快就會變得奇大無比，即便有運算能力強

大的電腦可用，在查證大型網絡時需要徹查的情況還是太多。

　　這正是我們為什麼會有圖論的原因。圖論學家可以幫忙做的第一件事，就是把大型網絡縮減到比較少的單純情況。在六人的 32,768 種友誼網絡當中，很多都有同樣的結構，所以不必全部檢查。數學家已經把所有這些網絡縮減到只剩 78 種情況，接下來的檢驗工作就快得多了。願意的話，你可以親自檢驗這78 種情況。這仍然是窮舉法，因為還是要人工驗證所有的情況，但有了比較聰明的方法把待檢驗的情況數量，就**不用**那麼窮盡力氣，給自己留點體力出門參加派對。

六個人彼此認識的 78 種情形。或許你會想把這張圖護貝起來帶去派對。

你周圍有五個人，即將接受圖論帶來的驚喜。

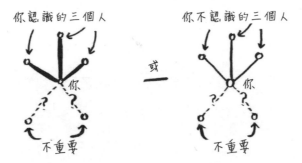

在這五個人當中，你跟至少三位有同樣的關係。

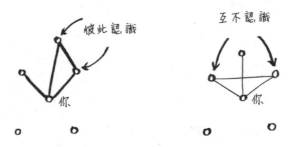

要麼這些人當中的任兩位有同樣的關係，構成一個三角形……

……要不就是都有相反的關係，自成一個愛情三角（或缺乏愛情三角）。

圖論學家有時也可以做、而且能做的話會更有幫助的事情，就是完全不要去檢驗情況。想像你在派對上，你們有六個人。為了打破冷場，你可以告訴他們，為什麼你們當中有三人一定會構成一個全為朋友或全為陌生人的三角形，圖解可用可不用，要看派對的類型而定。

　　這證明了，在六人（或更多人）構成的任何一個網絡中，一定會有一個全為朋友或全為陌生人的完整三角形，而且不必檢驗所有的情形就證明出來了。

　　可惜圖論學家經常要花很久的時間，才想出證明某件事的非窮舉方法，這真是遺憾。窮舉法雖然會證明某件事是對的，但很少能讓我們對緣由背後的數學模式有深刻的了解。知道我們是對的，這當然很好，不過數學家想了解**為何**事情會如此。有些事情我們已經證明在數學上是正確的，然而大家仍在思索，設法找到更好的證明。像這樣的其中一個例子，就是地圖該如何著色。

　　地圖著色問題初看起來可能沒那麼難。沒錯，你必須確定地圖上相鄰的兩塊區域都不同色，否則就會分不清其中一塊到哪裡為止，另一塊從哪裡開始，但只要使用很多顏色，就很容易解決這件事。不過早期的製圖師注意到，他們從來不需要使用到那麼多顏色。事實上，你面對的任何一個地圖最多只要用五或六種顏色，就能輕鬆著色——他們甚至知道，用四種或更少的顏色就辦得到。如果你想要把地圖塗得五顏六色，當然**可以**，但重點是沒必要這麼做：只要四種顏色就應付得了，而且有共同邊線的兩個區域都不會用到同一個顏色。

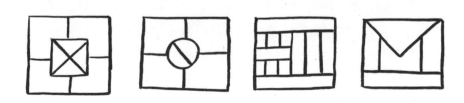

與眾不同的地圖。這些地圖當中有三個可用三種顏色
來著色，有一個地圖需要用到四種。

我們甚至可以設法只用三種顏色。試試看只用三種顏色,把畫在上面的這些地圖塗上顏色,而且兩個區域若有共同的邊,就要塗上不同的顏色。這些地圖的難易程度可分容易、難、不可能。沒錯,其中一個地圖沒辦法只用三種顏色,還需要用到第四個顏色,看看你能不能找出是哪一個。這種著色謎題不可能改寫成四色的;正如我在前面提過的,我們畫得出來的**每一個**地圖都可以用四種或更少的顏色來塗色,我沒辦法在幾個四色地圖裡混進一個需要用到五種顏色的地圖。

有很長一段時間,數學家並不清楚到底有沒有理論上需要用第五個顏色的地圖,即使所有已知的地圖都用四種甚至更少的顏色,遙遠的地平線上還是可能會有某個複雜的地圖怪獸,需要超過四種顏色。了不起的葛登能在 1975 年 4 月 1 日出刊的《科學美國人》上公布了一個地圖,說它需要五種顏色來著色,這當然是個數學玩笑,只是雖然它**可以**用四種顏色來著色,但要弄清楚該如何辦到,是極為困難的。

四色猜想(Four-colour Conjecture)在 1852 年正式提出,到 1880 年看似就有兩種不同的方法證明它是對的,而變成四色定理。1880 年的證明是泰特(和克耳文勳爵一樣是扭結理論學家)提出來的,但有一個比這早的證明,是在 1879 年由一位英國律師艾弗瑞德 • 坎普(Alfred Kempe)提出來的。很可惜,兩個證明都錯了,而在 1890 年,杜倫大學(Durham University)年僅 28 的數學新秀波西 • 希伍德(Percy Heawood)發表了一篇論文〈地圖著色定理〉(Map Colour Theorems),他在論文中證明了「目前看似認可的證明裡有個漏洞」。於是,四色定理再度降級成四色猜想,而且會維持將近一個世紀之久。

1879 年的那個證明值得更仔細推究,因為它就差那麼一步。坎普這個英國人熱愛數學和音樂,但後來當了律師,不過他當然從未放棄數學,不管是當作嗜好還是專業。他在皇家科學院(Royal Institution)以「如何畫一條直線」為題開設了一系列的講座(後來變成一本同名暢銷書),從 1881 年起獲選為皇家

學會（Royal Society）的院士，且從 1898 年至 1919 年還出任皇家學會的財務長：任期剛好長到看著拉馬努金在 1918 年獲選為史上第二個印度籍院士。他那篇 1879 年的四色猜想「近似證明」裡包含了一些精采的數學，但他還是因為它稍有瑕疵而覺得難堪。儘管這可能是他對數學的最大貢獻，1923 年的訃聞裡卻隻字未提。

　　坎普的功虧一簣證明的第一步，是把地圖轉換成圖。下圖是標示出各大省的澳洲地圖，如果把每個省各用一個節點來代表，就可以把這個地圖變成一個圖，而在地圖上相鄰的兩個省，在圖上就用一條邊來連接。現在問題就變成要把頂點塗上不同的顏色，使一條邊所連的兩個頂點不同色。

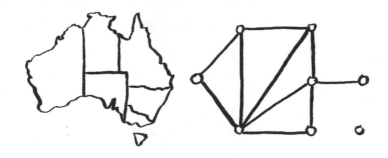

在澳洲地圖旁邊的澳洲地圖。

　　坎普採取雙管齊下的對策：一是可約性，一是不可避免性。可約性的概念是指，很多複雜的圖蘊含會有更小且性質相同的圖存在——就像任何一個非平面圖都一定能化簡為 K_5 圖或「水電瓦斯圖」。不可避免性則是指，某個情況下所有可能的圖，都會包含幾種不同的子圖當中的一個；「隨便一群朋友當中一定有三人全為朋友或全為陌生人」這句話，就是一句不可避免性的敘述。坎普證明，可能的地圖即使有無限多種，仍不可避免全都會包含少數子圖的其中一個。這件事一旦得到證明，就有可能一一檢驗所有的子圖，證明它們全都縮減到只需要用四種顏色。藉由這個方法，坎普證明出五色定理，但當他繼續嘗試

四色時，不可避免的子圖數量太少了，換句話說，有些圖逃過檢查，成了漏網之魚，這也是後來會給人找到反例的原因。

將近一百年後，肯尼斯・阿珀爾（Kenneth Appel）和沃夫岡・哈肯（Wolfgang Haken）這兩位數學家意識到，坎普的證法若要成功，就必須一一檢驗 1,936 個不可避免的圖。靠人工／腦把這些全檢查一遍，證明它們是可約的，這是行不通的，所以他們改用電腦去自動處理這個過程。儘管 1970 年代的電腦可用的運算能力有限，他們還是成功了，四色定理成了第一個靠電腦證明出來的重要定理。只是大家並不滿意。

在數學證明當中有一些步驟靠電腦來自動完成，人眼看不到，這是史上頭一遭。直到今天，都還是有一些數學家並未完全信服。在 1997 年，有人提出了更直截了當的證明（只用到 633 個不可避免的情形，並且簡化了其他的過程），但仍然需要電腦。[4]1997 年的那個證明已由電腦確認過（很像黑爾斯對自己的克卜勒猜想證明所做過的事），不過這樣雖然鞏固了證明本身，卻消除不了使用電腦的顧慮。

這就是四色定理至今所處的狀態，大部分的數學家確信它已經證明出來了（儘管對那個證明不甚滿意），少部分人仍然把它視為四色猜想。正如六人友誼網絡的情形一樣，到目前還沒有第二個突破，缺少一個透過邏輯來架構，而非一一處理所有可能情形的證明。是啦，既然知道永遠不必買第五個顏色，製圖師現在晚上可以好好睡個覺了，然而對數學家來說，要等到我們弄懂**為什麼**某個答案是正確的，而不是光知道它**就是**正確答案，探索才能算是真正完結。

4　做出 1997 年證明的其中一位數學家，在他們的網站上公布了一個很棒的結構分解，解釋為什麼我們不能純粹靠人工來複查電腦：http://people.math.gatech.edu/~thomas/FC/fourcolor.html。

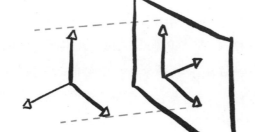

10

第四個維度
THE FOURTH DIMENSION

我們人類居住在一個三維的世界裡，我
們是三維的生物，而身為三維的生物，我找不到
什麼比遇見四維生物還要可怕的概念了。這種生物對
我們來說會像神一般，要是他們有一丁點惡意的話，他們
想怎麼折磨毀滅我們，就能怎麼折磨毀滅我們。人類在身心兩
方面都沒有具備處理第四個維度的能力，所以隨便哪個高維的生物
都會有至高無上的戰術優勢。

在（1993 年出版的）美國漫畫《1963》（*1963 – Tales of the Uncanny*）
中，對跨維度作戰的描寫還算準確。〈它來自……高維的空間！〉這篇故事在

講一個攻擊三維受害者的四維主角。創作者是傳奇漫畫家艾倫・摩爾（Alan Moore，《守護者》、《V怪客》、《天降奇兵》等作品的作者），故事中的怪物看上去就像一堆盤旋、斷續的身體部位的集合體在半空中移動變形，起初是半空中的一連串絲縷，像氣球般膨脹成三維的，還被描寫成模樣跟肉做的甜甜圈差不多。**實在不迷人。**

　　若要解釋四維怪物斷斷續續的特性，可以看看我們這種三維生物如果去攻擊二維生物，會發生什麼事。身為三維生物的意思就是，我們所活動的空間是朝三個方向延伸的：左右、前後、上下。二維生物只能沿著兩個方向移動：被約束在平坦的表面上。不妨想像一種完全扁平的假想生物，就叫它「次平面人」吧，他們生活在十分薄的宇宙裡，薄到在我們看來像一張紙似的。我們可以隨心所欲地從下方或上方壓境，因為「次平面人」沒有第三維度的概念，就不會知道我們逼近了。第三個維度提供了完美的掩護。現在輪到我們自己對低維的生物發動可怕的攻擊了——而且只要做沿著第三個方向進入他們的二維世界的動作。

來自高維空間的四維怪物！

想像一下從「次平面人」的角度看到的情形。我們的指尖穿過他們的二維現實世界時，看起來會像一個個飄浮著的圓圈變大、移動，而在我們的手掌抵達二維世界時就合併在一起了。如果我們的手指穿過「次平面人」的平坦世界，他們只會看到形狀不斷變化的二維截面，就好像會飛的薄肉煎餅。企圖躲藏也沒什麼好處：在我們三維生物的眼中，整個二維世界就像一張攤開來的藍圖——這也正是亞倫・摩爾筆下的四維生物描述三維世界的方式。

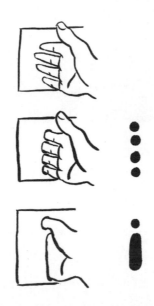

在二維表面旁邊的手不會被注意到。
手穿過二維世界的過程中，被看見的只有截面。

　　於是「次平面人」無處可躲，藏身在安全的地方。我們可以像進入二維廣場一般輕鬆穿進鎖上的二維房間，我們也可以看穿二維生物：身體內所有的部位都一覽無遺，任人擺布。四維襲擊者讓我們這些三維生物覺得如此恐怖的就在於此：他們可以安坐在我們的三維宇宙的一旁，看著我們的一舉一動，透視我們的身體，只消伸手進來就能從內而外把我們殺死。他們是血淋淋的不祥之

物，但是幸好沒有證據顯示有四維生物存在，不過為了以防萬一，多了解一下第四個維度倒也無傷大雅。

　　就假設我們是宅心仁厚的三維生物，只想帶「次平面人」參觀我們的三維世界——好比發揮跨維度的友好精神，教育他們天外是怎樣的世界。譬如說，我們可以讓他們看看三維的正立方體。假如我們把這個正立方體挪進他們的二維世界，「次平面人」會看到它的各種截面。最無趣的方式就是把正立方體的正面先推過，這只會讓「次平面人」的面前出現一個正方形然後又消失。稍微有趣一點的方式是讓邊穿過，會憑空膨脹出一個長方形，隨即就縮回到什麼也沒有。然而最棒的選擇是頂點先通過，這會讓一個三角形冒出來，漸漸變大、變形，**然後**縮小到不見蹤影，對困在平面上的「次平面人」來說太有趣了。而且還有一個驚人的數學關聯就是，如果我們持續記錄這個三角形移動時覆蓋的總面積，會發現它是個完美的正六邊形，不僅如此，它剛好也是我們在解魯伯特王子的「立方體穿過立方體」謎題時遇到的那個正立方體的六邊形截面。

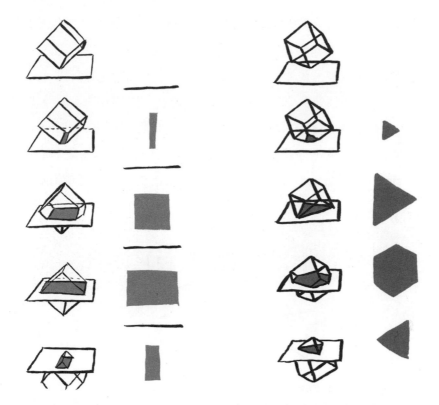

讓三維正立方體的邊先穿過二維的表面，
以及「次平面人」會看到的二維切片。

讓三維正立方體的頂點先穿過二維的表面，
以及「次平面人」會看到的二維切片。

　　現在我們來看看，四維的超立方體穿過三維世界時會發生什麼情況。假如某種友善的四維生物也秉著促進跨維度關係的精神，展示四維的立方體穿過我們的三維世界的情形，我們應該會看到一系列的三維截面。最無趣的選擇是讓正面先通過，看上去就像普通的三維正立方體出現又消失。邊先通過的情形就刺激多了，看起來會像三角柱憑空冒出來，接著變形成六角柱，然後縮回成轉了個方向的三角柱，最後消失不見。

　　更好玩的情形，是讓四維立方體的頂點先穿過我們的三維世界。這下子會

憑空出現一個四面體，先是均勻擴大，接著扭曲變形成一個由許多六邊形和三角形組成的奇怪形狀，再短暫變成八面體，隨後變回剛才的那些形狀（只是轉了方向），最後消失無蹤。我覺得這才叫做拋出一些令人讚嘆的形狀。

我們就來談一下形狀吧。如果把一個四維的立方體對切成兩半，以便切出最大的中心三維截面，那麼這個截面會是一個八面體——三維正立方體的對偶形狀。四維立方體在穿過三維世界時通過的總空間，是個叫做菱形十二面體（rhombic dodecahedron）的形狀。然而，這完全沒有讓我們實際看到四維立方體的整體模樣。為此，我們就不得不從談論形狀，轉移到製作形狀的模型了。

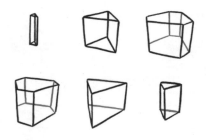

讓四維立方體的邊先穿過我們的世界時所出現的三維截面。
所需的總空間是個六角柱。

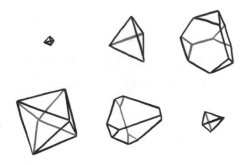

讓四維立方體的頂點先穿過我們的世界時所出現的三維截面。
趣味小知識：所需的總空間是個菱形十二面體。

自己做 4D 的立方體

我們可以用吸管做出四維立方體的模型。我們會像做填充空間的威爾－菲藍模型那樣使用到彩色吸管，只是在這裡要利用顏色代表不同的方向。先從維數較少的模型開始，再漸漸增加。做一維的形狀很容易：只是一根吸管。我準備用紅色吸管代表可選用的那個方向。二維的正方形沒有困難多少，就跟前面一樣，用蜷曲的毛根把兩根紅色吸管（代表橫邊）和兩根藍色吸管（代表縱邊）的交角接起來：現在就有兩種移動方向了。甚至連「次平面人」也覺得這很輕而易舉。

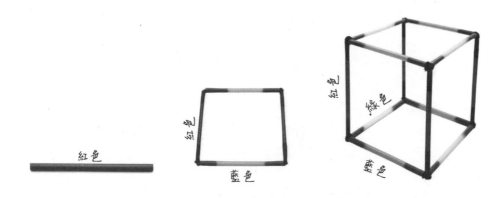

一維的線，二維的正方形，三維的正立方體。

把正方形看成一維的邊複製出兩條完全一樣的線，然後再跟沿著新的方向的新邊相連，這是很好的方法。同樣地，三維的正立方體也像是把二維的正方形複製一次，然後在各頂點用沿著第三個移動方向的邊相連起來。如果你用第一次的配色方式做出第二個正方形，然後用比方說綠色的吸管把所有的交角接起來，這樣就做成了正立方體的模型。出於習慣，你可能已經把它做好而且讓它立著，不過本著教育的精神，你可以壓扁整個模型，示範給「次平面人」看。

為了把你做的正立方體帶進下一個維度，就要再做一個三維的正立方體，然後用不同顏色的吸管代表第四維，譬如黃色的，把它的所有頂點接到第一個正立方體的所有頂點。這個模型跟我們向「次平面人」示範的壓扁立方體是等價的：第二個正方形**應該**是離開平面的，只是變成落在旁邊了。我們的第二個正立方體**應該**是要離開三維的表面而進入第四維，但它反而落在第一個正立方體的旁邊。你所做出的模型是完整的四維立方體，只是要放進我們小小的三個維度而弄平了。從一維到下一維，每個立方體各有多少條邊和多少個頂點，這當中有個令人滿意的模式，不過我把它放在〈書末解答〉。

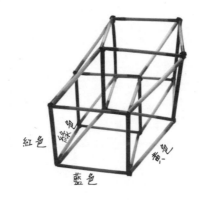

四維的超立方體。

　　三維正立方體的扁平版，形狀跟正立方體的投影的形狀一樣。如果用燈光把一個三維正立方體投射到平面上，我們就會看到這個正立方體的二維影子，這也正是「次平面人」看三維物件所看到的形狀。我們的善良四維生物可以用同樣的方法，把四維形狀投射出三維的影子：你所做的四維立方體的吸管模型，就是一個四個立方體的三維投影。只不過，投射出影子的選擇有第二種：可以把某種透視包含進去。對於三維的正立方體，如果你把第二個正方形做得比第一個小，就可以讓小的懸浮在大的裡面。這是平面投影，所以沒有任何兩邊彼

此交叉。同樣地，在四維的時候你也可以做個較小的立方體，讓它懸浮在大的立方體內部，這是四維立方體的投影，而且同樣沒有任何兩面會彼此交叉。假如你覺得這個立方體好像似曾相識，那是因為你在前面已經看過這種版本的四維立方體了：正方泡泡。或許你已經在不知不覺中利用肥皂膜做出一個四維立方體的三維投影。

加上少許透視，可避免相交。

除了以這種方式利用透視去觀察高維度中的形狀，我們還可以看看**旋轉**正立方體的投影。對於旋轉三維正立方體的二維投影，把相對的兩面塗上顏色，而讓相鄰的其餘四面留白，對觀察會有所幫助，因為這樣就能在它旋轉時追蹤其中一個正方形。我們也可以用這套旋轉投影的系統為「次平面人」示範三維的正立方體。即使這個正立方體就在「次平面人」二維世界旁邊的三維空間裡旋轉，他們仍然能判別出正方形何時朝他們拉近，因為它的投影會變大。當然，當它離得更遠時，這個投影就會變小。很可惜，從「次平面人」的角度來看，這些正方形會不斷彼此穿過，而他們的世界裡的所有解釋全都無法幫助他們想像，這些正方形並非**穿過**彼此，而是在高維空間中的前後關係。

把旋轉四維立方體投影到三維世界，我們就能做同樣的事情。把相對的兩個正立方體的面著上顏色，相鄰的其餘正立方體維持透明。當四維立方體在我們的宇宙旁邊旋轉時，各個三維正立方體靠近我們時看起來比較大，遠離時看起來比較小。同樣地，就像「次平面人」看三維正立方體的情形，這些立方體

在我們看來彷彿一邊旋轉一邊**穿過**彼此，但實際上它們在第四維中是旋轉到彼此的前後方，而且**我們無法想像出這件事**。對於旋轉四維立方體投影我最愛的一刻就是，這個四維立方體的三維胞剛好側對著我們的世界的那一刻。當三維正立方體的其中一面跟它投影到的二維表面垂直時，它看起來像是在短瞬間瓦解消失，同樣地，當三維胞跟我們的現實世界成直角時，它會從我們的眼前完全消失片刻。第四維真是詭異。

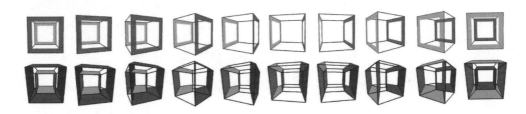

旋轉三維正立方體的二維投影和旋轉四維立方體的三維投影，
兩者同時旋轉完半圈。

如果你想試試看移動一下四維立方體，我建議你可以嘗試解四維的魔術方塊。這樣的東西當然存在。不像三維的魔術方塊，必須讓同色的二維貼紙轉到三維正立方體的同一個二維面，在四維立方體的情形，你必須讓同色的三維貼紙轉到四維立方體的同一個三維面。為了做到這件事，你不能直接轉動四維立方體，但是可以利用線上

待解的四維魔術方塊。

的版本間接移動，拖曳四維魔術方塊的三維投影。這的確會變得很讓人糊塗，因為三維的投影是沿著我們習慣的三個方向移動，而四維立方體卻能在第四個正交（orthogonal，即成直角）的方向上旋轉（在這裡是靠按住 shift 鍵辦到的）。雪上加霜的是，因為你在電腦螢幕上將會看到四維魔術方塊的三維投影，所以實際上你是在跟這個四維立方體的三維投影的二維投影互動。祝你好運啦。

被遺忘的柏拉圖立體

不僅三維正立方體有四維的等價物，五個柏拉圖立體也都有四維的等價物，而且還多了一個。在第四維度有個全新的柏拉圖立體，叫做超鑽石（hyper-diamond），這在三維中就行不通。第四維度不但是可怕假想怪物的家園，還是個全新的天地，我們在此能做到的數學超出了僅用三個維度可達到的能力範圍。第四個維度容許更多的移動空間以及很棒的形狀存在。超鑽石（通常稱為正二十四胞體或復正八面體）是我最喜愛的柏拉圖立體。

你看，這就是超鑽石。

不過首先我們必須弄清楚第四維度是指什麼意思。按照愛因斯坦著名的物理學理論，我們是生活在四維的「時空」裡，他沿用同樣的三個維度代表我們的周圍空間，而以時間當第四維——純粹就是表示每樣東西不但在三維空間中有個位置，也在時間裡有個位置。在數學上，這就容許同樣的物理方程式既能應用到空間位置，也可以應用到時間位置。然而，這只是替為了處理純四維空間而發展出來的四維數學找到新用途，在愛因斯坦之前的一些數學家想要探究，如果我們有四個而非三個空間維度的話會發生什麼事。

如前所述，只有少少兩個維度的可憐「次平面人」永遠無法想像第三維度的模樣，我們可以設法解釋，在跟「次平面人」的整個世界成直角的全新方向上移動是有可能的，但實際上沒有多大意義：這並非他們所能理解。倘若試圖把縱軸與橫軸朝第三個方向（往外）扭，這個新的方向在「次平面人」看來就會像二維中的斜線。我們知道，所有的多面體都能畫成二維的圖，所以我們還是能堅持下去，為他們示範三維形狀的平面版，只是他們永遠無法得知這些形狀在三維中的真正樣貌。

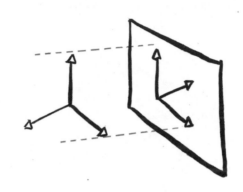

把三維空間的軸投影到二維平面上。

　　第四維也給我們帶來同樣的問題。就數學而言，它只是一個跟已有的三個方向成直角的新移動方向，這有點可以想像，不過我們無法想像那個第四維度是什麼，正如「次平面人」不能想像自己的平面沿著新的方向離去的可能性，我們也想像不出要怎麼把自己的三維現實世界朝新的方向移開。但在數學上，這沒那麼複雜。「次平面人」當然可以做第 5 章所談到跟三維形狀有關的數學，只是無法從直覺想像出結果。我們可以告訴他們，五個三角形留下的縫隙能夠閉合構成一個三維的頂點，這又會繼續形成二十面體，甚至讓他們看那個二十面體的投影，不過「次平面人」永遠無法真正抓住一個二十面體。

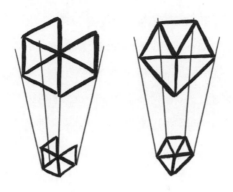

六邊形裡留下的縫隙在三維中可以閉合，
而使它在二維的投影變形。

　　如果拿 5 個三維中的正四面體來，它們不會完全填滿一個點周圍所有的空間，而是會留下空隙，把這些四面體提升一個維度，在四維中弄彎曲，就能讓這個空隙補起來。如果在四維中繼續做這種彎曲，這樣 600 個四面體就會完美無缺地密合成一種稱為超正二十面體（hyper-icosahedron）的四維柏拉圖立體。同樣地，若把 4 個連接在一條邊上，16 個正四面體就能構成一個超正八面體，而讓 3 個排在一條邊上的 5 個正四面體可形成一個超正四面體。3 個正立方體排在一條邊上，可做出超立方體，最後，在四維中可把 3 個正十二面體接在各邊上，這樣用 120 個正十二面體就能做出超正十二面體。

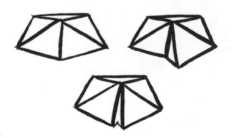

3、4、5 個正四面體在三維中不完全接合，
但在四維中可以弄彎密合。

一般來說，如果某個四維的東西沒有名字，在三維的等價名稱前加個「超」字（英文則是加上字首 hyper-）就不會錯得太離譜，但是有某個四維特有的術語：繼二維的多邊形、三維的多面體之後，有四維的多胞體（polychoron）。把二維的多邊形連接起來組成三維的多面體時，二維的組成形狀稱為面（face），而當我們把三維的多面體連接成四維體時，那些三維的形狀就叫做胞（cell），因此，超正二十面體有時候也稱為正六百胞體（600-cell），超正十二面體也叫做正一百二十胞體（120-cell）。只有兩個四維柏拉圖立體有自己的特殊英文名字：超正四面體又叫做 pentatope（正五胞體），超立方體的另一個英文名字是 tesseract。如果你仔細聽漫威的真人超級英雄電影（《復仇者聯盟》、《美國隊長》、《鋼鐵人》和《雷神索爾》），有個經常提到的立方形無限寶石就叫做 Tesseract（在電影裡中譯為「宇宙魔方」）。我第一次聽到劇中人說出這個名字的時候，差點打翻了爆米花。這些電影居然是圍繞著尋找一個四維立方體的主題發展出來的！遺憾的是，當你指出這一點，同去看電影的朋友很少能夠心領神會。

六個四維的柏拉圖立體

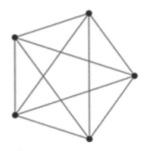

正五胞體 {3,3,3}（又名超正四面體）的投影和圖。

正八胞體 {4,3,3}（又名超立方體）的投影和圖。

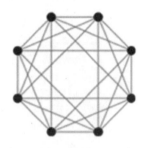

正十六胞體 {3,3,4}（又名超正八面體）的投影和圖。

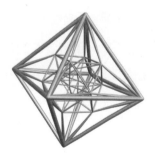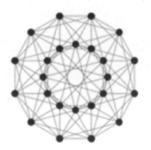

正二十四胞體 {3,4,3}（又名超鑽石）的投影和圖。

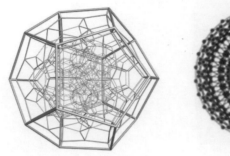

正一百二十胞體 {5,3,3}（又名超正十二面體）的投影和圖。

正六百胞體 {3,3,5}（又名超正二十面體）的投影和圖。

　　好了，我們最後可以來看看超鑽石了。這是由 24 個正八面體組成的，每個角連接了三個，也稱為正二十四胞體。「超鑽石」這個名字來自於可能跟它關係最近的三維近親菱形十二面體，這種多面體的面是菱形的（但在三維中，菱形十二面體不是柏拉圖立體）。菱形十二面體跟正立方體（如果你把正立方體從裡面翻到外面，就會變成菱形十二面體）和超立方體（我們在前面看過，超立方體的截面是菱形十二面體）都有密切的關係。如果把超立方體從裡面翻到外面，就會變成超鑽石。我之所以喜歡超鑽石，是因為我認為它是第一個真正

的四維形狀，其他所有的四維柏拉圖立體，都只是三維形狀的四維版本，而超鑽石沒有直接的三維等價物。它是只能存在於四個維度的形狀。

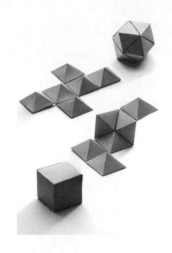

菱形十二面體是個把裡面翻到外面的正立方體。

四維柏拉圖立體是瑞士數學家、語言學家兼中小學老師路德維希・施萊夫利（Ludwig Schläfli）在 1850 年左右發現的，然而他的研究超前時代一大步，結果他的論文遭同時代的數學家退稿，一直等到他去世後才於 1901 年完整發表。這篇論文現在備受重視，施萊夫利在論文裡揭示了所有的高維柏拉圖立體，為了紀念他，數學家就用施萊夫利符號（Schläfli symbol）來描述這些高維物件。這套符號系統表示平常的正多邊形的方法是看它們有多少條邊，把邊數寫在大括號裡（所以正方形是 {4}，正七邊形為 {7}）。至於三維的形狀，先在大括號裡寫出它的二維面有多少條邊，然後加個逗點，再寫出有多少面在一個頂點相接。在正立方體的每個角有三個正方形相接，所以正立方體可寫成 {4,3}，二十面體的每個頂點有五個三角形相接，所以是 {3,5}，同樣地，我們可以把正四面體寫成 {3,3}，正八面體是 {3,4}，正十二面體是 {5,3}。到了四維的形狀——嗯，我們加上第三個數字，即在四維中的各邊相接的三維胞數。明白了嗎？超立方

體的每條邊有三個正立方體相接，所以可寫成 {4,3,3}；超正二十面體的各邊有五個正四面體相接，表示它是 {3,3,5}。

施萊夫利符號是描述形狀的好方法，因為它也讓我們有機會深入了解那個形狀的行為模式。令人吃驚的是，如果把某個形狀的施萊夫利符號裡的所有數字顛倒過來，就會變成對偶形狀。在三維中，正立方體 {4,3} 的對偶是正八面體 {3,4}；在四維中，正六百胞體 {3,3,5} 的對偶是正一百二十胞體 {5,3,3}。這代表跟自己對偶的形狀的施萊夫利符號順著讀和倒著讀都一樣，譬如正四面體 {3,3}。[1] 超鑽石是把三個正八面體 {3,4} 接在一條邊上而構成的，所以它的施萊夫利符號是 {3,4,3}，現在我們不必做任何複雜的四維練習，就知道超鑽石是自己的對偶。

就像歐幾里得證明了三維的柏拉圖立體只有五個，兩千多年後施萊夫利也證明出，在四維中毫無疑問只有六個柏拉圖立體。不過，我們在三維中除了做出柏拉圖立體外，還能做一大堆事情，當然在第四維度中除了這六個形狀外也有很多事可做。但若要更進一步，我們必須先來看看生活在第四維度會是什麼情形。

超假想外星人的日常

〈它來自……高維的空間！〉這篇故事的主人翁最後終於擊退四維怪怪，他利用的是低維物件具備的少數優勢之一：非常鋒利。我們這些三維生物都知道，我們很容易被剃刀、刀子這類非常鋒利、接近二維的刀片給割傷。想像有

1　二維規則形狀的施萊夫利符號都只有一個數字，因此嚴格說來順著讀和倒著讀都算是一樣的，而且很開心的是，所有無限多個正多邊形都是自己的對偶。

某個全然二維的東西以垂直的角度朝我們襲擊過來的割傷力道：有可能在我們幾乎無法抵抗的情況下把我們切穿。按照同樣的想法，我們可以設想出在四維生物看來很鋒利的三維物體，於是我們的三維故事主角可以直直切進四維怪物，潛入牠的腦袋，在此過程中有驚無險地拯救了地球。但這個四維怪物有什麼樣的生活？要是我們的友善假想外星人是四維生物，沒有什麼惡意？按照稱呼四維形狀的方式，我們就把他們稱為「超假想外星人」好了。

人類花了很長的時間才發現第四維度的數學。我們幾千年前，可能早在史前時期就已經了解二維規則形狀和柏拉圖立體，不過直到 1850 年代才知道四維空間中有更多的形狀，甚至到現在我們在數學上對於第四維的行為模式仍只有粗略的理解，我們的腦袋只演化出處理三維事物的能力。我們的超假想外星朋友就不是如此了，在某個遠得要命的世界裡，四維有可能是現狀，他們生於四維，長於四維，受四維空間塑造，生活對他們來說會很不一樣。

首先，他們應該沒辦法打結。沒錯，在四維空間中不可能打出結來，你在四維中試了每一種繩結，最後都會變成非結，原因是我們在三維中用來解開結的交叉點交換步驟，會在四維中自然發生。在三維中，我們必須費一番工夫切開繩子，搬移到另一側然後再重新繫起來，但在四維中，繩子可以直接溜進額外的維度提供的所有額外空間。有四個移動方向的麻煩在於，要約束控制事物會變得更加困難。[2] 我相信這對超假想外星人的生物習性，以及哪種有機化學控制他們身上的某某長鏈分子（可能相當於我們的 DNA），會造成一些細微且複雜的問題，但最起碼我們知道，他們一定是穿著魔鬼氈鞋。

在四維中堆疊及平鋪物品的情況也變得完全不同。在已知的維數中，形狀填充空間的方式似乎是相當獨特的，而且並未透露在另一個維度中要如何填完

2　我們還沒有看三維中的物體如何環繞著彼此轉動，但正如我們從可預測的整年繞太陽公轉所知道的，地球的軌道是非常穩定的。這個額外的運動自由度，則代表在四維中根本不可能有穩定的軌道，因此他們的恆星系一定是一團亂。

空間。在第 6 章我們提過，康威發現可以用 1 個正八面體搭配 6 個較小的正四面體來填充空間，他（和同事）也的確嘗試把這個概念擴充到四維上——但沒成功。套用他們自己的話來說：「我們不知道正四面體－八面體堆砌在其他維度有任何非無聊的類比。這些觀察結果暗示，平鋪問題通常是維度特有的，特定維度的結果無法單純推廣到其他的維度。」

然而，在四維中有一些形狀確實可做堆砌：超立方體和超鑽石都能完全填滿四維空間。如果你嘗試堆起四維的超球體，仍然很沒效率，但不會像在三維中那麼差。就如二維中有比圓形（即圓滑的正八邊形）更糟的選擇，四維中也有比超球體更糟糕的選擇，只不過在三維中，球體似乎無庸置疑就是有效填充空間的最差選擇。不但水果販不得不堆放就我們所知形狀最糟糕的水果，他們也要在有可能最糟糕的維度中做這件事！

我們的形狀謎題有一些在四維中還是能運作得很好。我們仍然可以從非常薄的紙切出接近二維的形狀來做各種嘗試，所以超假想外星人也可以做出很薄的四維形狀來複製三維的物體。他們可以做個超硬幣，讓它通過超紙上切出的比它還小的洞。還有其他的謎題也能完全推廣到四維中。如果有一位魯伯特超王子表示，有可能讓一個超立方體從大小相同的超立方體中的洞通過，他仍然說對了，只是會有點擠。三維的正立方體有個二維的截面，它頂多可容許邊長多 6% 的正立方體，而四維的超立方體有個三維的截面，可讓邊長只多 0.7435% 的另一個超立方體通過。他們甚至可能會有在第四維度中翻摺的三維翻摺多邊形，不過我擔心那對我們來說大概會違反直覺到可怕的地步，讓我們昏頭昏腦。

他們一定會有的玩具是等寬四維立體。我一得知有能夠在二維表面之間滾動的等寬三維形狀，就很想知道有沒有能夠在兩個平行的三維表面之間滾動的等寬四維形狀，那個時候我很好奇像這樣的形狀要如何運作。從二維走到三維，有兩種選擇：可以用二維勒洛三角形的旋轉體，或是全新的形狀，即麥斯納四面體。再多一個維度時，我想也許可能會有三維麥斯納四面體的四維旋轉體，

或者也許可以在四維中做出什麼全新的東西。結果發現，兩者都辦得到。

在湯馬斯・拉尚－羅伯（Thomas Lachand-Robert）和艾杜瓦・歐戴（Édouard Oudet）所寫的數學論文〈任意維度中的等寬體〉裡，用了兩種方式做出新的四維等寬形狀，一種是旋轉的三維麥斯納四面體，還有一種是把四維正五胞體（即 {3,3,3}，如果這個資訊有幫助的話）的三維面超磨圓所做出的新形狀，我不知道這個形狀要怎麼稱呼，但我自己一直稱它為羅伯－歐戴體（Robert–Oudet body）。如果你拿個麥斯納四面體，它所有的二維投影本身都是等寬的二維形狀。羅伯－歐戴體所有的三維投影都是等寬立體，觀看這個形狀的最佳方法，是看它通過三維世界時形成的一系列切片。

四維羅伯－歐戴體的三維切片。

第四維度的這些數學看起來也許令人茫然費解，但還是在我們的理解範圍內。沒錯，我們的腦袋缺乏憑直覺想像第四維度的能力，不過仍然可以探究這些數學。除此之外，我們已經知道的數學在第四維度中都繼續有效運作，我們的算術對二維和四維的生物來說也同樣有道理。假如我們真的遇到超假想外星人，他們在四維中移動的能力當然會使他們看起來像是超自然現象，非我們所能理解，然而他們做的加法與減法還是跟我們一樣，倘若他們不是混蛋，我們依然可以透過（他們用的隨便哪種進位制的）數字來溝通。雖然超空間的上下文可能是全然陌生的，但數學仍是相同的。要是我們哪一天碰見來自任何維數的世界的外星人，數學依舊還是我們的共同語言。我們最好是要非常、非常有禮貌。

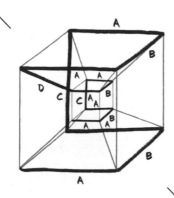

11

演算法
THE ALGORITHM METHOD

　　我有準確到很誇張的料理秤，因為我看著食譜烹飪時會想完全遵照。生活中已經充滿複雜的選擇和決定，但至少像烤蛋糕這種事有完整又詳盡的步驟說明，所以不必擔心做出無知的決定。我也很喜歡量東西。

　　悲哀的是，生活的其他各方面很少有「食譜書」，但這不表示我們無法應用同樣的思維。有一些其他的情況，譬如選擇終身伴侶，仍然能運用通常只會在食譜書上看到的條理清楚的決策類型。把引導你進行某種活動的預先決定步驟條列出來，這在數學上稱為算則或演算法

（algorithm），有點像發展到極致的蛋糕食譜，它會讓你做決定，然後根據你的決定來指示接下來要做什麼，而不是在告訴你究竟要做什麼。

尋覓終身伴侶是一種微妙的平衡。一般而言，第一次開始約會的時候，你並不知道對方跟自己的可能愛情速配程度，在沒有比較基準的情況下，你無法確定某個人是不是高於平均標準的合適對象，是否應該跟某個人定下來。這會讓跟第一次約會對象共度一生有點像在賭博：你應該多跟幾個人約會，先了解一下情況。話雖如此，如果你和人約會的時間花太久，這樣也很冒險，可能會錯過理想伴侶，最後只好隨便找個單身的人將就。這是個棘手的狀況。理想的做法是約會人數恰到好處，得到選擇的最佳益處，同時又讓不會錯過理想對象的可能性最大。

幸好數學替我們省了一些事：那個適當人數是你這輩子能約會的總人數的平方根。要如何估計可能約會人數的多寡，全看你的統計熟練度和自信程度，就像你接下來要如何收集樣本。「自發性回應樣本」通常算是被社會接受的，而「分層隨機樣本」可能就會害你關進監獄。

暫時先不管這個，下面是尋覓最理想的愛情的方法：

第 1 步：估計你這輩子能約會的人數 n。

第 2 步：算出那個數字的平方根 $\sqrt{n}$。

第 3 步：開始約會，並刷掉前面 $\sqrt{n}$ 個人；當中最棒的人選會是你的衡量標準。

第 4 步：繼續約會，在遇到超越前面 $\sqrt{n}$ 個約會對象所設標準的第一個人時定下來。

誰會曉得事情可以這麼容易？像決定要跟誰定下來這類的問題，有個令人微微焦慮的數學名稱叫做「最佳停止問題」（optimal stopping problem）。最初的那個最佳停止問題稱為祕書問題（secretary problem），以下就是原始的版本。

你想新聘一個私人助理，公司的人資部門已經遵照正式的多元化政策所制定的準則刊登徵人廣告，此刻你的辦公室外面有十個應徵者，有各種性別種族，全都準備好要面試這份工作，每位應徵者將逐一走進你的辦公室，讓你評定他們的條件是否足以勝任。跟每個應徵者面試過後，你必須立刻決定要錄用還是繼續面試下一位。你沒有錄用的人，馬上就會被一個競爭對手錄用：你無法事後再請他們回頭替你工作。

你現在的處境很有意思。邏輯建議你不應該錄用你面試的第一個人，因為你還不清楚應徵者的一般素質如何，但你也不想等到第十個人，因為如果只剩一個人可面試，你就只能錄取這個人，不管他的工作適任程度如何。中間一定有某個理想的地方，你可以不要再面試更多的應徵者，而只是看看他們的長相，然後趕緊挑選出優秀者，這就是最佳停止點。這和為了找終身伴侶而跟人約會，是同樣的限制條件；如果你和某個對象分手，而後來才發覺那人是理想人選，很少能回頭再面試一次。

1950 年代，祕書問題在美國數學家之間拋來拋去，我們不知道是誰先解決的〔不過大家認為可能是美國數學家梅瑞爾 · 弗拉德（Merrill Flood）〕。出現在印刷品上的第一個正式解法，是英國統計學家丹尼斯 · 林德利（Dennis Lindley）在 1961 年出版的。要解開這個問題，需要意識到所有的十個應徵者可以從最佳排到最差，然後打散成某種隨機順序。第一個走進來的應徵者是最佳人選的機會是十分之一，但問題是你根本不知道。

分析了天分的可能分布，計算出如果你面試等候應徵的任何一群人的前面 37%，然後挑選出比你目前為止面試過的人來得優秀的下一位，那麼你就有 37% 的機會選中最佳應徵者。因此，他的演算法跟我們的約會演算法一樣，只是以 $0.37 \times n$ 代替了 $\sqrt{n}$。37% 這個數字之所以一直出現，是因為它是這個 $1/e$ 比率，e 就是常數 2.718281828...〔發現者是雅各 · 白努利（Jacob Bernoulli），但我們到後面再來談他〕。為什麼 e 這個常數擅自闖入，簡單說是跟最佳應徵

者在隊伍中的可能位置的估計有關。利用這個方法，你就有超過三分之一的機會選到總體而言最適合的人選。

不過，原始的祕書問題是假設你採取寧缺勿濫的極端態度。林德利在數學上證明了，他的 37% 演算法是最好的方法，但那是只在你完全滿意最佳人選、完全不滿意其他人的情況下。在現實情況下，取得略遜於最佳選擇的東西只會讓你稍微不滿意。更好的解決之道，是會讓你盡可能選到應徵者當中排名在很前面的人，即使不一定是最好的。心理學家尼爾·比爾登（Neil Bearden）在 2006 年計算出，可用來挑選出與理論上最佳人選相比排名在最前面的應徵者的最佳策略，他正是 $\sqrt{n}$ 方法的發現者。平均來說，$\sqrt{n}$ 方法會讓你從十個人當中選到滿意度 75% 的人選；而在一百人的排隊應徵者中，這個數字大約是 90%。

面對生活上的任何抉擇，從選擇終身伴侶到購物，你都可以採用這個演算法。我要買二手車的時候，就採用了這個策略，確定自己在非買下不可之前去看了我有時間查看的車子數量當中的至少 $\sqrt{n}$ 輛。我認為這個方法最大的好處是讓人待時而動，不要衝動之下接受了自己的第一個選擇。針對現實決策過程案例的分析均發現，大家決定得太快，考慮的選項不夠多（線上交友除外，有些人在交友網站會因為選擇太多而變得難以抉擇，只要可能有更好的人選他們就無法讓自己定下來）。最佳停止演算法可以免除一切的遲疑不決（見〈書末解答〉）。

以這種方式尋覓另一半，聽起來或許很冷淡無情，不過曾經有人用數學來尋找愛。（提出克卜勒猜想的那位）克卜勒的第一任妻子因霍亂亡故後，決心把尋找新任妻子變成一個數學步驟。在 1613 年寫的一封信中，他描述自己計畫以兩年的時間跟十一個可能人選面談、排序，然後做出精心計算過的抉擇。我們不知道他用來排序的「為妻相宜函數」是什麼，不過倒是知道他感覺到祕書問題的限制。他企圖回頭向他面談的第四位小姐求婚，但她已經準備好迎接新的生活，所以拒絕了。最後他幸福快樂地娶了十一人中的第五位，這下子可就是嚴謹的愛意了。

魔術怎麼變？

撇下兩性關係，我們也可以把演算法應用到正整數上，甚至更好！只不過，按預先規定逐步做數字運算，聽起來也許不大刺激，主要是因為這真的不刺激。但那不是重點：執行演算法這件事本身就不大有趣。數學家對演算法興致高昂的原因不是他們喜歡做重複的差事（儘管很多人還是愛做），那就像你是因為很喜歡量好材料然後攪拌而去烤蛋糕（我就是這樣）。數學家之所以喜歡演算法，是因為演算法能夠做到的事。數學家喜歡做計算，也喜歡把它吃掉。

第 1 步：取任何一個正整數。

第 2 步：把每位數字相加起來。

第 3 步：如果算出的數字和超過一位數，就重複做第 2 步。

第 4 步：把最後的一位數答案寫下來。

這個演算法是找出任何一個整數除以 9 的餘數的方法。你可以隨便找個整數來驗算看看，答案會等於比它小的第一個 9 的倍數與它的差數。像這樣反覆把所有的數字相加，直到得出一位數的答案為止的產出結果，稱為一個整數的數字根（digital root）。這個過程本身稱為去九法（casting out nines），因為它是從一個整數去掉 9 的倍數。去九法是數學上最古老、最重要的演算法之一。

在上一個千禧年之交，活躍於現今伊朗的科學家伊本・西那〔（Ibn Sina，他的拉丁文名字是阿維森納（Avicenna）〕在寫到這個去九法時，把它稱為「印度人的方法」，暗示這個方法已經使用很久了。在費波納契（Fibonacci）把印度－阿拉伯數字引進歐洲前，管帳的人早就在使用去九法了。已知最早的金融數學印刷本《特雷維索算術》（*Treviso Arithmetic*，出版於 1478 年），就描述了確認複雜算術問題答案的數字根要等於所相加的數的數字根總和的方法。他們把 9 去掉，來驗算重要的財務計算結果。接下來我們準備用這個方法

變個魔術。

自願的觀眾：

第 1 步：取任何一個正整數。

第 2 步：把這個數乘以 9。

第 3 步：大聲唸出乘出來的答案，但其中一位數字不要唸出來。

魔術師：

第 1 步：算出自願觀眾唸出來的所有數字的數字根。

第 2 步：知道所缺的那個數字是數字根與 9 的差數。

第 3 步：宣布漏掉沒說出的是哪個數字。

觀眾：

第 1 步：感到不可思議。

　　這是個很棒的魔術，因為不論自願的觀眾選了哪個整數，只要乘上 9，乘出的新數的數字根一定是 9。算出他們告訴你的那些數字的數字根後，你就能知道缺的那個數字是讓數字根加到 9 所欠缺的那個數。利用去九法算出數字根，也很容易心算出來，因為需要處理的數永遠不會超過一位數。這聽起來實在太簡單了，但是效果很讚。我有一次在倫敦漢默史密斯阿波羅（Hammersmith Apollo）會館的舞台上，在三千多人的面前表演這個把戲，當時最令人緊張的一點，是希望自願的觀眾按電子計算機的時候不要出錯。

　　這個把戲更具雄圖的版本（有這麼多人在場，我還不敢嘗試）需要掩飾一下乘以 9 的步驟。如果請自願的觀眾拿著計算機，不斷地把隨機的數字相乘起來，直到螢幕上無法顯示更多位數的答案為止，這時他們很可能在無意間乘了 9，要不然就是至少乘了兩個帶有因數 3 的數。確切地說，把許多隨機的一位數

相乘起來，得出的八位數答案有96.75％的機會會是9的倍數。[1] 不過，我不願意承擔那3.25％的機會，讓自己在那麼多人面前像個白痴！

有一整套稱為免手法魔術（self-working trick）的魔術，其實就是靠演算法做到的魔術，只要魔術師一步一步照著指示做，魔術就一定會成功。有一個免手法魔術，是幾乎每個人一生當中似乎都會遇到的紙牌魔術，它通常叫做三疊紙牌魔術（Three Pile Trick），傳統上是用21張牌來玩，理由我搞不懂：用到27張牌也能變一模一樣的魔術。魔術師誇口說（這是一定要的）他可以找出自願者隨機選出的任何一張牌。

> 第1步：自願的觀眾從一疊27張牌中挑出一張，記住花色和數字，然後把牌放回去並重新洗牌。
>
> 第2步：魔術師以牌面朝上的方式發牌，分成三疊（依照同樣的發牌方向，每次在每疊牌各發一張）。
>
> 第3步：自願者指出他們選中的牌在哪一疊裡，但不要指出是哪張牌。
>
> 第4步：魔術師收起三疊牌，把自願者所指的那一疊放在中間。
>
> 第5步：第2、3、4步再重做兩次。
>
> 第6步：現在自願者挑選的那張牌正好在27張牌的正中央，也就是從最上面開始算的第十四張。

魔術師現在可以運用自己最具創意的方法，揭曉第十四張牌。我個人最喜歡的方式，是一開始先把牌一張一張翻開，一邊聲稱自己在搜尋自願者臉上的反應，接著你就一直翻到差不多第十七張牌，然後聲稱下一張絕對是他們挑出的那張牌。有時候他們甚至會跟你賭一杯酒之類的，因為他們很確定你會猜錯。

1　為了算出這個機率，我寫了一個電腦程式，產生100億次這樣的隨機數字，而100億個當中有9,674,919,018個是9的倍數。寫電腦演算法來檢驗一個魔術演算法，讓我非常開心。

接下來你就往回翻，把已經翻開的第十四張牌翻面，實踐了你誇口說出的話，如果你又老謀深算打了賭，就還賭贏了。但要提醒一下，要是自願者沒有把他們選中的牌告訴獨立的第三人或是寫在某處，他們很容易就會靠謊騙來逃避賭輸請客。

這類型的紙牌魔術已經夠好了，不過有一類稱為「任意牌、任意數字」的戲法，是紙牌魔術當中夢寐以求的戲法。這是指自願者所選出的牌可以移動到一副牌的指定位置（而不是淪落在中間）。稍加調整並多思考一下，「三疊紙牌魔術」也能做到這一點。在我的版本中，我在把牌發成三疊的時候，會隨便問問自願者最喜歡哪個小於 27 的數字，而在魔術終了，他們的牌就出現在那個位置。

唯一的差別是有時你可以把指出的那疊牌放在最上面或最下面，而不是每次都放在中間。為了找出它在哪裡，就把疊在最上面稱為位置 0，中間位置稱為 1，最下面稱為 2，然後只要把你想擺在自願者的牌上方的牌數轉換成三進位。第一次重組三疊牌的位置時，根據 1 的數目把指出的牌放進位置 0、1 或 2，第二次就依據 3 的數目，而第三次依據 9 的數目；因此，如果你想把七張牌放在自願者選出的牌的上方，7 的三進位表示是 021（它有零個 9，兩個 3，一個 1），於是就按照這個順序（從 1 開始倒過來進行）把指出的那疊放在中間、最下面及最上面。在魔術終了，你從最上面數七張牌拿走，在第八個位置的下一張就是自願觀眾所選出的牌。

上層「位置 0」

中層「位置 1」

下層「位置 2」

我有點懊悔在我的書裡解釋這個魔術，因為這個魔術讓我成功地給觀眾，還有數學家和魔術師，留下深刻印象。我當初是在葛登能 1956 年的第一本數學書《數學、魔術與謎》裡偶然發現這類型的魔術，他在書中把它稱為「熱爾崗的疊牌問題」（Gergonne's Pile Problem），並暗示這個問題在前一個半世紀已經為人熟知。在那之後的半個世紀，它似乎給人遺忘了，而我在重新探究它背後的數學的過程中獲得很大的樂趣，還把它用在我最喜歡的魔術表演中（見〈書末解答〉）。

葛登能在他的書裡用了一章的篇幅來介紹 27 張牌魔術的各種變化，不過重點還是放在魔術表演的可能性，他在章末附上加拿大人梅爾‧史多佛（Mel Stover）寄給他的短箋。史多佛指出了這套魔術的進位制，以及改成不同牌數的魔術變法，他的短箋裡說明了如何把牌數增加到 100 億張的假想狀況。理論上，把 100 億張牌發成十疊，共發牌十次，就能把所選出的任何一張牌移動到 100 億種可能位置當中的任何一個位置，若每秒發一張牌，就是不到 3,169 年的時間。史多佛先生強調，發這一百疊、每疊十億張牌的過程要很細心，因為稍有不慎就會全毀。用他的話來說：「這會讓魔術從頭再來，很少有觀眾願意看第二遍。」

河內塔

我們要暫時擱下魔術，去玩一個不會太花時間的遊戲。這個遊戲叫做河內塔（Tower of Hanoi），第一次接觸到是在我大學修程式設計課的時候，它根源於一則傳說，說到古時候寺廟裡的僧人建塔時要搬動大小不同的圓盤。我在西方世界所能找到的最早出處，是在 19 世紀晚期的《娛樂數學》書中，但這個遊戲可能在此之前就已經存在了。這本書就相當於 19 世紀的《數學、魔術與謎》，

而且如前所述，作者是 19 世紀的葛登能：正是盧卡斯。他不但研究砲彈和質數，也給了世人幾個迄今仍頗受歡迎的數學遊戲，而且河內塔還可能是他自創的。

遊戲開始時，有幾個大小不同的圓盤從大到小堆疊成一個塔。傳統上，這些圓盤會套在一根棒子上，以保持定位，另外還有兩根棒子：一根是目標棒，你必須把圓盤塔搬移到這根棒子；另一根是某種「暫存棒」，你可以暫時把拿開的圓盤套在此處。唯一的規則就是大圓盤不得擺在小圓盤上方：套在三根棒子上的圓盤塔都必須從大到小堆疊起來。

每當我看到這個遊戲，故事背景似乎都會提到某個地方的寺廟僧人，肩負著某種神聖的使命感，要把一個像這樣的圓盤巨塔從一個地方搬移到另一個地方，於是他們每天都在把圓盤從棒子上移來移去，等到搬塔使命一完成，世界莫名其妙就會走到末日——這確實令人對僧人的動機感到懷疑。不過我猜，假使你一輩子都在做搬圓盤的單調工作，世界末日降臨倒不是什麼壞事。

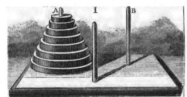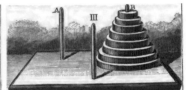

河內塔，取自《娛樂數學》。

河內塔在《娛樂數學》這本書裡只占了三頁的篇幅，其中差不多三分之一是一張畫出遊戲裝置的大圖——這張圖的版權保護期限已過，所以我把它翻印在這裡。正如我所有的已逝數學偶像，我也跑去搜尋盧卡斯的一些著作，想了解他這個人。很幸運，網路上有《娛樂數學》的免費電子書，很容易下載，只可惜整本當然都是法文，所以我把寫到河內塔的那三頁存成副本，email 給當法語老師的姊夫，請他幫忙翻譯。

當我收到他 email 回來的譯文，發現居然有一半的內容跟河內塔完全無關，

而是在講「棋盤上的麥子問題」（Wheat and Chessboard Problem）。這個難題是要計算出，如果在西洋棋盤的第一格放一粒麥子，第二格放兩粒，第三格放四粒，照這樣一直加倍下去，直到六十四格都放滿為止，這個棋盤上總共會有多少粒麥子。盧卡斯在這段文字的前半部，談到河內塔玩具是由一位（暹羅的）N. 克勞斯（N. Claus）教授在 1883 年前後製作出來的，奇怪的是，克勞斯所寫的原始玩具說明書上寫著，關於該遊戲的更多細節可在盧卡斯所著的《娛樂數學》書中找到。一切顯得很迂迴又排外，最後你才恍然大悟「Claus」其實是打亂「Lucas」的字母順序而組成的變位詞，全名「N. Claus (de Siam)」則是「Lucas 'Amiens」的變位詞（盧卡斯是在亞眠求學的）。[2] 看樣子盧卡斯和他的筆名互相稱讚得不亦樂乎。

　　言歸正傳。兩個圓盤的遊戲版本很容易理解。接下來我們會把小圓盤稱為 A，而把在它下方的大圓盤稱做 B。先把 A 移到暫存棒，再把 B 移到目標棒，最後把 A 疊在 B 的上面，就這三個步驟，很簡單，甚至可以依序寫成「ＡＢＡ」。如果從三個圓盤開始玩，用七個步驟就可以搬移整個圓盤塔，而四個圓盤的塔只需移動十五次就能搬移位置。找幾個大小不同的圓盤來試試看，逐步增加圓盤數，最後你會很開心自己成功地搬移五個圓盤的塔。市面上販售的河內塔遊戲多半是有七到十個圓盤的版本，應該會讓世界以相當迅速的速度走向末日，幸好傳說中的僧人在世界末日前得搬動 64 個圓盤，替我們多拖延了一點時間。

2　不僅如此，克勞斯教授在「Li Sou-Stian」學院工作，而盧卡斯則在聖路易（Saint-Louis）中學任教。他當然沒有想盡辦法匿名。

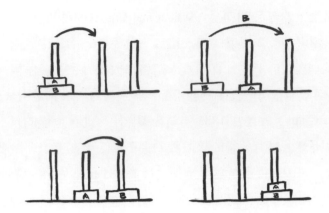

假如我們想幫那些僧人一把，可以描述如何運用演算法解河內塔問題。有個選擇是寫出一個長長的演算法，說明每一個步驟。兩個圓盤的版本的演算法會是「執行步驟ＡＢＡ」（假設他們把圓盤放在對的木棒上）。只要每個圓盤都有一個字母來表示，然後按照搬移的順序列出字母，就可以任意增加圓盤的數目。這是個明確的演算法，很像一份細部管理你烤蛋糕時的每一步的食譜。

1 個圓盤： A

2 個圓盤： A B A

3 個圓盤： A B A C A B A

4 個圓盤： A B A C A B A D A B A C A B A

5 個圓盤： A B A C A B A D A B A C A B A
E A B A C A B A D A B A C A B A

但有個更好、更有效率的方法——這也是為何我是在程式設計課堂上第一次碰到這個遊戲：解河內塔問題可當作說明遞迴演算法（recursive algorithm）的絕佳例子。這是一種非常聰明的演算法，是現代程式設計師的重要工具。授課老師把一個小型的河內塔帶到課堂上當教具，協助坐滿教室的大一程式設計新手弄懂遞迴演算法。

遞迴演算法是在作弊，它沒有告訴你每一個步驟，而是讓你知道怎麼做到一點解法，然後就丟給你一個「用這個演算法去解決問題」的步驟。這有點像我寫了一份食譜，叫做〈麥特・帕克的烤蛋糕指導大全〉，而食譜上的主要步驟是「依照〈麥特・帕克的烤蛋糕指導大全〉寫出的作法」。假如你照著做，理當會發怒，但遞迴演算法就是在做這件事——稍微不同的是，一個遞迴演算法當中的自參考步驟是把自己應用到比最初設定的問題稍微小一點的任務。因此更為相似的情形是，我的食譜上寫著：「先烤出蛋糕的一小部分。至於蛋糕的其餘部分，請依照〈麥特・帕克的烤蛋糕指導大全〉中的作法。」

　　針對河內塔問題，遞迴演算法的其中一個步驟是：「解河內塔。」（哪有這樣的！）以下是這個演算法的長相：

遞迴河內塔演算法

第 1 步：數一數你的河內塔有幾個圓盤；令這個數為 n。

第 2 步：運用解 $n-1$ 個圓盤的遞迴河內塔演算法來移開圓盤。

第 3 步：把最大的圓盤移到目標棒。

第 4 步：運用解 $n-1$ 個圓盤的遞迴河內塔演算法把圓盤疊回去。

　　不可思議的是，這招**行得通**。即使這個演算法根本沒有明確告訴你怎麼解河內塔，但只要你一步一步照做，最後你**就會**解開河內塔問題。在我看來，這算是演算法跟真正的魔術最接近的情形了。

一副牌有多少種洗法？

數學裡有一種漂亮的函數叫做階乘函數（factorial function），會把輸入的數乘上比它小的每一個數，舉例來說，階乘 (5) = 5 × 4 × 3 × 2 × 1 = 120。階乘的值會變得非常大，所以我們就把這個函數簡寫成驚嘆號，甚為方便，因此數學家在寫出像 5! = 120、13! = 6,227,020,800 這樣的式子時，驚嘆號既代表階乘，也代表純粹的興奮感。階乘在數學上很有趣的原因有幾個，最常見的可能就是因為階乘代表物件可挪動的方法數。如果你要洗 13 張牌，放下的第一張牌會有 13 種可能，接下來的第二張可從剩下的 12 張牌當中選擇，下一張有 11 張牌可選，以此類推——僅僅 13 張牌就有超過 60 億種排列方式。

若是整副 52 張牌，這個排列數會大非常多。靠紙筆來算 52! 太花時間了，所以有電腦幫我們做這件事再完美不過了。但為了請電腦做某件事，你必須把這件事轉成演算法的語言讓電腦來照著做。以下是我寫的一組指令，先輸入一個數，然後逐步乘上比它小的每一個數：

第 1 步：記住 n 的起始值，以此為累積總計。

第 2 步：把 n 減 1。

第 3 步：把累積總計乘上這個新的 n。

第 4 步：重複步驟 2 和步驟 3，直到 n 等於 1 為止。

第 5 步：回傳累積總計。

我們可以試跑幾圈計算 52! 的結果：

```
累積總計   = 52
52-1 = 51
累積總計   = 52 x 51 = 2,652
51-1 = 50
累積總計   = 2,652 x 50 = 132,600
50-1 = 49
累積總計   = 132,600 x 49 = 6,497,400
49-1 = 48
累積總計   = 6,497,400 x 48 = 311,875,200
48-1 = 47
累積總計   = 311,875,200 x 47 = 14,658,134,400
...
```

雖然我們只跑了六圈，但累積總計已經超過 140 億！（別誤會，這個不是階乘，我只是想強調這些數字增加得多麼迅速。）這絕對是我們希望電腦幫忙做的那種冗長計算。最後一個步驟，是把演算法的步驟轉換成電腦可以理解的語言。那麼演算法在電腦看來是什麼模樣呢？嗯，正如人類可以說不同的語言，電腦也可以理解不同的程式語言，我選用了一種稱為 Python 的語言，因為它的語法非常簡單，是最接近可讀英文的電腦語言之一。我也在每一行的右邊加上一點註解，補充說明一下這個程式碼在做什麼。

下面就是用 Python 編寫的階乘演算法，如果你很感興趣，可以在電腦上執行這個演算法。就像我們先前替函數命名的方法，我可以給每個演算法一個名稱，然後把輸入值寫進它旁邊的括號裡。

```
def factorial(n):          # 我在定義稱為「階乘」的演算法
                           # 而它的起始值從「n」開始
    running_total = n      # 記住 n 這個累積總計的起始值
    while n > 1:           # 重複做接下來的步驟，一直做到
```

```
                                      # n 不再比 1 大為止
        n = n – 1                     # 把 n 減 1
        running_total =               # 把累積總計
          running_total 【*】 n        # 乘上這個新的 n
     return running_total             # 回傳累積總計
```

　　我再三仔細檢查過這個程式，確定它是有用的。載入電腦之後，我可以輸入「factorial(13)」來核對 13!。當然，6,227,020,800 再次出現在螢幕上了，所以我接著任它去算 52!，以下是我的電腦的輸出結果：

>>> factorial (52)
80658175170943878571660636856403766
975289505440883277824000000000000

　　這個數字有 68 位數，真的非常非常大。若用很冗長的說法，一副牌有 8,000 億億億億億億億億種洗法。可觀測宇宙中只有差不多 1 億億億顆恆星，而宇宙的年齡僅約 40 億億秒，所以就表示，如果宇宙中的每顆恆星有 10 億顆行星，每顆行星上有 10 億個假想外星人，全都從宇宙創生時每秒洗 10 億副牌，那麼我們現在才處理完每種可能排法的一半而已。而且一副才只有 52 張牌！感謝老天我們並沒有把鬼牌算進去。

　　無論如何，我們現在知道答案了，就可以嘗試不同的計算方法：用遞迴演算法。我們只須用演算法本身來陳述，就像這樣：「n 的階乘是 $n – 1$ 的階乘的 n 倍。」我們還需要再知道的事只有 1 的階乘為 1，這是這個演算法的「免責條款」，能阻止遞迴一直進行下去。

　　第 1 步：記住 1 的階乘為 1。
　　第 2 步：把 n 乘上 $n – 1$ 的階乘。

轉換成 Python 的語言：

```
def factorial(n):                    # 我把這個演算法稱為「階乘」
                                     # 而它的起始值從「n」開始
    if n == 1: return 1              # 1 的階乘為 1
    return n 【 * 】 factorial(n – 1)    # 算出 n 乘以 n – 1 的階乘
```

給了「factorial(13)」之後，現在我的電腦就在執行一連串的遞迴，跑到它碰到 factorial(1) 為止，接著會飛快返回，再度出現 6,227,020,800。同樣地，如果輸入「factorial(52)」，就會回傳相同的 68 位數大怪獸。不過，我實際上並未告訴程式要怎麼計算階乘，只說了一個階乘運算跟比它小的階乘運算有何關係。遞迴演算法再次像變魔術般神奇：從看似空洞的程式碼中變出答案。

我們現在有兩個不同的電腦程式，用兩個不同的方法算出同一個答案，這讓我們只有一個選擇：來比個高下！於是我休息一下，讓兩個階乘程式正面交鋒。我決定獲勝者是先算出 100 的階乘的程式。遞迴的 Python 程式算出 100!完整的 158 位數答案花了 0.000068 秒，而普通程式只用 0.000046 秒。[3] 非遞迴程式獲得決定性的勝利！

然而，遞迴演算法不一定都會輸給清楚明白的演算法，要看演算法到底在計算什麼：有些工作非常適合遞迴。幾個章節前，我很有把握地說到幾個以不同底數表示的累進可除數，找出這些數要耗費不少運算時間，而我的程式花很久才完成 16 進位的情形——但是改寫成遞迴程式碼，讓我在幾秒鐘的時間就做完了。

3　9332621544394415268169923885626670049071596826438162146859296389521759999
32299156089414639761565182862536979208272237582511852109168640000000000000
000000000000，以資記錄。

最後我們可以運用遞迴演算法，來看看那些搬圓盤的僧人要花多久就會讓世界末日降臨。若要搬移每個圓盤，所有疊在它上方的圓盤都需要搬移兩次，因此一疊圓盤中每多一個圓盤，搬移總數就會變成兩倍，再加上最下面的圓盤本身的一次搬移。所以，搬移一個有 n 個圓盤的塔，會比 $n-1$ 個圓盤的塔所需的搬移次數多出一倍再加一。

```
def Hanoi_moves(n):          # 我把這個演算法稱為「Hanoi_moves」
                             # 而它的起始值從圓盤數「n」開始
    if n == 0: return 0      # 如果沒有圓盤，就不需要搬移
    return 2【*】Hanoi_moves(n – 1) + 1  # 把 n – 1 個圓盤所需的搬移次數變
                                         成兩倍
                             # 然後加 1。
>>> Hanoi_moves(7)
127
>>> Hanoi_moves(10)
1023
>>> Hanoi_moves(20)
1048575
>>> Hanoi_moves(32)
4294967295
>>> Hanoi_moves(64)
18446744073709551615
```

所以，你的河內塔如果有十個圓盤，就必須移動 1,023 次（你可能看得出這個數字等於 $2^{10} - 1$：這些都是梅森數！比 2^n 小 1 的那個數就叫做梅森數，即使不是質數）。若每秒可以移動一次圓盤，那麼就要整整 17 分鐘。一個人即使

把生命的每分每秒都用來搬移圓盤，花上一輩子也不可能搬完圓盤數超過 31 的河內塔版本，因此圓盤數為 32 的版本是送給閒人的完美禮物。這種「快速遊戲」所花的時間可能比 100 億張牌的魔術還要久。

至於那些僧侶所搬動的那個河內塔，算出來是 Hanoi_moves(64) = 18,446,744,073,709,551,615，用每秒移動一次的速度來算，是 5,840 億年，比我們的太陽系的預期壽命長很多。或是如盧卡斯的描述：「超過 50 億個世紀」，這也是他會提到棋盤上的小麥問題的原因；不管棋盤格的數目是多少，麥子的總數也是梅森數。標準西洋棋盤有 64 格，所以得到的答案就和 64 個圓盤的河內塔一樣：1,800 多萬兆。這是很龐大的數字，即使那些僧侶從 46 億年前太陽系形成之初，就以每秒 50 次的速度開始搬，他們在 50 億年後太陽成為紅巨星，把地球吞噬的時候仍然搬不完。所以我認為我們不會遇上世界末日。

這個故事的啟示是……

演算法看起來也許冷漠又會算計，但也要千萬記住，演算法是人寫的，並沒有什麼「正確的」寫法，儘管它是電腦的玩物，寫程式和演算法一般而言還是有人性且有樂趣的。寫程式的人必須有創意且講求精確，才寫得出很好的電腦程式碼。

寫出有效率的演算法很像一門藝術，而且是非常走紅的藝術。2004 年夏天，美國各地本來是空白的看板上出現了「{first 10-digit prime found in consecutive digits of *e*}.com」這行神祕的文字。要在 *e* 這個數永無止境的小數當中找到第一個 10 位數的質數，還真的需要很有創意的程式，不過如果有人能寫出演算法找到這些數字，然後點進這個網址，他們就會發現自己看到的是 Google 公司用來招聘程式設計師的網站！

結語

要是描述河內塔解法的字母串看起來很眼熟，那是因為你已經用同樣的步驟解過另一個謎題了。ABACABA 不僅能解開有三個圓盤的河內塔，而且如果 A、B、C 代表方向，那麼它們也描述了環繞一個正立方體的哈密頓路徑。因此，解一個有四個圓盤的河內塔就等於是在找一條環繞四維立方體、每個頂點都要經過一次的路徑。

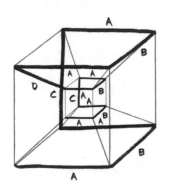

環繞超立方體的哈密頓路徑。

不過我們可以做得更好。

字母 A、B、C 只告訴你要移動哪個圓盤，但沒說要放在哪根棒子上，而且也只告訴你要走哪條邊，卻沒說要往哪個方向走。我們可以照著 ABACABA 來繞正立方體，並加上一個指示方向的符號，所以 A 代表朝某個方向前進，–A 代表往回走。我們也可以用負號表示在 B 和 C 上朝相反的方向移動。因此，走過三維正立方體所有的頂點的哈密頓路徑就會是 AB –ACA –B –A，而四維立方體的路徑會是 AB –ACA –B –ADAB –A –CA –B –A。當然，有演算法可把這些指示列出來。

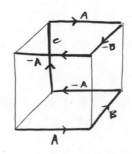

有方向的正立方體哈密頓路徑。

n 維超立方體上的哈密頓路徑

第 1 步：列出 $n-1$ 維超立方體的哈密頓路徑。

第 2 步：寫出新的方向。

第 3 步：以相反的順序列出 $n-1$ 維的哈密頓路徑，並且正負號變號。

　　這不但同時解決了河內塔和遊歷超立方體的問題，同樣的模式還解決了前面的一個謎題：要怎麼把畫掛在掛鉤上，才能讓畫在移除了任何一個掛鉤時就會掉到地上。這又需要把前面的解法重複做兩次，中間再多加一個步驟，只不過在掛畫的問題上，最後還需要額外做一步。在這個例子裡，A 代表把掛畫繩依順時針方向繞第一個掛鉤，–A 代表逆時針方向。

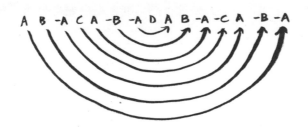

把畫掛在 n 個掛鉤上

第 1 步：列出該如何在 $n-1$ 個掛鉤上掛一幅畫。

第 2 步：寫出繞新掛鉤的新方向。

第 3 步：以相反的順序列出如何在 $n-1$ 個掛鉤上掛一幅畫，並且正負號變號。

第 4 步：寫出繞新掛鉤的相反新方向。

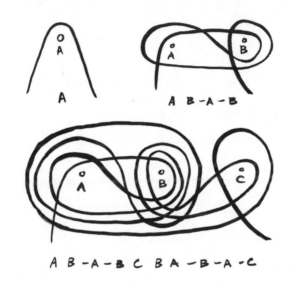

A

A B - A - B

A B - A - B C B A - B - A - C

　　一個 19 世紀法國玩具的謎題的解法就像在超立方體上的遊歷方法，也像把畫亂掛一通的掛法。儘管看上去截然不同，解這些問題的根本邏輯卻是一樣的，而且都能用演算法來解決。

12

如何打造電腦
HOW TO BUILD A COMPUTER

　　如果學習數學像是在叢林裡徒步探險，
一步步劈路前進，那麼電腦就會像突然坐上了直
升機。沒錯，你必須在地面上才有辦法真正摸清楚地
形，但若能跳進直升機，在樹冠的上空翱翔一會兒，很快
就會對整片地景有更充分的了解，比你靠雙腳走過的地面範圍
更廣，也許還會看到更遠處的有趣事物。人仍然必須參與數學的重
要細節，畢竟重點在於學習理解天地萬物的基本邏輯，但有了一點運
算的輔助，就可以讓整個過程加快許多。

我們已經看到這種輔助為梅森質數帶來多大的差異：電腦檢驗一個數是不是質數所需的時間是我們人類的幾分之一。古希臘人知道的梅森質數有 4 個，到盧卡斯的時代，已知的梅森質數也只有 10 個，第十個是在 1883 年發現的，直到 1914 年空缺才補滿，找到 12 個最小的梅森質數。每一千年發現六個數，這速度實在緩慢。1952 年電腦啟動後，光是那一年就找到了 5 個。儘管數字變得越大，間隔也變得越遠，就越難尋找梅森質數，到 1971 年為止總數還是倍增到了 24 個，不到二十年的時間裡找到的質數，竟然跟過去兩千多年發現的一樣多。到 1997 年，梅森質數的總數已經增加到 36 個，而自 2014 年起，已經翻倍到 48 個了。1914 年已知最大的梅森質數有 39 位，一百年後的 2014 年，位數突破了 1,700 萬位。

這並不代表電腦讓我們對梅森質數有更深的認識；我們只是找到更多梅森質數罷了。參與「網際網路梅森質數大搜索」的電腦執行的質數判定法，仍舊是當初盧卡斯和萊默發明出來的方法，數學沒有變，只是運算火力變強大了。同樣地，黎曼猜想是了解質數密度的關鍵，電腦可以檢驗黎曼在質數中發現的模式，確定這個模式在數字越來越大的時候也成立，不過這永遠證明不了這個猜想，證明不了為何會有此模式。如果我們找到他說的那條對齊直線的一個例外，就能**推翻**這個猜想，並對現代數學帶來巨大的影響，然而目前我們只能說，黎曼猜想已經通過了超過 10 兆個值的檢驗，全都排在一條直線上。到目前為止。

最後還有一些數學領域，譬如四色定理，和跟堆球問題有關的克卜勒猜想，現在都有一部分是由電腦所完成的證明，這些電腦可不止是做輔助工作的計算器：它們本身就執行了大量的檢驗，因為由人來做根本不可能完成。此外，我們現在還有像「小污點計畫」這樣的倡議，用電腦去檢驗由電腦所做的證明。不論你怎麼看由電腦做出的窮舉證法能不能算是「合乎體統」的數學，我們都同意現在電腦在數學上發揮很大的作用，而且看起來往後會越來越仰賴電腦。

既然電腦對最前端的數學世界極其重要，我們就應該弄清楚電腦是如何運

作的，然而很少人了解。當然，我們或許已經看過演算法，稍微了解怎麼寫程式告訴電腦你希望它做什麼事，但電腦實際上是如何執行這些指令的？它如何讀取、理解你的指示？如果你四處問問，有些人會設法用硬碟、記憶體、處理器和其他電腦部件之間的相互影響來解釋，然而問題不在我們怎麼會剛好打造出現有的電腦，而是為什麼我們一開始就有辦法做到。在談到電腦如何自己思考之前，大部分人對於電腦運作原理的認識早已碰壁了。

替無生命的物品賦予動機是人的天性，彷彿那些絆倒我們、給我們麻煩、躲著我們的東西都是獨立思考的特務，不過這對於一些實體的系統而言**的確是**事實。我們身邊有些設備能夠做某種基本思考，對周遭做出回應，從大家都知道的電腦和智慧型手機，到自動驗票閘門和洗衣機，這些設備的內部都是絕對自己在做某些基本運算的電路——如果我們不希望說它們是在「思考」的話。

這些設備的內部都是電子電路，在進行運算的就是這些電子電路。不知什麼原因，由導線和電子元件組成的集合體可以對輸入做出回應、運算、送出答案。實體的物件怎麼對輸入做出回應然後選擇適當的輸出，令大多數人大惑不解，但這正是所有運算的基礎。它不該是難以理解的——事實上，你也可以在完全不用電子元件的情況下打造出自己的初等電腦。你只需要用到大約一萬張骨牌，或者，如果你能湊到差不多一百張（一盒雙 12 多米諾骨牌組就有 91 張，夠接近了），至少可以開始了。

機器或物體能夠自主獨立思考的這種概念從很早以前就有了，自動機的故事可以回溯到史前時代，西元前 4 世紀時，數學家阿基塔斯（Archytas，他也是畢氏學派的成員）設計出一隻機械鴿，而且有可能實際做出成品。自動操作的生物在 1739 年的「消化鴨」（Digesting Duck）出現時達到了超現實的巔峰；這隻能吃穀粒能排泄糞便的鴨子，是法國自動機著魔的成果，想必也是一些狂歡派對的矚目焦點。不過，在此我們感興趣的不是那些能複製生命動作的無生命體，而是可以複製認知的無生命體。

機械計算儀器也可以一路回溯到史前時代。人類一碰到必須做煩人的算術，就會去找讓機器替他們計算的方法，有些古代裝置跟預測天文事件所需的天文計算有關。其中最了不起的，大概就是某個稱為安提基特拉機械（Antikythera Mechanism）的裝置，它是在西元前約 150 年至 100 年之間做出來的，可以執行複雜的計算，預測日、月、可能還包括當時已知的五顆行星在天空中的位置，同時遵循一部錯綜複雜的曆法。但更令人吃驚的也許是，我們甚至知道有這個機械存在。

　　唯一留存下來的安提基特拉機械，是 1900 年左右在希臘安提基特拉島外海的沉船裡發現的，這艘船大約沉沒於西元前 70 年。這個機械的外觀看起來像是卡在一塊大岩石裡的齒輪，這個齒輪可能來自後來的沉船，最後從海底打撈出幾塊表面全是爛泥的機械碎片，並發現裡面有差不多 30 個齒輪，工藝技術的細密程度令人嘆為觀止。它也顯示出按計畫純熟打造的痕跡，代表這不是某種實驗裝置，而是這些奇怪玩意兒的其中一個。沒有額外的鑽孔或重塑部件，應該就表示這個機器有經過逐步改進；或者應該說，它似乎是專門設計成容易打開來檢修的。儘管所有的青銅部件和工藝技術都符合我們所知當時已有的技術與技藝，但這些東西的運用巧思是我們在一千多年來的其他發條機械裝置沒有看過的。

　　上個世紀，大家把逆向工程的方法應用在這個機械上，找出它是做什麼用的。現代成像技術一直是很大的輔助，因為這表示我們可以直接端詳留存下來的碎片，仔細觀察這個機械的內部運作。運用電腦斷層掃描儀，我們就有可能以一系列的 2D 切片，形成安提基特拉機械 3D 部件的影像，接著可以進行動態處理，把整個機械一覽無餘。在影片中你會看到，帶有正三角形齒、齒數不一的大大小小齒輪忽隱忽現，有的彼此齧合，有的疊在頂端。透過這些機械裝置的重建，我們現在知道這些齒輪是在執行天文計算。這個機械可以在天文事件發生之前就早早預測到。關於為什麼沒有其他像這樣的機械裝置留存下來，有

各種猜測（用很貴重的金屬來打造似乎無濟於事，而且要靠一艘沉船才能制止青銅被人打撈），但我最喜歡的假設是說，因為安提基特拉機械是當時的機密軍事技術，所以我們很少聽說。能夠預測日食發生、太陽從天空消失的確切時間，會是控制其他人的強大手段。

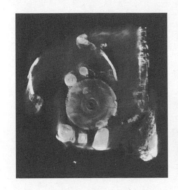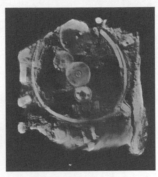

安提基特拉機械部件的電腦斷層掃描。

讓安提基特拉機械執行計算的，是齒輪的齒數和齒輪配置在一起的方式，一切就緒後，只須向前轉動把手，就可以開始預測未來的天空會呈現出什麼樣子。有人曾經用和安提基特拉機械同樣的齒輪，重建出可執行相同計算的機械裝置，我最喜歡的是我在 Google（是在 Google 的總部，不是網站）看到的展示，是完全用樂高積木做成的安提基特拉機械。儘管令人驚嘆不已，但安提基特拉機械實際上並不是我們所稱的電腦。你每次轉動把手，它都會給你同樣的答案，就是——嗯，非常規律。第一位打造出可執行更刺激的演算法的電腦的，是 19 世紀的英國數學家查爾斯 · 巴貝奇（Charles Babbage）。

如果古希臘人有樂高積木可玩，安提基特拉機械大概就會像這個樣子。

到了 19 世紀，最常用的計算工具之一是一本印滿數值表的書，這些書實際上是把前人已經算出來的常用計算結果列出來的大部頭清冊，所以你可以把一個很困難的計算分成多個較小的計算，然後只要翻書查表就行了。問題是，這些記錄標準答案的書的製作過程漫長又昂貴，而且不可能完全不出錯，裡頭收錄了成千上萬的答案，極有可能在某幾處有錯誤。很難知道你查表得知的答案對不對，而且稍有一點小錯誤就可能毀掉你耐著性子算出來的結果。這些數值表中的錯誤給人的挫折與沮喪，啟發了世界上第一部電腦（計算機）。

巴貝奇把運算機器的創生歸因到他還是個大學生時腦中浮現的空想。他用自己的話描述了劍橋數學系的同學發現他垂著頭坐在桌前，面前是一本數學表。同學問他在發什麼呆，他回答道：「我在想這裡面所有的表也許可以用機器來計算。」巴貝奇頓悟出，用機器來產生這些表應該會更快、更省錢、更準確。他所想像到的或許是一種由齒輪製成、以蒸汽動力驅動的機器，不過最後卻跟現代的智慧型手機比較相似，而不怎麼像安提基特拉機械。

大學畢業後，巴貝奇真的設計出一部他稱之為差分機（Difference Engine）

的機器，我們可把它視為很複雜的發條裝置系統，經過調定後就可以產生出方程式的值。這部機器還稱不上是電腦，不過它解決了數學表出錯的問題。巴貝奇說服英國政府出資讓他把機器做出來，可是在打造期間，他意識到自己可以設計出更好的機器，所以從未真正做出成品。他把自己想出的新機器稱為分析機（Analytical Engine），它比差分機更加複雜，而且稱得上**是**電腦了。

分析機之所以算是完全創新的概念，是因為你能夠讓它執行不同的演算法，而不是以某種方式調定好解決特定的問題。巴貝奇借用了當時的另一個尖端技術——紡織機，來讓他的發動機可依照指令執行運算（即「程式化」）。自動紡織機有打孔卡（這個稱呼很合乎邏輯，因為這些卡片上都有打孔表示的圖案）所使用的輸入插槽，紡織機裡的鉤子會根據卡片上的打孔位置來啟動與關閉（如同簡陋的開關），於是紡織機就會把不同的圖案織在布料上。巴貝奇並不是把打孔圖案拿來決定紡織機要織出什麼花樣，而是使用這些卡片告訴分析機該執行哪些演算步驟。

由於我們可以輸入想要執行的任何程式，連同我們想讓程式處理的任何輸入數據，這個分析機可說憑著本身的能力符合成為電腦的所有條件，幾乎就像如今所做出的任何現代電腦一樣——這正是我們把巴貝奇視為「計算機科學之父」的原因。可惜的是，我們不知道分析機是否成功，因為巴貝奇一直沒有打造出來。很遺憾，在1871年他79歲時過世後，都沒有人成功繼續進行這些計畫，把這些機器做出來。嗯，至少要等到1991年，才由倫敦科學博物館根據巴貝奇的計畫，並且只使用他在19世紀能用到的工具和方法，花幾年的時間打造出一部差分機。而且成功了。這對於分析機實際上是否也能成功，是個好兆頭——它在理論上是可行的。

倫敦科學博物館製作的差分機。

　　你或許已經注意到，我在第 1 章就把「計算機科學之父」的頭銜給了圖靈，這是因為，儘管巴貝奇為有可能實現的電腦提出了設計，但圖靈在 1936 年卻用抽象的方式描述出，需要什麼樣的條件才稱得上是電腦。圖靈光是從理論上解釋這樣的電腦還不夠，第二次世界大戰期間他在英國政府密碼破譯中心布萊切利園（Bletchley Park）工作時，和同僚打造了世界上第一台數位、程式化的電子計算機——「巨像」（Colossus），由於是用高度機密的戰時技術來設計打造的，因此數十年後世人才知道「巨像」的存在。不過，布萊切利園的人員在戰爭結束後旋即分散到世界各地的學術機構，突然紛紛十分成功地打造出世界「第一部」電腦，彷彿他們不知怎的已經知道電腦做得出來。圖靈先是參與了幾個這樣的計畫，後來待在曼徹斯特大學鑽研世上第一部數位儲存的電子計算機。

　　然而分析機比這些都來得早，儘管不是數位也不是電子的，但它是程式化的。雖然沒能打造出來或實際操作，可是有為分析機寫出演算法。巴貝奇在義

大利做了一系列的演講之後，需要把幾篇跟他的機器有關的附注翻譯成義大利文，於是找上了愛姐・拜倫〔Ada Byron，大家更為熟悉的是她的頭銜，勒夫雷思伯爵夫人（Countess of Lovelace）〕，結果她在譯文中多加了標題為「譯者評注」的一大段。透過這段文字，她證明自己不僅是把內容翻譯出來，而且完全理解這部機器的運作原理，還能進一步闡述它的潛能。她指出的第一點，就是分析機跟差分機相比在潛能方面有極大的提升。套用她的話來說：「恰恰相反，分析機不但適合表列出某一個函數的結果，還適合用於發展並表列任何函數。」

不過這些評注之所以在今天有重大的歷史意義，在於最後一段，即「譯者評注 G」。我沒辦法講得比勒夫雷思本人更好：「在這些附注的最後，我們就要一步步照著這個機器運算白努利數的步驟，這會是（以我們將要採取的推導形式而言）一個說明其能力的複雜例子。」白努利數會形成一個很複雜的數列，非常難計算出來，但勒夫雷思在這段附注裡寫出了可視為有史以來的第一個電腦程式，這個程式應該能夠讓分析機計算出這些數。在史上第一部電腦根本還沒打造出來之前，愛姐・勒夫雷思（Ada lovelace）就已經和巴貝奇合作寫出一個可在上面執行的演算法，這使她贏得世上第一位電腦程式設計師的頭銜。而這一切發生在 1842 年。

這件事也讓盧卡斯在《娛樂數學》裡提到勒夫雷思。這本書是在她和巴貝奇兩人都去世多年後出版的（勒夫雷思於 1852 年因子宮癌去世，年僅 36 歲），盧卡斯在書裡討論到他們的工作成果，但當時還不知道電腦有朝一日會變成什麼樣子。就像你現在手裡拿著的這本書，盧卡斯也用了一章來談機器計算的設備，不過他把這稱為「運算與計算機器」，在這章一半的地方，有幾段談到分析機，顯現出他對於分析機日後公認的重要性有出乎意料的先見之明。接著在標題為「電子算術」的一段，他的預知能力再次躍升了一級。

幾天前我翻閱《娛樂數學》，讀著書裡談到巴貝奇和勒夫雷思的段落，

「arithmétique électrique」這個詞忽然映入眼簾，儘管我認識的法文字沒幾個，卻能馬上把它翻譯成英文「electric arithmetic」。在盧卡斯寫這本書的時候，燈泡才剛發明，距離蓋奧格・歐姆（Georg Ohm）初次分析電路也只過了差不多半個世紀，而電子「切換元件」**還要再過** 50 年才會設計出來。19 世紀晚期，像現代電路這樣的東西不可能存在，甚至根本無法想像，可是盧卡斯依然看到了發展潛力。他討論到發明家亨利・熱內耶（Henri Genaille）的構想：「他剛發明一種新裝置，只是尚未完成，不過原理仍然成形了：一部電子計算機器。」他是以輕快的筆調，而且在那麼久以前，暗示總有一天電子電路會應用在電腦上。

電子腦

謝天謝地，盧卡斯說對了，電子機器**可以**計算，因為我們沒有電子電路就會陷入困境。儘管巴貝奇設計出一部通用的計算機，勒夫雷思為它編寫出程式，還是很難把這種由蒸汽或手搖把驅動的機械式機器，擴展到接近今天習以為常的那種運算能力。一部超過 2 公尺高、重量超出 10 噸的分析機，只能儲存差不多一千個 40 位數字，代表記憶體不到 20 KB，而且每秒僅執行七個計算。這是條死路，沒辦法通往如今視為理所當然的電腦。這種機器無法打造成可儲存數十億倍資料量，同時執行速度又是數十億快，但體積仍舊小到能夠拿在手上，讓我們更新臉書和推特近況。

現代的電腦需要電子電路。很遺憾地，這些東西能夠這麼小巧又快速，正意味著大多數人對它們實際上在做的事情一無所知。電腦處理器看起來像個塑膠的灰色小長方形，但上頭實際上容納了錯綜複雜的電路，電子信號在裡面瘋

狂飛奔。為了看出它放大到人類的尺度是什麼樣子，我們可以用多米諾骨牌來做出同類型的線路。去買那盒將近有一百張的骨牌組，我們就可以開始架構幾個基本的計算線路。

首先是所謂的邏輯閘（logic gate），這些是電路的構成要件。每個邏輯閘都可以接收某些二進位的輸入，產生標準的二進位輸出。我們使用二進位的 1 和 0，是因為信號要麼在電路中流動，不然就是沒有流動；電腦電路中的導線要麼載著高電壓，要不就是沒有（我們回到第 1 章開始的地方……）。對於一條骨牌長龍，則代表它要麼倒下，不然就是沒有倒。在現代電子電路中，高電壓用「1」代表，基準低電壓用「0」代表，仿照這個模式，我們可以用「1」代表骨牌倒下，用「0」代表骨牌仍站著不動。我們已經知道，隨便哪個數字都可以轉換成二進位數，所以只需要 1 和 0 就能表示任何數字，執行任何計算。

我們準備做出的兩種邏輯閘，是「及閘」（AND gate）和「互斥或閘」（XOR gate），這兩種邏輯閘都有兩個輸入端和一個輸出端。只有在兩個輸入端同時啟動時，及閘才會讓輸入信號通過並輸出；如果兩個輸入端的其中一個（不是兩者同時）啟動，互斥或閘就會讓信號通過並輸出，這是專用或獨享的：只有其中一個輸入**或是**另一個。我們可以用表格整理出個別的情形，我也展示了如何用骨牌做出這兩種邏輯閘。

及閘

輸入$_1$	輸入$_2$	輸出
0	0	0
0	1	0
1	0	0
1	1	1

互斥或閘

輸入₁	輸入₂	輸出
0	0	0
0	1	1
1	0	1
1	1	0

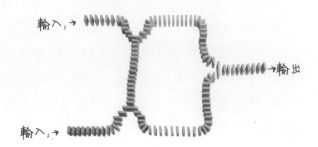

　　我們可以用這些邏輯閘做算術運算。要記住：互斥或閘有輸出，在顯示是否只有一個輸入端啟動了；及閘則會讓我們知道兩個輸入端何時啟動。如果能把這兩種邏輯閘結合在一起，變成帶有兩個輸出端的電路，我們就有一個可算出多少個輸入端已啟動的骨牌網路。從輸出端產出的已啟動輸入端數目是個二進位數，稱為半加器（half adder），它只算是「一半」的原因是我們能做得更好。兩個半加器結合起來，就成了全加器（full adder），這需要三個輸入端，並產出已有多少輸入端啟動的二進位二位數總和。

半加器

輸入₁	輸入₂	輸出 2s	輸出 1s
0	0	0	0
0	1	0	1
1	0	0	1
1	1	1	0

全加器

輸入 1	輸入 2	輸入 3	輸出 2s	輸出 1s
0	0	0	0	0
0	0	1	0	1
0	1	0	0	1
0	1	1	1	0
1	0	0	0	1
1	0	1	1	0
1	1	0	1	0
1	1	1	1	1

　　要做大大小小的數字的二進位加法，你只需要全加器，因為二進位數非常容易相加，它們只給很少數的選項。在十進位中，你可能必須把 4 加到 7，或是把 2 加到 9，但在二進位中，不是把 0 加到 1，就是把 1 加到 0（或把 0 加到 0，但這幾乎不值一提）。情況這麼有限，就讓整個過程非常簡單。為了示範，我們可以做 11 和 30 的二進位相加。把十進位轉換成二進位，11 就變成 1011，30 變成 11110，然後跟十進位加法中的做法一樣，我們把一個數寫在另一個數的上方，從最右邊的個位開始相加，然後逐步往左把每行的數字加起來。

$$\begin{array}{r} ^01^1011 \quad \text{（在十進位中為 11）} \\ + \quad 11110 \quad \text{（在十進位中為 30）} \\ \hline 101001 \end{array}$$

　　個位的部分很簡單：1 + 0 = 1，所以我們可以在下方寫個 1。下一行稍微難一點：必須算出 1 加 1。標準答案是 2，但現在是二進位數，沒有代表「2」的符號，所以答案裡不能有 2，畢竟 2 以二進位表示是 10。因此我們按照普通十進位算術的做法，把 1「進位」——這很合理：這行是代表「2」的行，所以我們是把

一個 2 加到另一個 2，這就得到一個 4，而要進位到下一行去。再下一步是最難的了：我們需要把三個 1 相加。這只須在下方寫個 1，然後同樣把一個 1 進位。你會發現，每一個步驟都牽涉到最多三個 1 和 0 的相加，然後最多有兩種輸出：在下方寫一個數字，可能還要把一個數字進位。這些都可由全加器做到。如果要把二進位數相加起來，只須要一長串的全加器，總和的每一行各需一個。

要做出半加器，你會需要大約兩三千張骨牌。我試過了，所以我知道。幾年前有人傳給我一個連結，連到一個描述骨牌邏輯閘理論的網站，那是我第一次接觸到這個構想。我在網路上仔細搜尋，都沒發現有誰曾經用骨牌做出半加器。YouTube 上有些影片很接近了，不過那些人作弊，用膠帶把骨牌固定在一起，而且他們的電路很容易損壞，運作不穩定。很多嘗試都需要骨牌長龍在精確的時間點倒下，但真實世界中並非如此。我想設計出能在真實世界運作的全加器。最後我終於搞定了，線路設計就放在〈書末解答〉中。現在我需要夠多的骨牌再做出幾個，並把這些串連在一起。

於是我買了一萬張骨牌。

2012 年 10 月間在曼徹斯特科學節的某個週末，我和其他十二個志願的「骨牌電腦打造者」把上千張骨牌擺穩，排成錯綜複雜的線路，這些線路稍後可以執行一項計算。設計半加器已經夠難了。就像蝕刻進表面的真實積體電路一樣，骨牌長龍不能彼此交叉，因為電腦電路是平面圖。然而每條骨牌的長度很重要，你可以看出我們得讓長龍來回蜿蜒：這些是讓一個訊號放慢速度的「延遲線」，目的在確保下一步開始前前面的任何計算都要完成。一萬張骨牌的線路帶來的問題更多，不過我有個一流數學家團隊幫忙我。

第一天結束前，線路完成了，只比預定時間晚了差不多一個小時。它可以相加任何兩個三位的二進位數，然後產生出四位數的結果。為了輸入要相加的數字，我們在骨牌長龍的輸入端預留空隙，可以留空而成為 0，而補進去的單張骨牌將成為 1。有一條骨牌長龍沿著線路的底部蜿蜒，並且分岔出來接到所

有六條輸出鏈。我們隨機選擇要相加的數字，而最後選出了4（100）和6（110）。於是，要輸入4時，我們在1和2的輸入端留空，但在代表4的骨牌鏈補滿；至於6，代表1的那條也留個空隙，但代表2和4的那兩條補滿。

所有的一萬張骨牌準備執行計算。

這時已經有很多人圍觀。我們是在曼徹斯特科學工業博物館的大廳中央打造這個電腦的，而整天都有民眾跑來看我們，通常是滿懷期待等著看到某個人不小心撞倒一些骨牌。骨牌電腦花了48秒讓訊號通過各個邏輯閘，只有代表2和8的輸出端倒下，所以得到的讀數是10（1010）。圍觀民眾欣喜雀躍。考量到六個小時的準備作業，這大概是為了算出6加4得10的最沒效率的方法了，或是像一些不懷好意的旁觀者指出的，我們是在設法花一整天證明 6 + 4 = 2 + 8。

重點仍然是，我們所打造的是所有的電腦仰賴的基本要素。如果我們有近乎無限供應的骨牌，就能繼續把線路打造得越來越大，讓它可以執行越來越複

雜的任務。一旦能做到數字相加，就可以把骨牌電路板擴充到乘除甚至開根號，當然還有其他技術問題要克服，譬如如何用骨牌做出記憶體，以及要找出自動歸位重排的方法，但在理論上，「天網[1]」是極限。

　　不過，正如前面所提，這種類型的實物系統不好擴展，如果我們想在骨牌電腦上做第二次計算，就要再花一天把全部的骨牌立直，反之，電子電路在執行計算的過程中不會損毀，所以一次計算一通過所有的邏輯閘，你就能發送出下一個。現代的處理器每秒可做數十億次，當我在筆電上打這段文字的時候，2.7 GHz 的處理器就在幕後無聲空轉（2.7 GHz 是在衡量處理器每秒可跑多少次邏輯閘）。[2] 這比骨牌稍微快一些。

　　粗略估計起來，我們打造的骨牌電腦要耗六個小時來裝設並執行，這代表**假使**你有一個日夜不停工作的骨牌電腦打造團隊，每天就可以做四次計算。每21,600 秒做一次計算是很糟糕的速度，這相當於一個速度為 46.3 百萬分之一赫（microhertz）的處理器，換算起來我的筆電是骨牌電腦的 58 兆倍快：我的筆電一秒鐘執行的計算，將需要骨牌技術團隊不眠不休工作將近兩百萬年。雖然我有個很優秀的骨牌志工團隊，可是我沒辦法要求他們這麼做。

　　不過，我們真的利用第二天重新設計線路，讓它有兩個四位的輸入端，以便產生五位數的總和。可惜我們沒有額外的骨牌或空間，所以只好讓線路更有效率，同時也更緊密，這正好也是替電腦設計現代積體電路時真正重要的事。我們貪圖僥倖，結果在最後一次計算中，有兩件事出錯。為了節省骨牌，我們減少了延遲線的容差，但其中一個縮減得太多，結果這個阻隔訊號在另一個訊號通過後才到達，訊號已經飛奔而過了它才正要關上邏輯閘。其次，我們讓一

1　Skynet，這是《魔鬼終結者》系列電影中虛構的類神經網路電腦系統。
2　實際上，這是處理器每秒可執行指令多少次，而每次的指令有可能牽扯到不止一個計算，因此對比較來說這只是保守估計。我若更盡責一點，就會去研究它每秒做了多少個實際的計算，即每秒浮點運算次數（FLOPS）。

些長龍太靠近，結果有「訊號洩漏」（專門用語是「串音」，聽起來愉悅多了），角落有一張骨牌倒了，還不偏不倚撞到鄰近一排中的一張骨牌，引發了一個假訊號。

　　但我很喜歡的是，這兩個問題都是在小型化實際電腦電路圖時所面臨的問題。除了可能存在於電路中的所有計時問題，如果你把兩條「導線」放得太靠近，其中一條導線上的電流有可能在另一條產生感應電流，加上訊號洩漏的問題，不管是電子還是骨牌，也就讓設計出有效率的電路成為一門技藝。你大概料想得到，大部分的現代積體電路本身就是由電腦設計出來的，但有時候仍然需要一點人類的聰明才智。蘋果公司在 2012 年推出 iPhone 5 時，大家很快就注意到組成內部 A6 處理器的元件是人工設計布線的。電路設計是偉大的應用數學問題之一，如果你想自己嘗試一下，我有一萬張骨牌可以借給你……

顯示解析度真是糟糕。

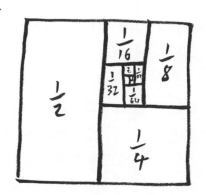

13

數字混搭
NUMBER MASH-UPS

　　數字本身很好，但當它們開始協力，產
生的結果就會大於各部分的總和。甚至大於各部
分的乘積，如果你喜歡相乘的話。或是大於各部分的
平方、倒數或比率。無論你選擇什麼方式把數字結合起來，
它們都會產生出一些很妙的結果——如果沒有這些奇妙的結
果，我們的現代技術就不會實現。

　　電玩遊戲和劇情片裡的現代電腦繪圖，就是在幕後把大量數字匯
集起來、再以圖像來呈現的結果，但如果那些數字組合的方式不對，圖像
就會損壞。2014 年電玩遊戲《惡名昭彰：第二之子》在 PS4 遊樂器上推出後大

賣，才發行九天就賣到一百萬套，還讓 PlayStation 在英國的銷量大幅攀升。然而遊戲是否能順利發行，全看那些數字組合方式中的一個小問題能否解決。

　　遊戲開發人員在設計程式時遇到了問題。在把角色做 3D 圖像處理時，除了他們脖子上的一個小問題之外一切都很好。有一條深色的線正好切過主角的脖子，撇開不吉利又恐怖不談，這並不符合大家期待的高品質繪圖標準。經過許多研究，發現有幾位開發遊戲的程式設計師用了稍微不同的數字組合方式，就是這個不協調在脖上留下黑線。

　　由於主角的臉部比較複雜，必須比其他的部位處理得更精細，所以計算與處理臉部跟負責身體部位繪圖的，是程式的不同部分。因此，軟體內部有一個子系統在操控臉部，另一個子系統則負責身體，兩者的管轄範圍在脖子會合。軟體的每個部分都得結合各種數字（每個像素的三維空間位置、光影條件、物件的真實色彩、觀看的角度等等），以便提供每個像素最後該呈現出來的一個顏色數值。理論上，子系統用數學方式產生的圖像應該會無縫接合在一起，但出於某種原因，兩個子系統剛好在邊界處產生了略有不同的結果。我跟其中一位程式設計師談到這件事，他解釋說，程式的其中一個部分是把答案無條件捨去到整數，另一個部分卻是把答案無條件進位到整數。

　　為了商定出有系統地結合數字的相同方式，數學家創造了所謂的函數。就連把一個值無條件進位或捨去到整數這種最簡單的事，也可以用幾種不同的函數表示。一律無條件捨去的函數稱為下取整函數（floor function），使用的符號看起來像是少了頂線的怪異方括號，例如 $\lfloor 7.9 \rfloor = 7$。一律無條件進位的函數稱為上取整函數（ceiling function），使用的符號則像是少了底線的方括號，比如 $\lceil 3.1 \rceil = 4$ 和 $\lceil -5.6 \rceil = -5$。《惡名昭彰：第二之子》遊戲電腦程式碼的其中一部分在四捨五入時用了下取整函數，而另一個子系統用了上取整函數。

警告：內有函數圖形

從本質上，函數是任何一種可丟進數字、經過一番處理、再把數字吐出來的有系統的方法，儘管如此，函數跟其圖形表示有密切的關係。畫出函數的圖形，是把輸出的數字視覺化呈現出來的方法。我們就直接切入正題：以下是我最喜歡的四種函數圖形繪製法。

1. 把輸入和輸出配對

這是畫函數圖形的典型方法。找個美好又平凡的函數——比方說 $f(x) = x^2$ 吧。我們已經替這個函數命名為 f，括號裡的 x 就代表輸入的數。對於任何的輸入 x，我們都會得到 x 平方的輸出，也就是 x^2。為了畫出圖形，我們先在橫軸上找到每個 x 值，在縱軸上找到對應的輸出值，然後在 x 值正上方跟它的輸出值對齊的位置標出一個點，所有這些點會形成一條連續的線。你可以把這個圖形的表面想成兩個數的每一種可能組合，每個點都有兩個坐標。這個圖形就是在標示對我們這個函數有效的（輸入，輸出）數對的所有坐標。這也適用於其他不同的函數，如 $f(x) = 10x - x^2$。

這不太刺激，我同意。

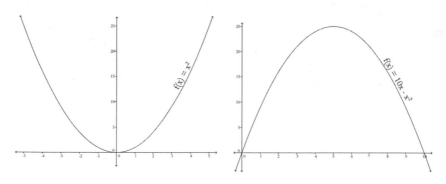

為了增添一點趣味，不妨拿一顆網球、一把金屬鉗、一些非常易燃的液體

和一台攝影機。不知為何，假若物品清單最後列出了「一些非常易燃的液體和一台攝影機」，大家就曉得接下來的活動會很好玩——這也是我必須堅持要求你千萬別自己嘗試的原因。不過，如果你要試試看（你不會這麼做的），就要這麼做（假想中）：用鉗子夾住網球，把網球浸在易燃液體中，然後找個人讓攝影機保持不動，拍攝你讓網球著火並把球往空中丟的過程，所以最好是在黑暗中。攝影機將拍下網球的飛行，接著你就可以編輯畫格，來呈現出網球的路徑。最後你得到的圖，會是網球的高度與它在空中停留時間的函數圖，而且形狀應該會跟 $f(x) = 10x - x^2$ 這個函數一樣。

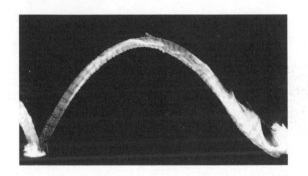

2. 一個輸入，兩個輸出

如果你的函數會給兩個輸出，你就可以開始把數輸入進去，接著在圖形上標出每一對輸出的坐標。我在下面寫出這個函數，這樣如果你要畫出 0 到 2π 之間的輸入的所有輸出的話，就會畫出一個心形。假如你用試算表幫忙算出那些值並且繪出圖形，就可以把成品 email 給生命中所愛的人，表達自己對他們的感覺，或是只寄給他們一張「我畫你」卡。現在你可以做出自己的縝密之愛了。

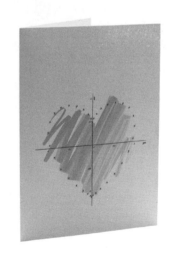

$$\text{坐標} = \left(\sin^3(t),\ \cos(t) - \tfrac{1}{3}\cos(2t) - \tfrac{1}{5}\cos(3t)\right)$$
$$\text{對於 } t = 0 \text{ 到 } t = 2\pi$$

3. 通過測試的點

　　有一些函數可以檢查坐標；只有達到要求的坐標才能畫在圖上。下面的算式在告訴你一對坐標是否夠格成為圖形的一份子。如果隨便取一對 (x, y) 值代進公式，把結果無條件捨去到最接近的整數，然後只把大於 1/2 的值畫在圖上，就會畫出一個看起來很像……呃，像下圖的圖形。這個函數叫做塔珀自指公式（Tupper's Self-referential Formula），如果你去繪製它的圖形，會畫出函數本身的算式圖像。不瞞你說，我也是親自嘗試之後才相信真的是這樣。

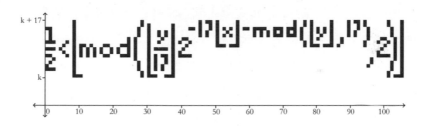

這既是塔珀自指公式的算式也是圖形。

4. 兩個輸入，一個輸出：現在進入三維空間

　　有些函數會要你輸入兩個數，然後得回一個輸出。如果你玩二十一點，就會知道在莊家發兩張牌後如果你要了第三張，可能就會讓你的總點數超過 21 而在那一盤把錢輸光。輸光的機率是你已拿到的兩張牌的函數（假設你還沒看到那副牌的其他任何一張），而且畫得出

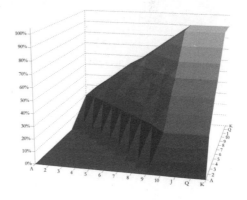

這個函數的圖形。跟前面一樣，我們可以先從二維的面開始，坐標代表所有可能的起手兩張牌組合，接著再在平面上方的第三維繪出代表機率的高度。你會看到角落有個尖峰，我稱之為「希望落空之山」，這對某些二十一點玩家來說夠恰當了。

遞迴函數

我們已經見過遞迴演算法了，所以不妨也來認識幾個遞迴函數。正如遞迴演算法把自己當成本身的其中一個步驟（想想第 11 章那個令人抓狂的蛋糕食譜），遞迴函數是把本身的輸出當成輸入回送給自己。這種函數最著名的例子，就是由費波納契數產生的數列，而比較沒名氣但在我看來很出色的例子，是盧卡斯數產生的數列。以砲彈和質數出名的盧卡斯現在普遍無人知曉，然而用比薩的里奧納多 ·「費波納契」這位數學家的大名來命名費波納契數的人正是盧卡斯。費波納契數列和盧卡斯數列都是從兩個數字開始，接下來，函數的每個新輸出則是前兩個輸出的總和。費波納契數列的頭兩項是 1 和 1；盧卡斯數列的頭兩項是 1 和 3。

費波納契數列

1；1；2；3；5；8；13；21；34；55；89；144；
233；377；610；987；1,597；2,584；
4,181；6,765；10,946…

盧卡斯數列

1；3；4；7；11；18；29；47；76；123；199；
322；521；843；1,364；2,207；3,571；5,778；
9,349；15,127；24,476…

一旦得知這個函數會隨著數字變大而越來越大，你就能反向操作。如果任選一個數字減去它的前一個數字，就會得出數列中的再前一個數字。試試看用這個方法返回起點：你應該會得到一列正負交錯的數字（詳見〈書末解答〉）。

你也可以找出把這兩個數列連結在一起的函數。如果把費波納契數列中任何兩個間隔一個數的數字相加起來，算出的結果剛好會在盧卡斯數列中兩個對應位置之間的那個位置（例如 3 + 8，兩數分別是費波納契數列中的第四和第六個數，算出的答案 11，就在盧卡斯數列的第五個位置上）。

費波納契是活躍於 13 世紀初的數學家，他把十進位系統引進到歐洲，還用幾何與數字做了許多其他很有趣的事，然而按理說，以他來命名的數列在他的生命中應該只是附帶的小插曲。他確實列出這些數，但就僅此而已，一直要到 19 世紀，才由盧卡斯進一步研究這些數，並且發現這個數列在數學上居然這麼有趣。正因如此，我認為盧卡斯和盧卡斯數遭貶到沒沒無聞，而似乎人人都對費波納契數一清二楚，真是遺憾。

另外一件相當著名的事，費波納契數跟黃金比例（又稱黃金分割）有關。黃金比（1.618. . .）是一個常數，以希臘字母 φ 來表示，也因為相關的穿鑿附會之事最多，而在數學上有特殊的意義。可別誤會我的意思，黃金比例確實有一些漂亮的數學性質，好比說，它是剛好比自己的倒數多 1 的唯一正數，但硬要說黃金比例頻頻出現在藝術和建築作品中，我真的覺得有點牽強。也沒有哪個人跟我解釋或提出證據，說明下面這個大家常說、但似是而非的事：人的身高與地板到肚臍的高度是黃金比例。

$$\varphi = 1.61803398874989\ldots$$

$$\frac{1}{\varphi} = 0.61803398874989\ldots = \varphi - 1$$

這給人留下深刻的印象。

這完全不令人印象深刻。

費波納契數和黃金比的關聯是，隨著數列越來越大，相鄰兩數的比值也會越來越接近黃金比。對某些人而言，這個關聯密切到費波納契數等於是黃金比的同義詞，只不過，任何一個以遞迴的方式把兩個整數相加得出下一項的數列，都有這個性質。我試過把前兩項 1、1 換成小於 1,000 萬的隨便兩個整數，果然，所產生的數列在二十項以內的比值始終是 1.618034。把兩個整數相加得出下一項所成的任何數列，都會呈現出黃金比。假如你想確定哪個數列「最黃金比例」，可以從黃金比開始，算出它的各次方（從 2、3、4……）並四捨五入到最接近的整數，這會很完美地構成盧卡斯數列。

$$\phi^2 = 2.618 \approx 3$$
$$\phi^3 = 4.236 \approx 4$$
$$\phi^4 = 6.854 \approx 7$$
$$\phi^5 = 11.090 \approx 11$$
$$\phi^6 = 17.944 \approx 18$$
$$\phi^7 = 29.034 \approx 29$$

黃金比的次方數構成了盧卡斯數。

更令人驚訝的是，我們居然可以利用盧卡斯數概略判定一個數是不是質數。如果一個數是質數，在那個位置的盧卡斯數就一定是該質數的倍數再加1，例如第七個盧卡斯數為29，這個數是7的倍數（即28）再加1，而7為質數。問題是，即使這個方法對所有的質數都有效，但對有些非質數也成立，所以它雖然能確認某個跟條件**不合**的數絕對是合數（即非質數），不過符合條件**並不**代表絕對是質數。通過這個判定法、但實際上是偽裝成質數的合數，就叫做盧卡斯擬質數（Lucas pseudo-prime）。假如我們想**百分之百**確定一個數是質數，就必須引進效力更強的判定法。針對梅森質數，我們使用的是盧卡斯－萊默質數判定法。

盧卡斯－萊默質數判定法也會用遞迴函數來構成數列（盧卡斯－萊默數列），這個數列的第一項是4，接下來的各項是前一個數的平方再減2（見下方）。針對任何一個梅森數（如 $2^3 - 1 = 7$ 和 $2^8 - 1 = 255$），先取2的該數次方（譬如例子裡的3和8），這麼一來，如果在該次方前一個位置（也就是第二和第七個）的盧卡斯－萊默數是梅森數的倍數，這個個梅森數就是質數。

盧卡斯－萊默數

4; 14; 194; 37,634; 1,416,317,954;
2,005,956,546,822,746,114; 4,023,
861,667,741,036,022,825,635,656,
102,100,994...

我們可以拿例子判定一下。舉例來說，7這個梅森數等於2的三次方再減1，於是我們去看第二個盧卡斯－萊默數，也就是14，這個數是7的倍數，所以現在我們知道7是梅森質數。若要判定第八個梅森數 $2^8 - 1 = 255$，就找第七個盧卡斯－萊默數（那是個比4兆兆兆多一點的龐大怪物），看看它是不是255的倍數。結果不是。

假如判定的結果不是，那麼它一定不是梅森質數。盧卡斯就是靠這個方法確認第 67 個梅森數一定不是質數，儘管並不知道它有哪些因數。盧卡斯也用了這個方法證明第 127 個梅森數是質數，使它成為（現在仍是）在沒有電腦幫忙的情況下所找到的最大質數（關於梅森質數的更多細節詳見〈書末解答〉）。

正如你看到的，盧卡斯－萊默數很快就變得大得離譜，計算起來真的是折磨人。然而，在每一步你只要知道數列裡的那一項除以檢驗中的梅森數所得的餘數，也就是說，如果你想檢查梅森數 $2^{13} - 1 = 8,191$，就把每個值算出來，找出它除以 8,191 所得的餘數。這會讓數值比較容易處理，而數列的第 12 個數果真沒有餘數，就證明了 8,191 是質數。盧卡斯可以手算出相同數列中的數跟 $2^{67} - 1$ 和 $2^{127} - 1$ 相除的餘數，而證明那兩個數分別是合數和質數。如果你想挑戰一下，就用盧卡斯－萊默數列來證明 $2^{17} - 1 = 131,071$ 是質數。

盧卡斯－萊默數除以 8,191 的餘數
4; 14; 194; 4,870; 3,953; 5,970;
1,857; 36; 1,294; 3,470; 128; 0

現在大家一起來

我們講個數學笑話，放鬆一下心情。

無限多個數學家走進一間酒館。第一個人點了一品脫的啤酒，下一位點了半品脫，第三位點了四分之一品脫，第四位點了八分之一品脫，以此類推。被惹惱的酒保倒了兩品脫，重重擺在吧檯上，然後說：「你們這些數學家要知道你們的極限！」

如果有個函數要輸入無限多個值，卻輸出一個值，這會是什麼情形？沒錯，

可能會有函數是把無限多個數字相加起來，最後給你一個數值。無限多個數加總（以下稱為無窮總和）的結果居然不會（自動）變成一個無限大的總數，這似乎跟我們的直覺相反。如果把所有的整數全部加起來，就一定會得出你所預期的無限大總數，因為數字越來越大，繼續加下去會讓總數變得越來越大，答案急速擴大，大到無法想像。在數學上，我們把這稱為「發散」，因為答案變大的速度就像飛一般快。然而還有一個選擇，就是把數目無限多但一個比一個小的物件相加起來，在這個情況下，總數有時候會「**收斂**」到一個實在的答案。我要再說一次：無限多個東西**真**的有可能相加出有限的答案。

剛才那個無限多位數學家點啤酒的笑話會成立，是因為每個數學家所點的分量都比前面的人小杯——具體來說，是前面那位的一半。所以雖然點啤酒的人數無限多，所點的啤酒卻沒有無限多，總共只有兩品脫。如果你用一個正方形來表示一品脫，就很容易看出這個結果。由於後續所點的每一份都是前一份的一半，因此也占了剩下的空間的一半，所點的總量永遠不會超出這兩個正方形。需要無限長的人龍，才有辦法總共點兩品脫。像這樣的無窮總和答案，稱為這種總和的極限。

不過要注意：有時候很難判斷某個無限總和最後會不會收斂到一個總量，或是它會不會發散，沒有乾淨俐落的答案。光是數列裡的數越來越小，這樣還不夠。最出名的例子，就是所有單位分數（即分子為 1、分母是正整數的分數）的總和。若把 $1 + 1/2 + 1/3 + 1/4 + 1/5 + ...$ 相加，雖然所加的數越來越小，但總和似乎不會收斂到某個極限。這個無窮總和叫做調和級數，第一個證明出它發散的是 14 世紀的法國數學家尼可 · 奧雷姆（Nicole Oresme）。[1]

1　數學家用「級數」（series）一詞來指「數列的總和」。

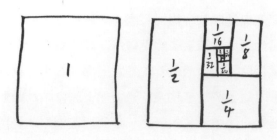

$$1 + \frac{1}{2} = 1.5$$

$$1 + \frac{1}{2} + \frac{1}{4} = 1.75$$

$$1 + \frac{1}{2} + \frac{1}{4} + \frac{1}{8} = 1.875$$

$$1 + \frac{1}{2} + \frac{1}{4} + \frac{1}{8} + \frac{1}{16} = 1.9375$$

$$1 + \frac{1}{2} + \frac{1}{4} + \frac{1}{8} + \frac{1}{16} + \frac{1}{32} = 1.96875$$

$$1 + \frac{1}{2} + \frac{1}{4} + \frac{1}{8} + \frac{1}{16} + \frac{1}{32} + \frac{1}{64} = 1.984375$$

$$1 + \frac{1}{2} + \frac{1}{4} + \frac{1}{8} + \ldots + \frac{1}{1024} = 1.999\ldots$$

　　奧雷姆加入費波納契，也成了數學史上的異數。幾乎毫無例外的，古希臘人在久遠以前做了一些數學，然後歐洲就什麼事也沒發生，一直維持到 16 世紀或更晚為止。奧雷姆和費波納契是例外。發現調和級數發散的時間，剛好落在歐洲差不多一千年沒發生什麼大事、但世界其他地方卻有一些數學進展的那段空白。奧雷姆不僅證明了調和級數發散，也是繪製函數圖形的開天闢地人物。**而且**他比牛頓還早幾百年運用速率－時間關係圖。

　　奧雷姆的天才之處，在於做出一個絕對比調和級數更小的新級數。他先列出所有的單位分數，然後把分母不是 2 的某次方的那些數，換成一個比它小、且分母為 2 的某次方的數。由於這些新的分數不是跟原來的相同就是比較小，

因此這個新的級數和會比調和級數的和來得小。但當奧雷姆把其中相同的分數分成一組，每組相加的結果都是 1/2，就得到一個 1/2 的無窮數列總和，這**百分之百**發散。這又回過頭表示較大的調和級數也必定發散。奧雷姆證明了，不斷遞減的數列仍有可能是發散的（他的證明佚失了一段時間，而在 17 世紀有人獨立地重新發現了同樣的結果）。

$$\underline{總數} = 1 + \tfrac{1}{2} + \tfrac{1}{3} + \tfrac{1}{4} + \tfrac{1}{5} + \tfrac{1}{6} + \tfrac{1}{7} + \tfrac{1}{8} + \tfrac{1}{9} + \tfrac{1}{10} + \tfrac{1}{11} \cdots$$

$$\underline{總數} > 1 + \tfrac{1}{2} + \underbrace{\tfrac{1}{4} + \tfrac{1}{4}}_{=\frac{1}{2}} + \underbrace{\tfrac{1}{8} + \tfrac{1}{8} + \tfrac{1}{8} + \tfrac{1}{8}}_{=\frac{1}{2}} + \underbrace{\tfrac{1}{16} + \tfrac{1}{16} + \tfrac{1}{16}}_{=\frac{1}{2}} \cdots$$

$$\underline{總數} > 1 + \tfrac{1}{2} + \tfrac{1}{2} + \tfrac{1}{2} + \ldots$$

證明所有單位分數的總數非常大。

不過，即使你知道某個無窮數列的總和收斂，也很難算出總數是多少。數學家知道平方數的倒數和收斂，但沒有人能算出這個總數。1644 年，義大利數學家皮耶特羅・蒙哥利（Pietro Mengoli）向數學家下戰帖，要大家想辦法找出這個總和，這個問題現在稱為巴塞爾問題（Basel problem），命名自瑞士的城鎮巴塞爾，計算面、邊與頂點數的那位數學家歐拉就是在巴塞爾出生的，他是史上最了不起的數學家之一。讓歐拉在數學圈一炮而紅的就是解出（命名還真是恰當的）巴塞爾問題。1735 年，他推導出：

$$1 + \tfrac{1}{4} + \tfrac{1}{9} + \tfrac{1}{16} + \ldots = \tfrac{\pi^2}{6}$$

這個結果仍然讓我百思不解。不知什麼原因，把平方數的倒數全加起來居

然會等於 π 平方的 1/6。算式裡看不到圓，但是 π 突然不知從哪冒出來（漂亮的 π）。這又讓我們見識到數學更深層的連結性。找到並證明這個結果是很了不起的數學功績，理所當然也讓歐拉出了名。還要再過差不多一百年，才有數學家提出可靠的方法，來處理這類有無限多個輸入值的函數。

來認識一下白努利數

你也許已經注意到，我們有好一段時間沒用到剪刀和紙，甚至氣球和吸管，這或許開始令人覺得想吐。我很清楚，談到數列還有函數可能會勾起一些人的不愉快回憶，想到求學時期沒完沒了的乏味代數課。他們甚至有可能在半夜冒冷汗驚醒，大叫：「cos 三倍角就是箍三等於四箍三減三箍！」（「**箍**」是台語發音的「**塊錢**」。）

但沒關係，沒什麼好怕的，我不會把你送回學校，這是截然不同的事情（儘管表面上跟課堂很相似）。坦白說，如果有一整個跟函數與正方形有關的領域可玩，數學家絕不會只把自己限制在幾何形狀的神奇和可發想出來的謎題。所以我們也準備加入他們，只不過，現在的這種樂趣稍微抽象一些，所做的事情只存在於你的腦袋裡。不要因為小時候被二次方程式咬，就錯失這個機會。

我們開始吧！

快快快，你能不能算出：

- 前四個立方數的和？
- 前十個奇數的和？
- 這兩個答案為什麼會相等？

在這一節，我要介紹我所知道最強大的函數。有其他的函數比這更漂亮、更有用，而且像這章最後會談到的函數那樣，揚言要動搖數學的根基，但接下來要介紹的這個函數是我的最愛，我就喜歡它的純粹威力。它是個醜陋又壯碩的函數，但不管你丟給它什麼問題，它都會解決。我準備教你怎麼運用這個函數，然後再告訴你如何對付它。

就像剛才設下的謎題，如果你開始把數列相加起來，就能算出一些有趣的結果。把連串的整數 1、2、3、4、5……相加，不管加多少個，都會得出一個三角形數（見第 49 頁）。前 n 個整數的和，就是第 n 個三角形數。稍微古怪一點的是，如果把奇數的數列相加起來，總和一定會是個平方數（正方形數）。更怪異的是，立方數的數列相加得到的總數永遠是三角形數的平方。下文有雷慎入！把前十個奇數相加，會得出第十個平方數：$10^2 = 100$，而把前四個立方數相加，會得到第四個三角形數的平方：$10^2 = 100$。

$$1 + 2 = 3 \qquad 1 + 3 = 4$$
$$1 + 2 + 3 = 6 \qquad 1 + 3 + 5 = 9$$
$$1 + 2 + 3 + 4 = 10 \qquad 1 + 3 + 5 + 7 = 16$$
$$1 + 2 + 3 + 4 + 5 = 15 \qquad 1 + 3 + 5 + 9 = 25$$

產生三角形數及平方數。

不過，把整數相加可能會變得很單調乏味。幸好有捷徑。

有個著名但可能是杜撰的故事，說到德國數學家卡爾·弗利德里希·高斯（Carl Friedrich Gauss）在孩提時把一個數列相加起來的事情。老師顯然是不想讓學生閒著沒事做，所以出題目要小高斯從 1 加到 100，結果高斯幾乎馬上就算出答案：「5,050。」老師問他的時候，他解釋說 1、2、3、4……98、99、

100 這些數可以兩兩配對，寫成 1 + 100 = 101、2 + 99 = 101、3 + 98 = 101，以此類推。從 1 加到任何一個數 n 時，我們也可以做同樣的事。訣竅就是要從兩組數列開始，然後把數值配對。答案應該很眼熟，因為它正是我們在前面就看過的三角形數等式。

$$\text{加總兩次} = \begin{cases} 1 + 2 + 3 + 4 + \ldots + (n-1) + n & \text{把數列由小排到大} \\ n + (n-1) + (n-2) + (n-3) + \ldots + 2 + 1 & \text{把數列由大排到小} \end{cases}$$

$$\text{加總兩次} = \begin{cases} \overbrace{1 + 2 + 3 + \ldots + (n-1) + n}^{n\ \text{個值}} \\ n + (n-1) + (n-2) + \ldots + 2 + 1 \\ n+1 \quad n+1 \quad n+1 \qquad n+1 \quad n+1 \end{cases}$$

$$\text{加總兩次} = (n+1) \times n$$

$$\text{總和} = \frac{n(n+1)}{2}$$

　　現在要進入變出這些答案的終極技巧了。這個函數澈底擊敗這些類型的問題，它可以加總隨便哪種長度的任何次方數列，無論你想算的是前 15 個數的立方和、前 50 個數的四次方和，還是前 87 個數的十三次方和，這個函數都能統統搞定。它的基礎是瑞士數學家雅各・白努利（Jacob Bernoulli）所做的成果，他出生於 1655 年（也在巴塞爾），是白努利數學世家的一員。他不是那位因流體動力學白努利原理而聞名於世的白努利（那是他的姪子丹尼爾・白努利），也不是那位發現羅必達法則（l'Hôpital's rule）和教歐拉數學的白努利（那是他

的弟弟約翰・白努利）。雅各・白努利除了給世人 e 這個常數，也做了自己的大量數學工作，包括在機率論和代數領域的重大貢獻。然而最重要的是，他給了我們一些數，讓以下這個函數成為可能：

$$1^m + 2^m + 3^m + 4^m \ldots + n^m = \frac{(B+n+1)^{m+1} - B^{m+1}}{m+1}$$

如果你想求出前 n 個數的 m 次方和，把那些值代入白努利的等式就會得到答案。不過，等式裡的字母 B 並不是普通的代數符號，而是把數字代入等式的全新方法。你可以像對付其他算式那樣，把 B 移來移去，做代數運算，但當你讓它乘方，事情就不一樣了。B^2 和 B^3 並不是代表 B 的平方和三次方，右上角的小數字是要你去查出一組稱為白努利數（Bernoulli numbers）的數列中的第二項和第三項（分別是 B_2 和 B_3）。我們可以把白努利數想成 B 的一長串特殊次方數，從下表你就能看到這些數。

B_1	B_2	B_3	B_4	B_5	B_6	B_7	B_8	B_9	B_{10}
$-1/2$	$1/6$	0	$-1/30$	0	$1/42$	0	$-1/30$	0	$5/66$

B_{11}	B_{12}	B_{13}	B_{14}	B_{15}	B_{16}	B_{17}	B_{18}	B_{19}	B_n
0	$-691/2730$	0	$-3617/510$	0	$43867/798$	0	$-174611/330$	0	$\ldots$

我們並不清楚白努利究竟在何時發現白努利數，只知道這些數首次出現在 1713 年、白努利過世八年後才出版的《猜想的藝術》（*Ars Conjectandi*）書裡。白努利數不像適合宣傳的費波納契數那麼漂亮俐落，除了第一項外，每隔一個數會是 0，其餘的數則是正負交替，而且全是難處理的分數。這正是我把這個函數形容成醜陋又壯碩的原因。它絕對不是你會在《花花數學公子》（這是我剛杜撰出來的刊物）封面上看到的東西。但在白努利數的醜陋之中，透露出一種詭異的美，若要欣賞這種美，你必須親自試駕這個函數。不妨用來求前四個

立方數的和。要注意，這趟試駕體驗會牽涉到一些要認真處理的括號相乘，及其他代數訓練活動，也許會像回到學生時代的夢魘一般。

實際運用這個等式確實需要多做一點工作。我硬是要讓 $m = 3$（令乘方為三次方）且 $n = 4$，想算出前四個立方數的和，果然，白努利數給我的答案是 100。的確，直接相加 1 + 8 + 27 + 64 求出 100 會更快，但這並不重要。這是相加不管多少個次方數的方法，這是個包含以前所用過的其他技巧的一般化方法。如果你代入 $m = 1$，求單純的（非平方，非三次方，就只是一次的）整數和 1 + 2 + 3……，而保留著 n，這個等式重新排列後就會變成我們熟知的三角形數等式 $n(n + 1)/2$（更多細節詳見〈書末解答〉）。這是數學上的首獎：一個把很多其他方法連結在一起的精簡理論。這也是為什麼愛妲・勒夫雷思要寫史上第一個電腦程式去算出「白努利的數」。這是令人賞心悅目的事。

現在我們要看看能不能破解它。

$$1 + \frac{1}{2^m} + \frac{1}{3^m} + \frac{1}{4^m}\cdots = \frac{2^{m+1}|B^m|\pi^m}{m!}$$

數學家找到的第一個方案，是讓白努利數產生出無窮數列的總和。這個新函數會跑出偶數次方的倒數和，你只要令 m 為某個偶數值，就會自動得出這個無窮級數和。普通的 $m = 2$ 會得出歐拉發現的那個值 $\pi^2/6$，但你也可以取更高次方，算出四次方、六次方等等的倒數和。等號右邊分子裡 $|B^m|$ 的直線符號代表絕對值函數，這樣一來，任何一個白努利數的負號就會被忽略，直接翻轉變成一個正數。

下一個方案就有點愚蠢了。數學家找到一個方法，把白努利數改成可算出整數都帶某個乘方的無窮數列的總和。我們會預期這個答案是無限大，但事實證明有個方法能悄悄靠近答案。數學家利用次方數倒數和的函數，把它變成 m 可為負值，不過負數次方的倒數就是普通的次方數，所以這其實是把無限多個

帶著乘方的數相加起來。

$$\frac{-B^{m+1}}{m+1} = \frac{1}{1^{-m}} + \frac{1}{2^{-m}} + \frac{1}{3^{-m}} + \frac{1}{4^{-m}} + \dots$$

$$= 1^m + 2^m + 3^m + 4^m + \dots$$

我們要做的第一件事就是代入 $m = 1$ 的值，如果你把等號後面的每個正整數加起來，應該會得出總數。這個答案顯然會是無限大，不過這並不是白努利數給出的答案。這些數宣稱答案是 $-1/12$，意思就是：$1 + 2 + 3 + 4 + \dots = -1/12$。

此時有個選擇是把這個答案視為毫無意義的。我們一定是破解了白努利數，因為只有瘋子才會認為所有正整數的總和是 $-1/12$。或者我們可以冒險去想一想，這說不定是對所有正整數總和本質的意想不到之見……

如果你還記得，拉馬努金在寫給英國數學家的信中，就聲稱 $1 + 2 + 3 + 4 + \dots = -1/12$。他非常驚訝哈第認真看待他寫的東西，於是在 1913 年 2 月 27 日的回信中寫了下面這段話：

我以為您的回信會像倫敦的某位數學教授一樣，要我仔細研究無窮級數，不要掉進發散級數的陷阱裡。如果我上次就把我的證明方法告訴您，我相信您也會採取那位倫敦教授的做法。我告訴他，按照我的理論，這個有無窮多項的級數和：$1 + 2 + 3 + 4 \dots = -1/12$。假如我告訴您這個結果，您大概會立刻指出我該進瘋人院吧。

事實證明，拉馬努金不但獨立重新發現白努利數，可能還找到了不止一種證明 $1 + 2 + 3 + 4 \dots = -1/12$ 的方法。這個方法現在稱為拉馬努金求和法（Ramanujan summation），它對於數列總和可能發散的方式，提供了深入的見

解。所有正整數的總和當然是無限大，但如果你能透過某種方式剝開那個無限大的外皮，看看還發生些什麼事，就會看到裡頭有個 −1／12。

ζ 函數

「有了這些方法的輔助，現在就能判定小於 x 的質數有多少個。」黎曼如是說……這也把我們帶到最赫赫有名的數學函數：黎曼 ζ 函數（Riemann zeta function）。在我們談到質數的那一章，我提過黎曼 1859 年發表的那篇論文〈論小於給定大小的質數個數〉，他在論文中提及自己找到一個方法，可計算小於所給出的任何數的質數有多少個。這會讓數學家對質數的本質與分布有深刻的理解。唯一的問題是，他沒辦法證明這個方法絕對可行，不過他倒是證明了，如果 ζ 函數裡看似構成的一直線是真實無誤的，那麼這個質數計數法就是真實無誤的。後來他也沒能證明這件事。

在他發表那篇論文的時代，這是數學家對於質數所能獲知最驚人的見解之一，……只要他們能夠證實某個函數中的對齊直線，聽起來很公平。黎曼的論文只有十頁；他把部分工作留給其他人做，我想這是可行的。要說有什麼差別的話，就是如果一切是對的，可能的情況會讓他過於興奮——興奮到他自己證明不出它是對的。因此毫無疑問，其他數學家不得不工作——不過他們也無法證明。這個此後稱為黎曼猜想的問題，至今仍然沒得到證明。

那麼黎曼 ζ 函數又是什麼？[2] 嗯，我們在前面其實見過了。它根據的基礎是歐拉解出的巴塞爾問題。ζ 函數是所有次方數倒數的總和。用希臘字母 ζ（讀

2　自從黎曼引進這個 ζ 函數的論文發表之後，有一整個比較沒名氣的 ζ 函數家族紛紛冒出來，但一有人（包括我自己在內）寫「ζ 函數」，他們通常是指黎曼原先提出的那個函數。

作「zeta」）當作黎曼 ζ 函數的記法，我們就可以寫下：

$$\zeta(m) = 1 + \frac{1}{2^m} + \frac{1}{3^m} + \frac{1}{4^m} + \ldots$$

這樣很好，因為不僅歐拉破解了這個函數的一些值，現在白努利數又額外給我們很多的值，而且利用這些值就很容易算出 m 為偶數值的 $\zeta(m)$。不過，若要看完整的 ζ 函數，就需要它對任何 m 值都有效。事實上，黎曼不但把這個「巴塞爾函數」擴展到所有的非整數 m 值，還改成同時要輸入兩個值。

但我們已經超越自己了。跟黎曼猜想和 ζ 函數有關的討論，經常會給人「先引誘你上鉤，再設法推銷昂貴商品」的感覺。有人保證你會深入了解質數有多少以及質數的分布，然後突然間你要開始加總所有次方數的倒數。質數跑哪去了？然而這兩者間確實有某種奇特的關聯，而且又要歸結到歐拉身上。

歐拉在研究巴塞爾問題時注意到一件事：把所有正整數之次方數的倒數相加總和，會等於你把某個只用到質數的無窮分數序列相乘得到的乘積。因此，ζ 函數可以寫成兩個不同的等式，其中一個只和質數有關。用到所有正整數的那個等式雖然與用到質數的分數的等式有同樣的結果，但處理起來比較容易。我們知道所有的正整數是哪些，但不知道所有的質數，所以可用一個等式代替另一個。這個跟質數之間的關聯，是黎曼那篇論文的跳板，只要探討次方數的倒數和，對所有（以分數形式呈現的）質數的乘積就會有深入的了解。

$$1 + \frac{1}{2^m} + \frac{1}{3^m} + \ldots = 1 \times \frac{1}{1 - \frac{1}{2^m}} \times \frac{1}{1 - \frac{1}{3^m}} \times \frac{1}{1 - \frac{1}{5^m}} \times \ldots$$

等號左邊是所有的正整數，右邊就只有所有的質數。

ζ 函數的變通性讓它十分有用，卻也讓它很難用。它毫無疑問是個刁鑽、難以捉摸的函數。後來發現，ζ 函數的不同部分可用許許多多不同的等式來表

示。我覺得思考 ζ 函數最好的方式就是把它想像成某個神祕未知的函數，我們人類才正在一點一點發現它，我們偶爾會瞥見它的運作方式，但每次只看見一小部分。我們已經看到的是，若利用白努利數，就會有個等式給出輸入值為偶數時的值。第一個找到正奇數輸入值的等式的是拉馬努金，他在獨自一人的情況下工作；他完全獨立地重新發現了黎曼的 ζ 函數，但就連他也只能破解一小部分。

$$\zeta(2) = \frac{1}{1^2} + \frac{1}{2^2} + \frac{1}{3^2} + \cdots = \frac{\pi^2}{6}$$

$$\zeta(4) = \frac{1}{1^4} + \frac{1}{2^4} + \frac{1}{3^4} + \cdots = \frac{\pi^4}{90}$$

$$\zeta(6) = \frac{1}{1^6} + \frac{1}{2^6} + \frac{1}{3^6} + \cdots = \frac{\pi^6}{945}$$

$$\zeta(8) = \frac{1}{1^8} + \frac{1}{2^8} + \frac{1}{3^8} + \cdots = \frac{\pi^8}{9450}$$

若能對所有的輸入值畫出 ζ 函數的圖形會很有用，這樣我們就能一眼看到這個函數，只不過，光是找出「簡單的」部分的值，就讓歐拉、拉馬努金和幾位大數學家費了很大的工夫，要得到困難的值看來是不可能的任務。可是我們如果只靠一部分的 ζ 函數去乞求，質數並不會交出它們的祕密。我們必須完全搞懂對**所有的**值的 ζ 函數，而且考慮到質數對現代資料安全是多麼重要的基礎，這就值得一番研究。

謝天謝地，有個作弊的方法讓我們弄懂一半。雖然得不出確切的值，但有可能算出「夠好」的值。不妨想像我們不知道歐拉算出的結果 $1/1^2 + 1/2^2 + 1/3^2 = \pi^2/6$，但還是想靠作弊找到答案。我們可以不用算出最終的無窮級數和，只要把夠多的分數項加起來，夠接近答案就行了。只把前三項相加，得出的值為 1.361111111，而 $\pi^2/6 = 1.644934...$——還不怎麼接近。前十項就比

較接近了，跟正確答案相差不到 5.8%。這種計算讓我感到厭煩，於是就寫了電腦程式幫我加總前十億個分數，算出的答案 1.64493405783457 鐵定夠接近了。

$$\frac{\pi^2}{6} = 1.6449340668482264 3647\ldots$$

分數	值	誤差
10	1.5497677731	5.8%
100	1.634983900	0.6%
1,000	1.643934567	0.061%
1,000,000	1.644933067	0.000061%
1,000,000,000	1.644934057834575	0.000000055%

這仍然牽涉到大量的取巧。拉馬努金的一部分天分，就是找到方法得出 ζ 函數在負數時的函數值。我們在前面看到，這些級數和是發散的，會迅速跑到無限大，但拉馬努金能夠抽出答案急速增加的部分，而撇下重要的部分。利用白努利數，他就可以得出 ζ 函數在負數那半邊的函數值——終於給了完整的圖形。這就是以圖形呈現的 ζ 函數。

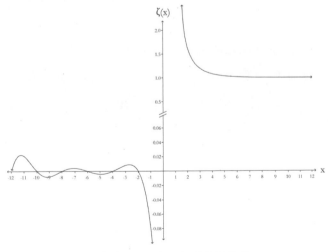

ζ 函數在 −10 到 10 之間的函數值。

從這張圖可以看到，輸入正數時這個函數輸出的值會從無限大往下掉，掉到 1 的上方之後漸漸趨近 1。右半邊沒什麼刺激好玩的事發生，但在負值的左半邊，函數線就來回穿梭，規律地跨越橫軸，每個交點都代表一個為零的函數值。毫不意外地，這些交點就叫做零點（zero），而且這些零點也不令人意外，它們是平凡零點（trivial zero），出現在輸入值為負偶數時，而且我們知道為什麼：這些點剛好都出現了每隔一個即等於零的白努利數。我們又再一次看到白努利數。

　　我們沒看到的是另外一旁的零點家族。黎曼把 ζ 函數擴展到兩個輸入值時，三維的函數圖形中顯現出一小片新的零點，就在原本的軸的旁邊，這些都是出乎大家預料的零點。不僅如此，我們瞥見的這些零點居然還形成一條完美的直線。

　　這是都不是平凡零點，顯然沒有從等式裡冒出來：這些是我們仍未充分了解的「非平凡零點」（non-trivial zero）。怪異的事情是，圖上其他地方可能會有零點，但是全都立正站在一條直線上，而且我們真的不知道為什麼。那些點排成的直線跟原來的數線垂直，而且剛好通過 1/2 這個值，它們在直線上分布得紛亂無序，但全都這麼不偏不倚落在線上。黎曼猜想就是說，ζ 函數的所有非平凡零點都在這條線上。如果能證明黎曼猜想是對的，也就一併證明了那個質數計數方法。在某個基本層面上，這些零點排成一直線的這種奇特怪誕的數學邏輯行為，也就源自質數分布密度的相同邏輯，這看起來毫無道理，不過如果我們能搞懂這種神祕的排列現象，就能知道正整數把它們的質數藏在哪裡。

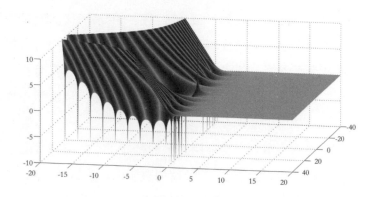

ζ 函數的 3D 圖。你可以看到平凡零點從中間貫穿而過，另外還新增了一條由意料之外的零點構成的直線。這是 ζ 函數的「對數圖」，用來凸顯零點的位置。

　　證明黎曼猜想的嘗試雖然有些進展，不過至今仍未解決。1914 年，哈第設法證明了那條線上有無限多個零點，但沒能證明那條線**以外**沒有別的零點。我們目前知道，有 40％的非平凡零點一定落在那條線上，不過我們必須百分之百確定這是對的，只要有一個零點在其他地方，就會證明黎曼猜想是錯的，讓我們的貌似理解全面瓦解。然而情形並非如此，一切都很不尋常地顯示我們的做法是對的，只是還提不出非常確定的證明。

　　德國數學家大衛 · 希爾伯特（David Hilbert）在 1900 年列出了下個世紀要努力的 23 個最重要的數學問題，黎曼猜想就名列其中，這是因為如果少了黎曼猜想，我們就會失去了解質數的唯一重大線索。然而一個世紀後，在克雷數學研究所（Clay Mathematics Institute）彙整出的同樣重量級難題清單中，仍然有黎曼猜想。克雷數學研究所提供了 100 萬美元的賞金，給率先證明 ζ 函數的所有非平凡零點都落在那條線上的人，但這筆賞金直到今天還未領走。

　　問題是，很多數學家做了黎曼本人做過的事：先假設以後有人會證明這件事，就利用質數計數方法勇往直前了。這件事看起來肯定會發生：正如我們所知，透過電腦，前十兆個非平凡零點已經驗證過了，而且全都落在那條線上。

儘管如此，有很多數學理論在驗證了數量比這還多的情形後證明是錯的，所以還是可能有零點不在線上，只是我們還沒找到。證明黎曼猜想對或錯，會讓很多人欣喜、遺憾或憂喜參半，如果證明這個猜想是對的，那就還有一位領到百萬獎金的幸運兒（倘若證明是錯的，破壞了大家的興致，我敢說那會是個安慰獎）。

　　話說回來，希爾伯特本人仍是存疑的，他曾說：「如果我沉睡了一千年才醒過來，我要問的第一個問題會是：黎曼猜想證明出來了嗎？」言下之意就是，即使過了一千年，這個猜想可能仍然沒人能證明。

14

搞笑的形狀
RIDICULOUS SHAPES

　　請你想像一個不能切成一半的形狀。可
不是某種假想的數學形狀——是你可以用紙做出
來的真實形狀。如果你拿把剪刀從中間剪開，這個形
狀還是會保持完整。這種形狀有可能存在，而且你馬上就
能做一個。先拿兩條長紙帶來，把第一條的兩端黏起來，這樣
就做成了一個紙環，接著也把另一條紙帶頭尾黏起來，但是其中一
端在黏貼之前先翻面，就會做出扭轉了一次的紙環。如果把沒有扭轉
的紙環沿著中心線剪開，你會把它直直剪成兩半，分成兩條比較細的紙環。
有扭轉的紙環就不是這麼回事了：這是個沒辦法剪成兩半的形狀。

來，試試看，把莫比烏斯帶剪成兩半。儘管試試。

　　你還是可以沿著這個扭轉紙環的中心線剪開，剪到你開始剪的位置，所以你會以為剪成兩半了，可是等你剪完一圈把它展開，會發現它依舊是個完好的紙環，但長度變成原來的兩倍。沒有扭轉的紙環一般稱為圓柱面（cylinder），因為從某方面來說它就是一片很薄的圓柱。有扭轉的紙環則以德國數學家奧古斯特 · 費迪南 · 莫比烏斯（August Ferdinand Möbius）的名字來命名，所以我們都稱之為莫比烏斯環或莫比烏斯帶。雖然用莫比烏斯的名字，但第一個發現這種形狀的人不是他，另一位德國數學家約翰 · 班內迪克 · 李斯廷（Johann Benedict Listing）比他早發現；他們兩人都不約而同在 1858 年探究一種扭轉環圈的性質，而李斯廷先提出結果，雖然差距很微小。不過歷史已經確定，「莫比烏斯環」這個名稱就沿用下來了，或許是因為它聽起來比「李斯廷環」更酷（而且原文還有加了變音符號的字母 ö）。

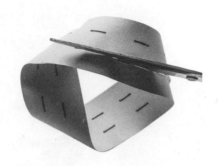

我們當然可以把莫比烏斯環剪成三份……

　　莫比烏斯環因為有違反直覺的行為模式，而在數學界頗受喜愛。不能切成兩半只是其一，所有的奇特性質都歸結到扭轉：那是莫比烏斯環跟圓柱面的唯一區別。莫比烏斯環有個重要的性質，就是它只有一個面。沒錯，如果你想替莫比烏斯環的一個面著色（或是不用那麼有藝術性，只要在中間畫一條線就好），就會發現你辦不到。你從一個面開始動筆畫，不久就會發現你是在另一個面上畫——只是這事實上不是另一面，而是同一面。假如你在莫比烏斯環上從一個點畫一條連續的線連到另一個點，那麼這兩個點都會在同一面。若你是在圓柱面上的一個面畫一條連續的線，就永遠不會畫到它的另一個面。

　　現在你自己做個新的莫比烏斯環：我們要來試試別的東西。這次我們不從中間剪開，而是從距離其中一邊三分之一處剪一圈，過程中一直跟那條邊保持等距離。剪了一圈後，你會發現自己剪的位置是在距離另一條邊三分之一處——說得更確切些，是同一條邊。除了只有一個面，莫比烏斯環也同樣只有一條邊。如果你保持在正確位置，繼續沿著直線剪下去，你就會完成第二圈，並且回到一開始剪的位置。這次你會剪成兩個！

　　事實上，你會剪出兩個長度不同且彼此穿過的環，比較小的那個是莫比烏斯環，而比較長的則是把莫比烏斯環剪成兩半後產生的那個環。如果仔細看你把莫比烏斯環從中間剪開所做出的那個單環，你可以看出它扭轉了不止一次。

把扭轉了一次的莫比烏斯環剪成兩半之後，就有一個扭轉了四次的環！按照邏輯，我們接下來就把它稱作四扭轉環。扭轉次數不同的莫比烏斯環，表現出來的行為也不一樣。

三扭轉環：這好像是在剪過一個資源回收再利用標誌似的。

做個扭轉兩次的環然後剪成兩半，會變成兩個一模一樣且彼此穿過的環；扭轉兩次的環**可以**剪成兩半。不過我最喜歡的是扭轉三次的環。如果你做了一個扭轉三次的環，然後設法把它剪成兩半，最後你不但會有一個單環，那個環還會帶著一個扭結。把沒有打結的環剪成兩半，這個結就會突然冒出來。從這裡開始，你可以隨意嘗試各種扭轉次數：扭轉偶數次永遠會變成兩個環，而扭轉奇數次是一個環。扭轉次數越多，剪出的結果就越纏繞或打越多結。

現在我們要在莫比烏斯環上加莫比烏斯環。先做兩個扭轉一次的普通莫比烏斯環，並把兩個環黏在一起，但重要的是，這兩個莫比烏斯環必須稍有不同。在扭轉一張紙時，你會面臨一個選擇：你可以往順時針或逆時針的方向扭轉。用不同的方式把紙翻面，就會做成不一樣的莫比烏斯環（就像有用右手和用左手的選項，不同的手性），兩個互為鏡像，所以需要各做一個。把兩個環黏起來，且讓它們垂直交叉。接著把兩個環一個接一個剪成兩半，就會剪出串在一起的

兩個心。如果你用浪漫的色紙做這兩個黏在一起的莫比烏斯環，就會做出所能想像到最「宅」的情人節禮物之一。

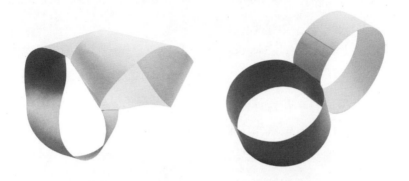

成直角黏在一起的兩個莫比烏斯環和兩個圓柱面。

在我們陷入這個單面浪漫的同時，很容易忘掉沒有扭轉的環，也就是圓柱面。請自己做兩個新的圓柱面環，然後照著剛才黏莫比烏斯環的方法，讓它們垂直交叉並黏起來。把兩個圓柱面都剪成兩半，你剪出的不會是兩個心，而是……我就讓你來找出答案吧。一定要試試看。答案不會附在〈書末解答〉中。

開始浮出表面

如果平坦表面上的任何一張地圖只需四種顏色就能著色，那麼莫比烏斯環上的地圖需要幾種顏色？事實證明答案是六種。四色定理只適用於平面：如果搬到莫比烏斯環的表面上，每件事都會變得不一樣。當你把用紙做出的莫比烏斯曲面剪開時，這個曲面不但有奇特的行為，還會產生各種怪異的數學。

要了解莫比烏斯環為什麼不能剪成兩半，你可以再試一次，一邊剪一邊仔細觀察剪刀。剪完一圈回到原點時，發生了某件很重要的事：現在剪刀上下翻

轉過來了。剪圓柱面的時候不會發生這種情況——剪完一圈回到起點時，剪刀的方向仍然完全相同，而且你把一條剪成兩條。剪刀在莫比烏斯曲面上移動的路程，叫做反轉賦向路徑（orientation-reversing path），只要沿著這條路徑走，剪刀的賦向（orientation，或譯定向）就會改變。

我發現，莫比烏斯環有反轉賦向路徑，是比它只有一個面還要奇怪的性質，不過更怪的事還在後頭。我們目前都是在紙上製作莫比烏斯環的模型，但這可能會產生誤導。紙張有正面和背面，而且兩面隔著一點厚度，數學家在思考莫比烏斯環這樣的物件時，是當作由無限薄的面構成的：正面和背面之間沒有半點厚度。數學上的面，是沒有厚度的二維世界；它會是個非常怪異的居住天地。

這是個無限薄的曲面。

我們在前面認識的「次平面人」，就居住在完全扁平的二維平面上。不過一個面可以是二維的，但嚴格來說卻不是平的。我們已經用過氣球，來代表彎起來跟自己接在一起的二維（曲）面。住在球面二維世界的「次平面人」可以朝著一個方向開始走，最後發現自己回到起點！但如果我們把「次平面人」二維世界變成莫比烏斯環面，會是什麼情形呢？他們出發後同樣可以直直向前走一圈並回到起點，只是這次他們會上下顛倒過來。在莫比烏斯曲面上，上下與左右都沒有什麼永久的意義了，因為你若是走在一條反轉賦向路徑上，上下和左右都會顛倒互換。我們會說莫比烏斯曲面是不可賦向的（non-orientable，**或譯無賦向的**）曲面。在莫比烏斯曲面上生活，確實會是非常奇怪的體驗。

箭頭只須往前移動，就會從朝下變成朝上。

　　這正是繪在莫比烏斯曲面上的地圖為什麼可能需要用到六種顏色之多。沒有厚度的意思就是指，如果替曲面的一部分塗上顏色，兩個面的顏色都要相同，而地圖的其中一邊跟對邊相連，只是上下顛倒。把下面這個還未捲起的莫比烏斯帶裁下來，做成一張需要用到六種顏色的莫比烏斯地圖，地圖上每一塊都要跟隔壁不同色，所以這六塊要各塗一種顏色，背面也務必用相同的方式來著色。等你把它扭轉再黏貼好，就可以檢查六塊區域是否都和其他五塊沾到邊。如果任兩種顏色沒有碰到，就表示可以用同色，可是如果六塊區域的每一塊都跟其他五個顏色沾到邊，這張地圖就無法用更少的顏色完成著色。

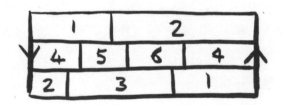

　　倘若我們帶「次平面人」去住在一個環面（形狀像甜甜圈）的表面上，又會是什麼情形？嗯，環面上沒有反轉賦向路徑，所以會有左右之分，這樣很好。環面是可賦向的曲面，不過奇怪的是，在環面上無論繪製什麼地圖，都需要用到多達七種顏色。水電瓦斯問題在環面上是可解的，正如我的馬克杯示範給大

家看的。如果你想要替馬克杯上的圖案著色，可能需要七種顏色之多，才能確保同色的兩塊不會碰在一起。拿個白色馬克杯和一枝白板筆，看看你能不能辦得到。

有趣的是，這些性質（一張地圖可能需要多少顏色，能不能在沒有交叉的情形下畫出水電瓦斯圖）跟這些曲面的實際形狀毫無關係。舉例來說，馬克杯和甜甜圈是截然不同的形狀，然而兩者本質上都是環面。不像在幾何學中，物體的實際形狀非常重要，這個新的數學領域比幾何學更伸縮自如，而我們研究的對象是一個（曲）面的性質。

關於曲面的研究開始於 18 世紀初期，當時歐拉想把這種研究稱為「位置的幾何學」（geometria situs），這個名稱流行了一段時間，但到 19 世紀這個數學領域顯出自己的本事時，那位被遺忘的莫比烏斯環發現者李斯廷所提議的名稱「拓樸學」（topology）就傳開了。此後拓樸學發展成龐大的數學領域，涵蓋了各種曲面的研究，不管它們拉伸成什麼形狀。

同一個數學物件可變形成新的形狀，這個概念我們現在應該很熟悉了——我們已經在扭結和圖上做過同樣的事。還有，正如我們把同一類的扭結稱為「合痕類」，在拓樸學中，可互相變形的形狀叫做同胚（homeomorphic，homeo 意指「保持相同」，而 morph 是「形式」的意思），這些形狀都屬於同一個同胚類（homeomorphism class）。因此，馬克杯與環面是同胚的。雖然拓樸學家和扭結理論家有同樣的問題——如何迅速確認哪個曲面是哪個，不論結或曲面變形到什麼地步，但是，拓樸學家已解開這個問題。

而且我們已經發現這個祕密了：歐拉示性數！我們在第 5 章看到，封閉曲面上任何一個帶有一個洞的形狀，總是可以表示成**頂點數－邊數＋面數＝0**，這代表所有跟環面類似的曲面的歐拉示性數都為 0。如果要計算歐拉示性數，可以用 2－**(2×洞數)** 這個算式，也就是說，拓樸學家會用洞的數目為曲面分類，只不過他們把洞數稱為曲面的**虧格**（genus，記為 g，這個字又是從生物學家那

兒偷來的）。[1] 用歐拉示性數來定義曲面虧格的想法，是黎曼本人在 1851 年提出來的，但是他沒有證明這在判別曲面方面永遠有用。莫比烏斯在 1863 年證明，虧格相等的任意兩個可賦向曲面一定是相同的曲面，儘管以不同的方式變形。到 1882 年，德國數學家菲利克斯‧克萊因（Felix Klein）證明出一個稍有不同的結果：不光是虧格相等的可賦向曲面永遠會有相同的曲面，而且兩個曲面的虧格如果不相等，就不可能是相同的曲面。

然而虧格的神奇之處在於，即使最初有賴可賦向曲面上的洞數，但又不限於這個範圍。對於可賦向曲面，你可以利用歐拉示性數 = 2 − (2× **虧格**)，從歐拉示性數算出虧格。不可賦向封閉曲面的虧格也跟歐拉示性數有關，但透過的是另一個關係式：歐拉示性數 = 2 − **虧格**。現在，虧格的概念影響到幾個數學領域，你可以給多面體、圖、曲面等形狀指定一個虧格，它就會告訴你這些形狀之間有怎樣的關係。超四面體（正五胞體）跟 K_5 圖有關，又跟環面有關。虧格是作用十分強大的概念，把大部分的數學繫在一起。

我們也可以利用曲面的虧格檢查地圖大概會需要多少個顏色。下面這個公式會告訴你，可賦向曲面上的地圖最多需要多少個顏色來填，而且相鄰的兩塊不同色：

$$\text{所需顏色個數的上限} = \left\lfloor \frac{7 + \sqrt{48g + 1}}{2} \right\rfloor$$

你可以把 $g = 1$ 代進去驗證一下，會算出環面最多需要七種顏色。如果你必須替帶有兩個杯柄的馬克杯著色，這個公式會算出你需要八種顏色。公式裡代表無條件捨去的符號，是指有時候洞的數目雖然不同，需要的顏色卻一樣多，譬如六柄馬克杯需要 12 種顏色，但七柄的馬克杯也需要這麼多，而一旦你有 100 種顏色，替杯柄數從 776 到 792 的馬克杯著色就夠用了。我不確定哪一件

1　genus 在生物學上是分類階層當中的「屬」。

事比較難想像：是 792 柄的馬克杯要如何劃分成 100 塊，每塊都跟其他 99 塊碰到邊，還是該怎麼用這個杯子喝茶。

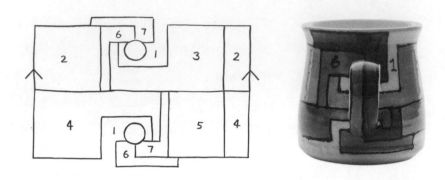

馬克杯上有七種顏色，每種顏色都跟其他六種沾到邊。

結的虧格

　　把扭轉三次的環剪成兩半，冒出來的結看起來應該似曾相識。沒錯，正是三葉結。扭結當然跟曲面有關。把扭轉了奇數次的環剪成兩半，只要扭轉次數不同，就會產生出不同的結，原因是這種曲面的外邊緣本身就是一個結！如果在扭轉三次的環的邊（只有一條邊），你就會看出它是個三葉結。不過，邊上有三葉結的曲面不止這一種。為了避免曲面的邊跟你所畫或投影到的圖或多邊形的邊混淆不清，不妨把曲面的邊正式稱為邊界。

　　我們可以打個結，然後利用一個老朋友——肥皂膜，把這個結變成某個曲面的邊界。用夠硬的鐵絲打出一個結，並浸在肥皂水裡，肥皂膜會附著在鐵絲框上，形成一個曲面。不管鐵絲上的結怎麼打，它都會給你最小的曲面，不過只要把鐵絲弄成不同的形狀，你就能做出各種不同的曲面。難就難在要找出虧

格最小的可賦向曲面。[2] 若找到了，這就是這個結的正式虧格。正如要找一個結的最少交叉數，這件事會變得非常繁瑣。

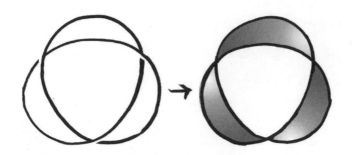

三葉結成了曲面的邊界。

由扭結構成的可賦向曲面叫做賽佛特曲面（Seifert surface），命名自德國數學家、拓樸學家赫伯 · 賽佛特（Herbert Seifert）。德國在 1933 年 1 月希特勒掌權前，是上世紀之交數學發展重鎮。1935 年，身陷納粹陣營的賽佛特被調到海德堡大學，去填補希特勒強迫所有非雅利安出身的教授退休後留下的空缺。賽佛特確實不是納粹支持者，第二次世界大戰期間他把政治表態偷偷放進數學論文的題詞中，到了戰後，他是同盟國信任的少數教授之一。

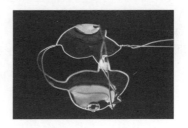

虧格為 1 的曲面的三葉結邊界。

2　要找出帶有一條邊界的曲面的虧格，比我們目前為止探討過的封閉曲面虧格更複雜些，但當然還是可以找到。實際上就是把這條邊界黏合起來。

賽佛特在 1934 年提出了他的曲面，這個曲面看起來像功能強大的紐結工具。如果任何一種扭結都有可能跟一個曲面和虧格配對，針對其他有相同虧格的物件發展出來的數學理論就可以應用到扭結理論上。然而就如結一般，每件事都比表面上看起來的還要難。經由嘗試錯誤找到賽佛特曲面，這樣還不夠好。但賽佛特隨後提出了賽佛特算法，用來把任何一種結和其最小虧格的賽佛特曲面配對。大概是這樣。傷腦筋的是，這個算法有時候沒用。儘管扭結理論學家已經證明，賽佛特算法絕對能用於所有類型的結，但在 1986 年有人證明，對於某些結，這個算法無法產生有最小虧格的賽佛特曲面。一如既往，這還需要做很多扭結研究。

扭結理論學家茱莉亞 · 柯林斯（Julia Collins）針織出的三葉結賽佛特曲面。

　　儘管有時候仍需要費很大的工夫去計算，結的虧格可能還是非常有用的。非結是唯一虧格為 1 的結，在扭結加法下，加總得出的結的虧格會等於兩個結的虧格相加在一起。此時此刻，我們早已把洞丟在腦後。曲面上的洞是讓我們賦予虧格的方式，但現在我們也可以把虧格視為扭結本來就有的性質，用不著什麼洞。若以 $g($ 結 $)$ 代表求扭結虧格的一般函數，我們就能寫出 $g($ 結 A ＃結 B$)$ ＝ $g($ 結 A$)$ ＋ $g($ 結 B$)$。這件事產生的後果就是，由於曲面的虧格永遠是正數，把兩個結相加起來永遠不可能得出為 0 的虧格（除非是兩個非結），這就證明了扭結相加後不會互相抵消。我們現在知道，永遠不能靠著加一個結的方式去解開另一個結。

存在於扭結與扭轉曲面之間的關係，也是 DNA 會變得這麼糾結纏繞的原因。如我們所知，沿著扭轉過的環的中線剪開永遠會變出扭結和糾結——這正是一段圓形的 DNA 分開時發生的情況。我們可以把 DNA 分子的雙螺旋形狀想成一條長長的扭轉紙帶，那麼有些細胞會進行額外步驟，把 DNA 的兩端相連成環；很多種細菌的 DNA 就是圓形的。DNA 為了複製，必須像拉拉鍊般把自己從中間拉開，DNA 長鏈的拓樸結構就影響了隨後會形成哪些結。扭結理論學家研究的這個情形，屬於現代微生物學研究的一部分。

認識一下曲面家族

我們來舉一個簡單的遊戲，把它變得更有挑戰性。井字遊戲的問題在於，大多數時候沒有人贏，如果雙方對遊戲的策略有一點點了解，那麼每一盤最後都會陷入僵局。假如有辦法保證每一盤都能分出勝負，不是很好嗎？嗯，我替你準備了曲面。在圓柱面上玩井字遊戲吧。在圓柱面上，保證每次都有人贏。

或是在莫比烏斯曲面上玩，或在環面上。你可以在隨便哪種曲面上玩井字遊戲。倘若你想在圓柱面上玩，你當然可以用紙做個真實的圓柱，然後在上面畫井字，如果你很懶，那就只要畫個普通的井字棋盤，然後記住一邊會包到另一邊，在數學上，可畫兩個箭頭來表示這種情形，規則就是棋盤要扭轉，好讓箭頭方向吻合。這些配對指示可以擴展到使用兩對箭頭，把你的井字棋盤變成真正的環面。也許你認為以前從沒在環面上玩過遊戲，不過如果你試過 1979 年的電玩遊戲「爆破彗星」（*Asteroids*），你就玩過了。從螢幕的一側跑出去後，你會從另一側回到螢幕上，就像飛在類似環面的世界裡一般。

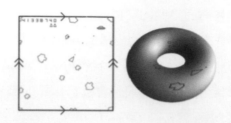

平的「爆破彗星」螢幕實際上是個類似環面的宇宙。

正如數學家總是在力求完整，這些配對指示也引出了一個有趣的問題：其他的箭頭排列方式會產生出哪些形狀？要把正方形的對邊配對，事實上只有另外兩種配對方式可選，而且兩種都不會形成可做出的形狀。至少在三維中不行。最後兩種曲面只能在四維中成立。這些全是二維的曲面，只不過連接起來所需的維數會在二維、三維、四維之間變動。

若沒有任何配對指示，就會留下一個空白的正方形，看似可稱為圓盤（別忘了這是拓樸學，確切的形狀並不重要：圓盤跟正方形是相同的）。這是個平的二維面，需要的維度不超過兩個。「次平面人」對圓盤會很滿意，對圓柱面也會很滿意。如果給「次平面人」一個正方形，附帶圓柱面的配對指示，他們仍然可以在自己的平面二維世界裡把箭頭接在一起。結果會像一個環形（annulus，即挖了一個洞的圓盤），不過它在拓樸學上跟圓柱面是一樣的。圓柱面是可存在於二維世界的二維曲面。

然而，這對於莫比烏斯環就不適用了。如果給「次平面人」一個正方形，附帶莫比烏斯環的配對指示，他們會卡住。在不把一端提起來翻面的情況下，不可能把那兩個箭頭接在一起。由於有扭轉，莫比烏斯環是個需要三維空間來相接的二維曲面。環面也一樣，表面或許仍是無限薄的，但就只能在三維中接在一起。最後兩個曲面分別稱為克萊因瓶（Klein bottle）和射影平面（projective plane），兩者都是需要四維空間才能完好相接的二維曲面。

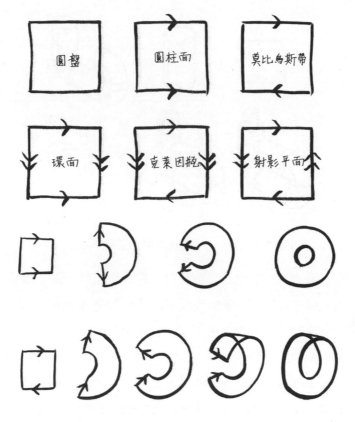

在二維中做圓柱面和莫比烏斯環。這個莫比烏斯環會自我交叉。

　　我最喜歡的是克萊因瓶，命名自我們在前面見過的克萊因，這個曲面是他在 1882 年發現的，它是帶有一對互換相配箭頭的環面。我們大致可以把它當成扭轉了的環面，就像莫比烏斯環是扭轉了的圓柱面，只是這個扭轉不是我們一般理解的那樣：克萊因瓶是在四維中把圓柱面的一端翻轉後再接到另一端，所做成的環面。如果我們想在三維中遵照配對指示，就不得不作弊，先把圓柱面的一端推穿過自己，再把兩端接起來做成克萊因瓶，這樣就是四維克萊因瓶的三維投影。

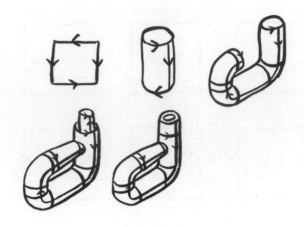

在三維中做克萊因瓶。這個克萊因瓶會自我交叉。

　　如果去看三維莫比烏斯環的二維投影，它一切正常，除了邊界有一小段看上去像是穿過了另一小段，這種自我交叉是我們想把曲面放進太少的維度時須付出的代價。當我們強制克萊因瓶出現在三維中，也會發生同樣的事：自我交叉。當一個曲面能夠愉快存在於特定維數的空間中，而且沒有自我交叉，我們會說它可以嵌入（embedded）該空間中。圓柱面可嵌入二維空間，莫比烏斯環可嵌入三維空間。沒有夠多的維度讓曲面安身時，它就只好開始穿透自身。當然啦，我們還是可以把莫比烏斯環壓扁，塞進二維空間，但它在那裡沒有歸屬感。克萊因瓶可以浸入（immerse）到我們的三維空間，但是永遠無法嵌入三維空間。

　　剩下的曲面——射影平面，是把環面上的兩組配對箭頭都轉到同方向而成扭轉狀的情形。射影平面和克萊因瓶都是不可賦向的曲面，但我覺得射影平面最難想像出來，三維中的射影平面多半也沒有很大的幫助。有個想像的方式，是想像你把四維中的莫比烏斯環拉長，讓它的邊界構成一個圓（這件事在四維中毫無困難，但在三維中曲面就會擋在中間），然後把那個圓封起來。還是沒什麼幫助嗎？那好吧，至少克萊因瓶很容易想像，它的三維版本甚至可以用玻

璃做成瓶子的樣子，或是用羊毛織成帽子。

標準的克萊因瓶，以及變形成克萊因啤酒杯的克萊因瓶。

　　我在網路上看過幾個針織的克萊因瓶，所以就問我媽能不能織出浸入三維的四維克萊因瓶給我當帽子戴。她聽完就只是看著我，接著我們展開一段很長的對話，我講數學，我媽講流利的針織術語，不過因為她是很盡心盡力的編織者，最後她把它織出來了。她替我織的第一頂（我叫它原型帽，她叫它完美無瑕的禮物）很成功，但只用了一種顏色，我問她能不能織一頂條紋帽。這在編織上顯然很容易做到，只要每幾排換一次顏色就行了，所以我把帽子上每個條紋需要多厚列給她。照片裡我頭上所戴的就是我的克萊因條紋帽，條紋是 π 的數字。如果誰有比這更怪咖的帽子，我想瞧瞧。

如果哪天碰到「超假想外星人」，我們應該戴著這種四維的帽子去迎接他們。

　　我覺得用四維帽子來結束我們的拓樸學之旅是很好的選擇。假如你想自己織一頂，可以用我的條紋圖案，或者你想來點挑戰，那這會是最頂級的挑戰。畫在克萊因瓶上的任何一張地圖都能用六種或不到六種顏色來著色，所以可試試看織成六個不同色塊，每個色塊都跟其他五種顏色相鄰。還有，要是你不小心把克萊因瓶剪開，會發生什麼情形？它會不會像莫比烏斯環一樣，不可能剪成兩半？嗯，如果你用恰當的方式剪開，就會剪出……一個莫比烏斯環。

15

更高的維度
HIGHER DIMENSIONS

雖然我用了一整章專門談第四個維度，
不過更高的其他維度將不得不共用一章，原因並
不是這些維度變得比較容易想像（差遠了，高維的物
件會毫不猶豫就擊中你的視覺皮層），而是因為一旦你跨
過了三維到四維的概念障礙，就很容易把模式繼續擴展到五維
及更高維。接受比自己所能理解的維度更高的維度，需要一些有說
服力的論證，不過一旦你讓這些高維度進入自己的生命，就再也停不
住腳步，往越來越高的維度走去。我們的旅程準備從五維開始，最後停在
196,883 維，沿途會欣賞一些奇異的風光。

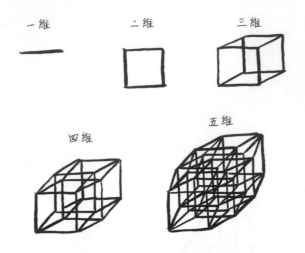

四維　　　　　　　五維

從一維到五維的立方體。

　　我們從簡單的開始。你能不能想辦法繞五維的立方體一圈？嗯，要做出第五個維度，我們先取前四個維度，然後在垂直於這四個維度的方向上加一個新的方向。從頂點與邊來思考五維的立方體很容易：它是配對頂點之間有新的邊相連在一起的兩個四維立方體，總共會有 32 個頂點，由 80 條邊相連。如果你想把所有的頂點都走過一遍，繞五維立方體的哈密頓路徑就會像解五個圓盤的河內塔一樣。同樣地，對於六維立方體、七維立方體等等，可按照同樣的方式繼續下去。

　　我們在前面提過網路上的四維魔術方塊，嗯，也有五維的。這些高維的魔術方塊依然可以**投影**到較低的維度，所以能看到其投影，只是我們現在看到的是投影的投影。假如你想試解網路上的五維魔術方塊，就會在螢幕上看到五維立方體的四維投影的三維投影的二維投影。頭昏了嗎？很好。我覺得超過五維的東西都需要非常多投影的投影，使得最後得出的圖像沒什麼用處。到了五維以上，我們必須更加依賴數學，而不是設法看出投影到三維或二維之後的形狀看起來如何。

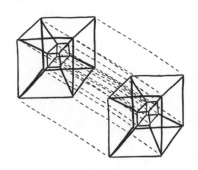

五維立方體的不同視圖。

　　不過，很多高維的形狀不肯表現得像我們熟悉的普通三維形狀，因此我們的直覺幾乎沒有幫助。有些高維形狀的行為十分古怪，起初看似是不可能的。立方體也許還很容易領會，高維中的球體可就離奇了，舉例來說，如果我們想把超球體困在盒子裡，會發生什麼情況？它會自己逃出去。

　　為了示範這件事，首先我們需要一個盒子──隨便哪個方便的超立方體都行，而接下來就要想辦法量測高維中的東西，在此我們可以利用畢氏定理。我們已經知道怎麼用畢氏定理算出長方形的對角線長，但這個定理可一直延續到更高維去。用畢氏定理計算三維中對頂點之間的空間對角線長（「空間對角線」應該要列為數學上最棒的名詞之一），方法是相同的，而且在不管多少維中度量超空間對角線的用法也始終一樣。

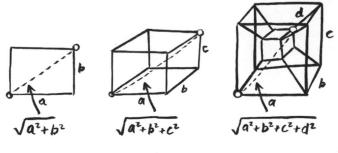

空間對角線。

有趣的是，即使在二維中可以找到邊長與對角線長均為整數值的長方形（譬如 3×4 長方形的對角線長為 5，而 5×12 長方形的對角線長為 13，還有無限多個），還沒有人發現有哪個整數邊長的三維長方體，其各面上的對角線長與**空間**對角線長也都是整數值。這並不是指這樣的完美長方體不存在——還沒有人證明找不到這樣的長方體，不過數學家現在最多只能做出邊長為整數，且各面對角線長為整數（而空間對角線長不是整數）的長方體，叫做歐拉長方體（Euler brick）。最小的歐拉長方體三邊長分別為 44、117、240，像這樣的長方體還有無限多個。大家還在繼續尋找完美長方體。

好，那麼高維中的球是什麼？從表面上看，似乎很簡單：球面就是指所有跟固定中心點距離（半徑）相等的點。圓是二維的球，球面是三維的球（好吧，後面這個大家都知道）。四維的超球就是所有跟某個中心等距離的點，以此類推。但很不幸，這些球比你所想的更難以捉摸，也因此為了安全起見，我們必須把它們鎖在超立方體中，以防逃脫。我們準備用填充球把超立方體的其餘空隙填滿，好讓我們所關注的那個球無法在盒子內四處移動。

讓我們的超球受到控制的這些預防措施，看起來也許太多了些。嗯，我們就來看看是不是真的太多。先從二維開始，再進入更高維。二維的立方體是正方形，而我打算用邊長為 4 個單位長的正方形，原因是它剛好可以放得下四個半徑為 1 單位的圓，每個圓的圓心會在距離最近的兩條邊四分之一遠的位置。現在我們要小心翼翼地把這個當標本的圓（二維的球）擺進這個裝滿了其他四個圓的盒子正中央。不像半徑固定為 1 的填充圓，我們會讓中間這個圓的半徑盡可能擴大到盒子中央的空間能容納的大小。

現在我們可以計算中間這個圓究竟能到多大。4 單位的盒子邊長現在言之成理了，因為這表示我們很容易用畢氏定理算出從各填充圓的圓心到盒子中心點的距離。對我們的二維正方形來說，這段對角線的長度是 $\sqrt{2} \approx 1.414$；這段長度當中的 1，正好是填充圓的半徑，所以中間的圓的半徑最大只能到 0.414，就

會碰到填充圓了。這樣的圓不是很大，但至少我們知道它有多大，在哪個位置，以及周圍有什麼。

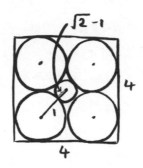

困在中間的圓半徑為 0.414；這是它能達到的最大半徑。

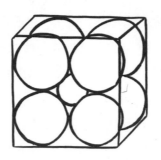

　　我們可以把八個填充球裝進 4×4×4 的三維盒子裡。每多一個維度，單位球的數目就會增加一倍，而且球心離最靠近的邊永遠會是 1 個單位的距離，這樣才會剛好跟這些邊相切。從每個填充球的球心到正立方體中心點的對角線長度為 $\sqrt{3} \approx 1.732$，使得我們的標本球可有 0.732 這麼大的半徑；並沒增加多少。這個球可移動的方向變多了，所以只能稍微變大一點，這是說得通的。然而，每增加一個維度，就必須加越來越多的填充球來困住標本球（或超球、更高維的球，以此類推），所以它肯定逃脫不了。它的半徑增加幅度應該會越來越小。

　　不過你也許已經猜到，中間的球並不會規規矩矩：它不知用了什麼辦法逃

脫了，儘管根據定義，球心仍然留在立方體的中央，而且周圍有其他的球讓它固定在位置上。

檢查一下四維情形下的數目，會看到一切繼續適用於 $4 \times 4 \times 4 \times 4$ 的超立方體，用到了 16 個填充球。每個填充四維球的球心到四維盒子中心點的距離，都是乾淨俐落的 2（即 $\sqrt{4}$），讓中央的標本球的半徑剛好為 1。看樣子四個維度給了足夠的空間，讓它舒展到跟周圍填充球同等的大小。

進入五個維度之後，情況就變得有點怪異了：標本球繼續增大，半徑現在變成 1.236，比周圍的填充球還大（從現在起我一律稱為球，不管是在幾維空間中）。當初在二維裡的中央小空隙，現在成了五維中的大裂縫。我們原本以為，中央的標本球會隨著維度增加變大一點，但最後增加的幅度應該很快就會變小。結果並非如此。隨著維度增加，我們的標本球持續以嚇人的速度越變越大。

最意想不到的是，當盒子進入十個維度，盒內的球半徑居然達到 2.162，意思是它實際上跑出盒外了。這個球不僅在填充球的包圍下設法擴大，現在還完全逃脫到盒外。在九個維度的空間中，它只剛好碰到盒子，半徑為 2，接著在維度更高的任何空間中，它就戳穿超盒子（或超立方體）的側面了。從 26 維開始，這個球的大小就達到容納自己的盒子的兩倍多，而且看不出減緩的跡象。中央的球的體積不會隨著維度更高而收斂：它會繼續往遠方發散下去。

數字並沒有騙人，只是我們仍須解釋一下這個球為何會跑出盒子。盒子的形狀沒變，在所有的方向上始終是 4 個單位長。重要的是，其他的球半徑固定為 1，我們沒讓這些球盡情變大，只是把它們擺在一起，讓它們碰到盒子內壁和旁邊其他的球。維度的數目越加越多，這些填充球之間的空隙也越變越大，結果中間的那個球不知怎的就這麼長出了尖狀物，可通過那些縫隙，穿出盒外。最初告訴我這個謎題的人是數學家科林・萊特（Colin Wright），套用他的話來說，最好把高維的球想成像刺蝟般有很多尖刺。看起來這些球渾身覆蓋著多維的鬃毛。**這點**我倒是沒料到（見〈書末解答〉）。

找尋更多柏拉圖立體

從三維走到四維，我們會獲得一個全新的柏拉圖立體，那就是很令我興奮的超鑽石，我相信你也會同意。現在我們可以繼續走向更高維，看看哪些形狀夠規則，足以冠上柏拉圖立體的稱號。想必有新的形狀躲著，就等我們去發現。

首先我們要把那些預料之中的（真的是這樣！）全找出來。我們已經知道，立方體在五維和更高維的空間中都完全沒問題。在五維中，有施萊夫利符號為 {4,3,3,3} 的五維超立方體，而更高維的各個空間也有各自的超立方體，施萊夫利符號為 {4,3,3,3,...,3}。這些施萊夫利符號在表示，從四個邊的正方形開始，然後在每個頂點接三個正方形，做成正立方體，再在每條邊接三個三維立方體，做出四維立方體，接著是把三個四維立方體接在……，每往上一個維度，就把三個超立方體組成一組。同樣地，二維的三角形、三維的四面體、四維的五胞體這個家族，也可以繼續推到多到不能再多的維度，施萊夫利符號為 {3,3,3,3...,3}，但我們不把這個家族的形狀稱為超三角形，而是改稱「單體」（simplex），n 維單體是完全圖 K_{n+1}。

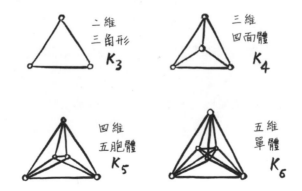

我知道稍微離題了，不過我覺得很棒的一點是，這些形狀最高維度不規則形式的度量公式形成了一個模式。好比說，二維的形狀有面積，三維形狀有體

積，而（我們可以說）四維的形狀有含量。就像在前面很多章（那些是比較簡單的時候）看過的，不論哪個二維的三角形，面積都是 **(寬 × 高)÷2**，寬和高是三角形在可用的頭兩個維度中的延伸範圍，所以我們可以把它重新寫成 $(d_1 \times d_2) \div 2$。任意四面體的體積都是 $(d_1 \times d_2 \times d_3) \div 6$，無論多麼不規則；五胞體的含量是 $(d_1 \times d_2 \times d_3 \times d_4) \div 24$；5− 單體的超含量為 $(d_1 \times d_2 \times d_3 \times d_4 \times d_5) \div 120$；而最後的任意 $n-$ 單體的 $n-$ 超含量是 $(d_1 \times d_2 \times d_3 \times \ldots \times d_n) \div n!$。

最後的五維柏拉圖立體，是八面體／超八面體（又稱十六胞體）家族的下一個成員，一般來說，這些叫做正軸體（cross polytope）。五維版本的施萊夫利符號是 {3,3,3,4}，也適用於施萊夫利符號為 {3,3,3, . . .,3,4} 的所有更高維度中。施萊夫利符號告訴我們，超八面體家族始於有三條邊的三角形，且在該規則柏拉圖形狀本身所在的那個維度之外的所有維度中，都是三個成一組（在柏拉圖形狀所處的那個維度中則是四個成一組）。也就是說，在任何維度中，正軸體跟超立方體永遠互為對偶，而單體的對偶只有自己。

到目前為止，一切還算在預料之中（按照「預料之中」的某些定義而言）；現在要進入**不可**預料的了。很遺憾，十二面體／超十二面體（一百二十胞體）家族，或二十面體／超二十面體（六百胞體）家族，沒有五維的等價物，這兩個家族的世系就到四維為止。在二十四胞體之後，也沒有任何形狀了，它是個怪異的四維突變體，在第四個維度中忽然存在一小段時間然後就消失，沒留下任何後代。

沒關係，我確定第五個維度還有新的形狀可以結交，……但並沒有。五維中只有三個柏拉圖立體。沒問題，我們繼續看六維。在六維中，仍有完全相同的規則形狀：超立方體、單體、正軸體。好，這沒有很刺激，那就繼續往七維前進。還是同樣的三個規則形狀，在八維中也沒任何變化。繼續加一維又一維，似乎都只出現那三個柏拉圖立體形狀。搜尋毫無斬獲：五維之後的每個維度始終只有同樣三個規則的形狀。如果你去拜訪第 n 個維度，我敢保證你會發現超

立方體 {4,3,3,3,...3} 跟正軸體 {3,3,3,...3,4} 互為對偶，而且單體 {3,3,3,...,3} 在角落裡跟自己對偶。施萊夫利本人早在 1852 年就證明了，所有維度中的柏拉圖立體景象正是這般荒涼。

規則的形狀可以從二維中的無限多個，到三維和四維各有五種和六種，然後到更高維就突然只有三種，這讓我覺得很有趣。二維的問題在於，沒有足夠多的空間對規則的形狀設下特殊的限制：它們獲准撒野。二維實在太有限，容許不了微妙的行為。三維和四維是絕佳的場所，提供充分的自由空間來建構有趣的東西，又沒有太多的選擇去破壞一切。從五維開始，就變得太過自由，沒辦法鎖住任何東西。對我來說，這解釋了為什麼我們生活在一個大約有三到四個維度的世界裡：足以讓選擇變得有趣，又不會多到讓嘗試任何複雜事物的任何努力告吹。不過四維中打不出結，也沒有軌道，於是就決定了我們為什麼感受到三維的現實世界。

好啦，現在打起精神來。施萊夫利確實帶來了好消息：儘管找到一片只有三種柏拉圖超形狀的荒涼景象，他也發現了一點數學妙事，只是這件事掩藏得相當深。施萊夫利不知用了什麼方法，把歐拉示性數推廣到任意維度。我們已經看到歐拉示性數真的很有用，因此把它推廣到全部的維度，就足以讓人像書蟲般興奮得又叫又跳。只要花一點注意力，就能弄懂他的邏輯，而且絕對值得。

想像你把一個三維多面體的各種組成元件按照維數的順序排成一列，就像發生了某種形狀違法案件。其中一頭是零維的頂點，隔壁是一維的邊，接著是二維的面。若是四維的多胞體，這個列隊就會是：零維的頂點，一維的邊，二維的面，三維的胞。三維多面體的歐拉示性數為**頂點數－邊數＋面數＝2**。先是減，然後是加，如果繼續往高維走，這種交替出現的模式也會持續下去，比如說，多胞體的歐拉示性數就是**頂點數－邊數＋面數－胞數＝0**。同樣的模式，只是現在它等於 0 而不是 2。帽子抓好坐穩，刺激的來了：從 2 換成 0 也是交替模式的一部分。

$$一維：V = 2$$
$$二維：V - E = 0$$
$$三維：V - E + F = 2$$
$$四維：V - E + F - C = 0$$
$$五維：V - E + F - C + H = 2$$

若用 P 代表不同維度的一般元件，就可寫成：

$$nD：P_0 - P_1 + P_2 - P_3 + \ldots \pm P_{n-1} = \begin{cases} 0 & \text{當 } n \text{ 為偶數} \\ 2 & \text{當 } n \text{ 為奇數} \end{cases}$$

針對第五個維度，我用 H 代表超胞（hypercell）。高維中在頂點、邊、面之後的物件要怎麼稱呼，並沒有一致的專門術語，針對一般的情況，我們可以用 P 表示一般的多胞形（polytope），多胞形這個名稱則是泛指任意維中的形狀，所以你會發現我用 P_2 表示面，因為面是二維的形狀。

我們甚至可以在每個級數裡額外加一項，來處理 2 或 0 的問題：整個多胞形本身。嚴格說來，多邊形有一個面，多面體有一個胞，這就修正了一切，而給出答案 1。而這就是了：把任意維中的形狀都涵蓋在內的單一模式。這個令人吃驚的模式是施萊夫利想出來的，而且也意味著，無論我們走得多遠，在高維中總還會有一些我們能夠確定的事情。

$$一維：V - E = 1$$
$$二維：V - E + F = 1$$
$$三維：V - E + F - C = 1$$
$$四維：V - E + F - C + H = 1$$
$$n維：P_0 - P_1 + P_2 - P_3 + \ldots \pm P_n = 1$$

適用於每一維的多面體公式。

很多空間可充填

去拿一些橘子：現在要再來裝填一點東西。普通的三維橘子就行了，精挑細選的球形水果也可以。這次我們不是把橘子層層堆疊起來，而是要嘗試把橘子包裹起來。我們面臨的挑戰是盡可能以最有效率的方式，用保鮮膜（或包裝紙，如果你想拿橘子當禮物送人的話）把這些橘子包起來。假如你只有兩顆橘子，那很容易解決，因為只有一種選擇：把橘子並排在一起，然後開始包裝。但若有三顆橘子，你就要面臨選擇：可以先把橘子擺成一個三角形，然後再包裝，或是排成一列。兩種擺法都試試看，看看哪種需要用的保鮮膜最少。在重疊密封時總免不了浪費一點保鮮膜，不過如果撇開這點不看，我們其實是在找出完全包住三個球體所需的最小凸曲面面積。

四顆橘子的情形變得更加複雜，因為包裝前有太多不同的擺放方法。但不妨試一試，儘管多試幾種選擇，試到你失去耐心和（或）沒橘子可用為止。如果你和絕大多數人一樣不打算嘗試，那就思考一下有 50 顆橘子的情形，判斷比較有效率的包裝方式是把橘子擺成狀似香腸的長條形，還是全部集中在一起。大多數人會猜，把球緊密包在一起應該是比較有效率的包裝方式，不過很多數學家選擇了香腸形。這是所謂的香腸猜想的基礎。

那麼誰是對的？結果發現，兩方都可說是正確的。在三顆和四顆橘子的時候，包成香腸確實比較有效率，而當橘子數更多，包括 50 顆一直到 56 顆，情形也是如此。完全始料未及的是，接下來你一加進第 57 顆球，整條香腸就解體了，把橘子集中在一起包裹反而更有效率。我們可以把這戲稱為香腸浩劫，而把產生的球堆稱為羊雜。對於 57 顆球以上的所有情形，包成一團羊雜會比包成一條香腸更有效率。至少它是在三維中。

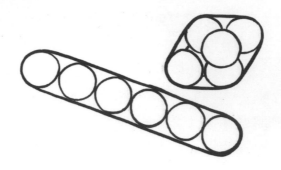

香腸 vs 羊雜，誰會贏？兩者都有很多球。

　　不過如果我們要包裝的是一些「超水果」呢？我們已經知道，在越高維中吃水果，水果就變得越尖刺。對於四維的球，包成四維的超香腸絕對是最佳選擇，包到 5 萬個球都不成問題。到 5 萬和 10 萬之間的某個數目，目前還不十分清楚是多少，會發生另一次香腸浩劫，而到 10 萬個球的時候，最好是包成四維的羊雜。我們不知道從五維一直到 41 維中，會發生什麼情況，有趣的是，一到了 42 維，球體的最佳包裝方式就始終是超香腸，而在超過 42 維的所有維度中也一直是如此。對五維到 41 維一無所知，顯然讓數學家惱怒，所以他們持續進行研究，而目前的共識是，超香腸可能是很有成功希望的選項。

　　對於高維的球，目前所知的事情大部分是猜測。除了球體在高維中有不同的行為，我們也已經從康威那兒聽說（見第 196 頁），在三維中發現的空間填充模式不容易推廣到高維中。不過我們知道，從四維到八維（或許還可以到更高維），超球不是堆疊起來最沒效率的形狀；看樣子它只在三維中是最糟糕的。但當你真的堆放超球時，詭異的事情發生了。黑爾斯的克卜勒猜想證明中，有個重要的部分根據的事實是：如果你在三維中裝填球體，那麼擺放成工工整整的晶格肯定是最有效率的方法。在高維中，大家推測最好的堆球方式會是特殊的非晶格式堆。黑爾斯自己就指出，目前非晶格式排列是 10、11、13、18、20 及 22 維中最好的堆積方式。

一直到 19 世紀末，才證明了牛頓所提出的：在三維中，中心球最多能同時輕觸到 12 顆球；但高維的情形，還要過很長一段時間才證明出來。到 1979 年，有人證明出八維中的親吻數為 240，24 維中的親吻數為 196,560，數學家才弄清楚高維中到底發生什麼事。後來在 2003 年，我們又發現四維中的親吻數是 24，但就只有這樣了：對於其他的維度，我們沒有確切的答案。其中有幾個，我們正在縮小範圍：五維的親吻數介於 40 到 44 之間，17 維的親吻數介於 5,346 和 11,072 之間。很棒的是，我們知道怎麼求出任意維中的下限，而且完全想不到的是，我們是利用黎曼 ζ 函數找到這個下限的！在 n 維中，親吻數一定會大於或等於 $\zeta(n)/2^{(n-1)}$。數學家對於親吻仍有很多要學習的。

但我們為什麼要去關心球體在高維中如何包裹、堆積、輕觸呢？嗯，原來科林‧萊特當初給我那個「盒內超球」難題，有非常實際的原因。他和我聊到刺球，是因為他的正職工作是要讓航海雷達系統電腦上的數值處理運作得更有效率。看起來可能沒有關聯，不過當你設法求解一個有 n 個變數的問題時，你所處理的數學有如航行在一片 n 維的景觀裡。就像從桌上拿走 n 個物體的順序會變成一個 n 維立方體的圖形（因為有 n 個自由度），有 n 個變數的函數也可以畫成一片 n 維的景觀。

黑爾斯在思考克卜勒猜想的過程中，也遇到了同樣的限制。我們可以用三維中的不規則四面體當個簡單的例子。它有六條邊，列出各個邊長就能把它確切定義出來。如果我給你 {8,10,12,9,10,11} 這組數字，而且我們對哪條邊在哪個位置持相同看法，那麼這組數字就明確指定了你所能做出的四面體。那些數字也可以當成指定出六維空間中某一點的坐標，因此，每個三維的四面體就等價於六維空間中的一個點；探討不同的扭曲四面體，就像在六維中四處移動。黑爾斯研究的事物比四面體複雜許多，但他的電腦無法處理六維空間以上的運算。他是這麼說的：

我的電腦通常可以證明跟單一四面體有關的陳述，但沒辦法證明更複雜的幾何物件的任何事情。換句話說，我的電腦可以告訴我把四面體邊長參數化的六維空間的事情，但速度太慢所以無法處理七維。既然克卜勒猜想是個大約有 70 個變數的最佳化問題，我覺得這個限制很令人感到挫折。這個問題的挑戰，是要完全從六維去理解一個 70 維的空間。

同樣地，萊特企圖把帶有許多變數的運算問題最佳化時，實際上也是在操縱一個高維的形狀。在這個時候，直覺毫無用處。不過他如果能做出幾個工具和參考點，譬如想到球體布滿尖刺，那麼至少就有想出辦法解決的一線希望。所以，下次你若坐在一艘沒撞上另一艘船的船上，你會很感激一些像萊特這樣的人，能夠在刺球上摸索出他們的答案。

怪物

為了結束這個談高維度的一章，我們當然應該看看自己能走到多高的維度。我們目前的紀錄是黑爾斯解克卜勒猜想時提及的 70 維，70 維已經遠遠超過我們或（我所相信的）任何超假想生物視覺上能夠處理的範圍。然而數學是站得住腳的。黑爾斯在 70 維遇到的問題，實際上完全跟 70 維中的點有關，而且它們的關係對應到 70 維的形狀。不過我們究竟可以做到什麼地步？

我想讓各位看最後一個形狀，但還有一段路才能走到那裡。數學家已經瞧見一個可能只存在於非常非常高的維度中的形狀，叫做「怪物」（The Monster），但它在 1982 年才出現在美國數學家羅伯・格里斯（Robert Griess）的論文裡。要去看它的對稱性，你才能找得到這個形狀。不起眼的三維正立方體，有各種不同的對稱方式；可用不同的方式旋轉、鏡射這個正立方體，

結果看起來仍會和原來一樣。如果把正立方體的各種對稱性組合起來，就有個共同的名稱：C_3。由於對偶形狀有相同的基本結構，因此它也有同樣的對稱群 C_3（而十二面體與二十面體有對稱群 H_3，四面體本身則有對稱群 A_3）。

　　研究形狀的對稱性的數學領域稱為群論，它會延伸到離我們在三維中習慣的簡單對稱性很遠的地方。[1] 由可能的對稱方式構成的每個群，本身都可視為一個數學物件，就像我們開始把形狀、圖形、曲面、扭結等東西當成數學物件，現在也可以把群加進來，當成由物件構成的新集合體，而且正如同每個多面體有對應的圖形，每一個結有對應的曲面，我們準備看的這些群也會跟不同形狀的對稱性配對。

　　這些群的名稱中的字母並不重要；重要的是它們如何構成家族，並跟形狀構成的家族配對。我們可以看各個維度中不同的規則多胞形構成的家族，以及這些家族會對應到哪個對稱群家族。二維中沒什麼好玩的，因為正如之前說過的，兩個維度沒有足夠的移動空間，因此對稱性非常有限。每個二維的正 n 邊形，都有對稱群 D_n。從三維開始，事情就有趣些了。

各形狀與對應的對稱群

形狀	三維	四維	五維	n 維
正立方體	C_3	C_4	C_5	C_n
八面體	C_3	C_4	C_5	C_n
十二面體	H_3	H_4	—	—
二十面體	H_3	H_4	—	—
單體	A_3	A_4	A_5	A_n
鑽石	—	F_4	—	—

1　群論很了不起，而且是我自己需要多去了解的數學領域。群論當中也有不同的命名系統；我在後面會採用考克斯特記法（Coxeter notation），因為我覺得它最容易理解。

你可以看到，C 群和 A 群的無限家族會一直延伸到各個維度，始終與同樣的規則多胞形相配對。比較有趣的是超鑽石，是只出現在四維中的規則形狀，而且它的群 F_4 也不屬於某個大家族，這稱為例外群（exceptional group），因為它是單單一種情況下特有的，不能推廣到越來越高維的空間中。還有其他的例外群，也只有涉及某種形狀在特定維度中的對稱性。

　　到目前為止，我們在高維中尋找的一直只有柏拉圖立體，但當然還是有其他不那麼規則的形狀。群可以對應到其他半正均勻形狀的對稱性，而例外群 E_6 會跟兩個六維的形狀配對。在更高維中還有其他特殊的形狀！在這個例子裡，E_6 的其中一個形狀有 72 個頂點，叫做 1_{22}（英文名稱是pentacontatetrapeton），而另一個形狀有 27 個頂點，叫做 2_{21}（英文名稱是icosiheptaheptacontidipeton）。

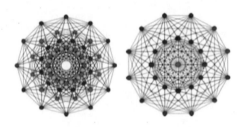

六維空間中的形狀 1_{22} 與 2_{21}。

　　正如我把超鑽石視為第一個真正的四維形狀，理由是它不僅僅是低維形狀的推廣版本，我也會把 1_{22} 與 2_{21} 視為真正的六維形狀。當然，六維中還有超立方體和單體，不過這些形狀在每個維度中都有，沒什麼特別的。同樣地，我們可以留意其他的零散群（sporadic group，**或譯散在群**），去找出更有趣的高維結構。隨意再挑幾個例子吧：康威找到的三個群──Co_1、Co_2、Co_3，根據的是某個 24 維格子的對稱性；馬蒂厄群（Mathieu group）M_{24} 則是根據四維克萊因四次線（Klein quartic，跟克萊因瓶不同的形狀）的對稱性。我們的疑問是：在

這些零散結構當中，哪一個需要的維度最多？

　　零散群的數目是有限的，其中一個確實有維度最多的幾何解釋，那就是怪物群（Monster Group），它所對應的形狀只能在 196,883 維中存在。我無法理解。當你途經成千上萬個維度往高處前行的一路上，只有幾個意料之中的無限形狀家族伴你同行，突然間，在一片迷離的單調乏味中，有個形狀在一個維度空間裡閃現，它沒有在 196,882 維現身，到 196,884 維時又不見蹤影了。在那個小小的窗口，有一個無人理解的形狀，它是真實的數學物件，就像三角形或正立方體一般真實。格里斯那篇 1982 年的論文標題，給了「怪物」另一個比較親切的名字：友善的巨人（Friendly Giant）。我們永遠沒辦法描繪出「友善的巨人」，但是知道它存在。

　　我們已經從五維的形狀一路走到 196,883 維的「友善巨人」了，途中遇到了一些居然長出尖刺的球，這些數學都發生在我們的三維腦袋無法想見的世界裡。然而驚奇的是，數學仍然給了我們一個探索這些奇異景物的工具，更讓我驚訝的一件事情是，我們竟然知道「友善的巨人」存在，而且還能研究它的幾個性質。數學讓人類可以去探究離我們身處的世界很遠的現實，如果我們能夠發現離我們將近 200,000 個維度遠的「友善巨人」是存在的，那麼誰知道未來敢於冒險的數學家會碰到什麼東西呢。

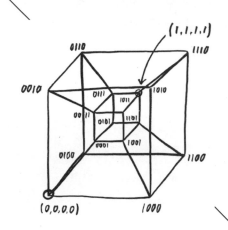

16

好數據不易改
GOOD DATA DIE HARD

　　拿出一張金融卡或信用卡，看一下卡片
正面的 16 碼卡號。現在請你把卡號，連同出生日
期和令堂的娘家姓氏，一起 email 給我。再不然，假
若你對個資安全的意識比較強，那就只要把卡號的 16 個
數字寫在紙上，只有你自己看得到。現在，先從最左邊劃掉第
一個數字，接著每隔一個數字劃掉一個，然後在劃掉的數字上方，
寫出這些數乘以 2 後得到的新數字。如果乘以 2 的結果是兩位數，就
把個位與十位數字相加起來（也就是前面這個兩位數的數字根），並把加

總結果寫在上方。現在如果把全部的數字加在一起，我可以保證你算出的總和是 10 的倍數。

$$3 \quad\quad\quad 3 \quad 3 \quad\quad\quad\quad\quad 3 \quad 9$$
$$\cancel{12} \quad 6 \quad\quad \cancel{12} \quad \cancel{12} \quad 6 \quad 6 \quad \cancel{12} \quad \cancel{18}$$
$$6+4+3+5 \ + \ 6+1+6+3 \ + \ 3+3+3+9 \ + \ 6+9+9+7$$

$$總數 \ = 80$$

每隔一個數字，換成原數字兩倍的數字根。

這個模式是刻意放進所有金融卡號的，這麼一來，要檢查卡號是否正確就很容易了。網站也是利用這個方式，立刻判斷你輸入卡號時有沒有出錯；它不必跟某個地方的銀行核對卡號正不正確，只須執行上述的計算就行了。倘若答案不是 10 的倍數，網站馬上知道你輸入的卡號無效。這就是錯誤偵測（error detection）。

現代金融卡當中的模式，可追溯到美國發明家漢斯‧路恩（Hans P. Luhn）在 1960 年為一台「用於驗證數字的電腦」所申請的專利。他發明了一種機器，可依據你輸入的任何數字，告訴你該在最後面補什麼數字來湊成這個模式，添補的那個數字就是檢查碼（check digit）。這種比可攜電腦還要早的手持式機械設備，可利用齒輪來算出檢查碼（比較像古希臘時代的安提基特拉機械，而不像蘋果公司的 MacBook），還有個內建的打印機印出檢查碼。他設想這種機器應該會用在複雜的製程中，每個件號先輸入他的計算器，計算器就會把件號與檢查碼印在包裝上。或者可回頭把數字輸入電腦裡，如果數字無誤，就把核對記號印在包裝上。說來湊巧，路恩的專利剛好在金融卡最初開發出來時生效，他的檢查碼模式於是獲得採用。

他在專利中解釋了為何需要「每兩個數字就乘以 2」這個額外的步驟。人工抄寫數字的時候，「經常會有兩個數字順序弄顛倒的錯誤」。假如我們只是

把原本的數字相加起來，不管數字順序對不對，算出的核對和都是一樣的。但正如路恩所說的：「如果每隔一個數字都換成按照此處闡釋的系統產生的數字，就會偵測出這種錯誤。」數字的位置一經移動，總數就會跟著變動。路恩的機械式「電腦」與工廠裡的假想使用情境，在我們看來或許已經落伍了，不過直到今天，他的方法仍然會抓出大家在網站上手動輸入信用卡號時的數字倒置錯誤。

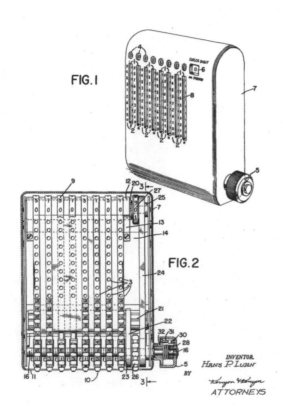

摘自「用於驗證數字的電腦」（美國專利第 2950048A 號）的圖 1 與圖 2。

現在幾乎每個經常需要照著寫又容易寫錯的數字當中，都會出現很類似的模式。條碼也有一模一樣的模式，只是要從第二個碼開始（而非第一個），然

後每隔一碼乘以 3（但不用取數字根），相加後會得到 10 的倍數，這樣就能確保商店在刷條碼結帳時會正確讀取到數字。為了確保條碼始終能正確刷出而去製造雷射式掃描器和電子設備，會花很多錢；現在這些儀器只須「夠好」就行了。只要雷射掃描得夠快夠完整，其中一個就必定是正確的。多虧了檢查碼，結帳機可以擯除不正確的數字，等候跟條碼模式相符合的號碼。

　　就像我們在前面講過的「乘以 9 數字根戲法」，這些檢查碼模式也可以用來變魔術。假如有人把卡號告訴你，但保留一碼沒說，這時你就可以心算出對方暗藏起來的數字。我自學了如何算出條碼（因為願意大聲喊出自己信用卡號的觀眾少之又少）。模式相當簡單：就看你願意投入多少空閒時間，去學會怎麼靠心算把條碼算出來。我在學習這一招的時候，先製作了一個試算表來產生條碼，然後再寫電腦程式讀出這些條碼，但少讀一碼。所花的時間很值得。

　　大部分人一輩子都不會察覺到藏在條碼及信用卡號裡的檢查碼，但那只是因為他們不必了解這些檢查碼。只要你想學，都可以學。然而除了這些檢查碼，還有其他刻意隱藏而無人知曉的詭祕檢查碼。舉例來說，英國稅務機關過去就曾在增值稅號（VAT number）當中，隱藏了極其隱密的檢查系統。它的模式是：把第一碼乘以 8，第二碼乘以 7，第三碼乘以 6，一直到第七碼乘以 2；接著先算出總和，再加上 55 來混淆整個過程，然後把最後兩碼寫成一個二位數加進來——全部相加得到的總計永遠是 97 的倍數。這麼做的目的是沒有人會注意到這個模式，但英國稅務海關總署（HMRC）可以用來快速找出在納稅申報單附上假單據的人。不過，這個系統已經走漏了，現在放在維基百科上。我們周遭還有一些大家尚未注意到的檢查碼，這是毫無疑問的。

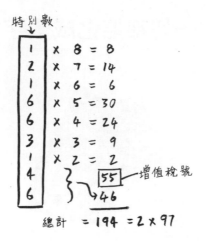

隱藏的增值稅檢查系統稱為 Modulus 9755，現在不再是祕密了。

企業也會用檢查碼來保護自己與員工。倘若你剛才一味遵照我的指示把你的金融卡號 email 給我，而且你是在辦公室發信的，那麼那封電子郵件有可能根本沒傳送出去。在大公司裡，幾乎免不了偶爾有人在辦公室裡被釣魚郵件詐騙，把自己或公司的信用卡號送到詐騙者手中，讓他們馬上拿去盜用，因此有些公司會掃描所有寄出郵件通信的每一個 16 碼數字序列，搜尋路恩模式，如果找到相符的，就標記起來送去複查，看看究竟只是隨機相符，還是真的有人透過電子郵件寄出了不該傳送的卡號。全是因為路恩的一個古怪招數。「奈及利亞王子」詐騙集團應該很怨恨他。

一切都能化成數字

2009 年的耶誕節早晨，我在父母的家裡拆禮物，就像往年許多耶誕節一般。我打開母親送的禮物，眼前大概是有史以來最棒的禮物：一條黑色的手織圍巾，上頭用綠色織著很多 0 和 1。這是一條二進位的圍巾。我當然非常興奮（我是二進位數的狂熱愛好者），但接著我就明白圍巾上的數字不止是隨機組成的，而是電腦訊息背後的 0 和 1 ！於是我趕緊去拿筆，利用包裝紙的背面找出我的圍巾說了些什麼。沒錯，就在溫馨的耶誕節早晨，我跟家人坐在一起，破解我的禮物暗藏的祕密。

出於習慣，組成我的圍巾的那種計算機碼，通常稱為美國資訊交換標準碼（American Standard Code for Information Interchange，簡稱 ASCII，這是第一個為了把訊息轉成計算機碼而發展出來的主流方法），不過現在我們採用的是萬國碼（Unicode）。正如本節標題所指出的，所有的東西都可以轉成數字，而會讓你想把訊息轉成數字的原因有兩個：這代表你可以把錯誤偵測模式加到上頭，就像條碼的例子；此外也代表可以透過電腦來儲存、處理及傳輸。自從第一批電腦發明出來之後，數學家就一直在尋找方法，想把文字、照片、音樂等內容轉換成數字。電腦只處理數字，所以若希望電腦不單單是豪華的計算器，就需要一種能把其他內容變成數字的方法。

把字母化成數字非常容易：可以利用字母在字母表中的位置。我的圍巾最上面一排的數字織的是 010 01101，分別是 2 和 13 的二進位表示法，代表它是指第二個字母表的第 13 個字元。「第二個字母表」的意思就是指大寫字母；這個字母表的第 13 個字母是 M。圍巾上的前五排分別是 01001101、01000001、01010100、01001000、01010011，拼寫出來就是 MATHS，每一排的前三碼在說明字母表，後五碼則指出位置（兩者間沒有空隔幫忙隔開）。

字母	位置		二進位碼
M	13	=	010 01101
A	1	=	010 00001
T	20	=	010 10100
H	8	=	010 01000
S	19	=	010 10011

美國在 1963 年發展 ASCII 編碼系統的時候，一致同意用四個字母表（編號為 0 到 3），各有 32 個字元（編號為 0 到 31）。第零個字母表事實上是在列出各種電腦指令，包括「歸位」（CR，又譯回車）、「傳輸塊結束」等奇怪的東西（這些指令你永遠用不著，除非你想用印表機的母語跟它溝通），連同幾個面熟的東西，像是「水平定位點」和「退出」。第一個字母表是標點符號，從空白字元開始（理所當然在第零個位置），接著就是逗點，&號及驚嘆號！等等。

第二和第三個字母表分別是小寫及大寫字母，再加幾個標點符號，讓 26 個字母補成可用的完整 32 個位置。採用四個 32 空格字母表的理由，在於原始的 ASCII 系統是依據七碼的二進位數，前兩碼代表字母表（00、01、10、11），後五碼代表位置（00000 到 11111）。最後一個字元是「刪除」，擺在 1111111 這個位置絕非偶然。當時資料一般儲存在打孔紙帶上，有打孔者代表 1，沒有打孔就代表 0。拿一捲紙帶來把七個孔全打上去，是刪去舊有資料最恰當的方

法。只要在現代鍵盤上敲下刪除鍵，它送出的訊號仍然是表示要在一張紙上打出全部七個孔。

原始的四個 ASCII 字母表

位置	字母表 0	1	2	3
0	空字元	空格	@	`
1	開頭起始	!	A	a
2	正文起始	"	B	b
3	正文結束	#	C	c
4	傳輸結束	$	D	d
5	詢問	%	E	e
6	確認	&	F	f
7	鈴字元	'	G	g
8	退位	(	H	h
9	水平定位	)	I	i
10	換行	*	J	j
11	垂直定位	+	K	k
12	換頁	,	L	l
13	CR	-	M	m
14	移出／X-On	.	N	n
15	移入／X-Off	/	O	o
16	跳出資料行	0	P	p
17	裝置控制 1	1	Q	q
18	裝置控制 2	2	R	r
19	裝置控制 3	3	S	s
20	裝置控制 4	4	T	t
21	否認	5	U	u
22	同步閒置	6	V	v

| 位置 | 字母表 | | | |
---	0	1	2	3
23	傳輸塊結束	7	W	w
24	取消	8	X	x
25	媒介結束	9	Y	y
26	替代	:	Z	z
27	退出	;	[	{
28	檔案分隔	<	\	|
29	群組分隔	=	]	}
30	記錄分隔	>	^	~
31	單元分隔	?	_	刪除

　　自 1963 年以來，ASCII 系統已經擴大了許多，主要的擴充在 1985 年，歐洲電腦製造商協會（European Computer Manufacturers Association）設計出一套名字很容易記住的系統，叫做 ISO-8859，把 ASCII 擴充到八碼的二進位數，這套系統不僅包括了拉丁字母的大部分變體（譬如頭頂上戴著各種帽子的 à、á、â、ã、ä 和 å），還有很多供數學家使用的新字元：¼、½、¾ 這些分數有自己的符號，平方 ^{2} 及立方 ^{3} 的上標也包含在內，還有乘號 ×。數學家在做相乘的時候終於不必將就用字母 x，每個歐洲人都能把重音放回他們的字母上，且現在英國人也有 £ 可用，西班牙人有 ¿ 可用。真是**棒透了**！

　　由 ISO-8859 的八碼數字編碼的 256 個字元開始對密閉空間感到有點恐慌之後，就交棒給更大的萬國碼，顧名思義：它可替一切東西編碼。萬國碼利用 16、32 甚至更多碼的二進位數，就能涵蓋超過一百萬個字母，於是可以為你想到的任何符號提供二進位碼。有了萬國碼，就有可能用埃及象形文字發電子郵件（如果你想這麼做的話）。現在人類就有了一個約定好的系統性方法，可把任何一種語言寫成的句子變成一串數字。

你當然可以把那些約定好的字母表學起來，然後用人工的方式在字元和二進位碼間來回轉換（我現在熟習 ASCII，但還沒有學會萬國碼），或者你也可以運用自動轉換程式。我的母親替我織二進位圍巾的時候，她要我弟弟史蒂夫幫她算出 0 和 1（因為他也是個書呆阿宅），他就把訊息丟進線上的轉換程式。他很習慣做這種事，因為我和他會用二進位碼互發電子郵件，而這是我很想大力推薦的。下次要發信的時候，不妨先把郵件內容轉成二進位碼，再把那些 0 和 1 貼進郵件裡，這會分出阿宅和怪才的差異，同時（或是）讓你的收件匣收信量大幅減少。

　　不光是訊息——也可以把隨便什麼圖片轉成數字。先把圖像分格，就能給每一塊指定一個描述它是哪種顏色的數字。這種做法是把一個顏色分解成紅、綠、藍三原色的組合，只要你看到一樣東西描述成 RGB 色，代表的就是這個意思。紅、綠、藍的數值通常儲存為八碼的二進位數，就表示範圍是從 0（00000000）到 255（11111111）。

　　雖然一張數位照片看起來也許是拍下那個獨一無二的瞬間，但這個照片檔事實上是從 0 到 255 的一長串數字。我想我會從那些數字開始，設法把數字轉換回一張自己的照片，而且我想我會用最沒效率的方法：用試算表來做。我取得一張數位照片的所有數字，貼進 Excel 試算表，再把各列的背景顏色設成紅、綠、藍色，只是如果數字比較大，每個儲存格的背景顏色也會比較亮，而數字較小就會比較暗（我使用了條件格式化這個功能，假如你想在家裡試試看的話）。拉近細看，它像是一大堆紅、綠、藍色的儲存格，但縮小之後就變成我的個人照！

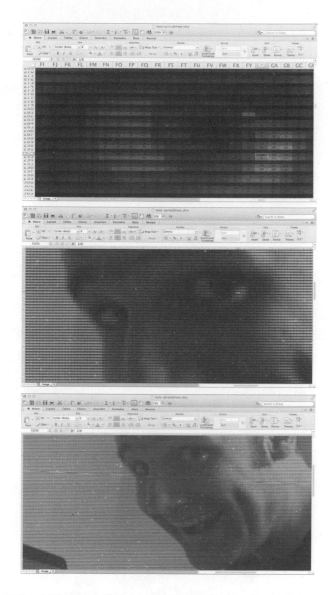

把我的試算表個人照縮小。我真的發揮了比平常更好的水準。

　　你一定要自己試一試。製作試算表照片的一種方法，就是千辛萬苦親自輸入所有的數字，然後再自行設定格式化的所有條件，比較簡單的方法則是去我的網站 makeanddo4D.com，我在上面放了一個自動轉換程式，你可以上傳任何你想要製作的照片，然後下載成一個試算表。如果你有片刻不確定這就是數位圖像和顯示的運作方式，不妨把螢幕放在顯微鏡下，你將會看到一個滿是紅、綠、藍色細胞（cell，這個字也是「儲存格」的意思）的試算表。

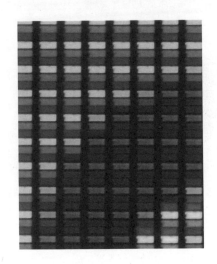

這是 iPhone5 螢幕放大 400 倍左右的模樣。

每次拍照，實際上就等於在取試算表。不過，雖然數位照片背後的數字我們通常看不到，但有一些線索可循。由於每個像素都是三組 RGB 值，各有八碼二進位數，一共是 24 個 0 和 1，所以如果你去讀數位相機或電視機的說明書，可能會看到「24 位元色」這個說法，「位元」就是指單個 0 或 1。同樣地，如果你點進照片編輯軟體的色彩編輯選項，會看到三個滑桿，分別用來調整紅色、綠色、藍色，範圍從 0 到 255。正如前面看過的，把二進位（以 2 為底）的數字轉換成十六進位數，有時候比較容易看懂，因此 RGB 色彩也經常顯示成三組十六位數，於是就有了整個色彩範圍，從玫瑰粉紅色（FF, 00, 00）到紫羅蘭色（00, 00, FF）。浪漫未死，只是數位化了。

　　檔案名稱的背後還暗示著一個數學運作。把影像儲存成 0 和 1 所用的格式稱為位元映射（bitmap，也譯為點陣圖），因為它是把資料檔案的位元（即所有的 0 和 1）映射到圖像色彩的方法。只要看到副檔名為 .bmp 的檔案，就是指它是個把 0 和 1 輸入值轉換成圖片的函數。

位元與位元組

　　處理二進位數時，通常會稱每位數字為一個位元（bit），不過，要記錄這麼多二進位的位元可能會讓人變得很不耐煩，而且大部分時間這些位元都是八個成一組，因此為了省麻煩，我們就把每八個位元的一組稱為位元組（byte，一個位元組可以表示成兩個十六進位數）。於是，七個位元組的資料事實上有 56 個 0 和 1。

　　這還不夠昏頭轉向，加在「位元組」前面的千（kilo-）、百萬（mega-）、十億（giga-）等字首，跟平常的用法不一樣。對於普通的十進位數，這三個字首分別代表前一個的一千倍，因為它以 10^3 為單位。但是資料大小遵守 2 的次方，是 $2^{10} = 1,024$ 的倍數，所以百萬位元組（MB）不是一百萬個位元組，而是 $2^{20} = 1,048,576$ 位元組。因此，7 MB 的資料實際上有 58,720,256 個 0 和 1。能把這件事解釋清楚真是開心。

這正是塔珀自指公式行得通的道理所在。塔珀自指公式在繪成圖形時，會畫出本身算式的圖示。它是一個用來把數字轉換成圖像的位元映射函數。塔珀公式產生出來的圖像，是寬 106 像素、高 17 像素的黑白圖示。如果取一塊 106×17 的方格，在你希望為黑色的格子裡輸入 1，希望是白色的格子輸入 0，並且旋轉圖像，由左至右讀出這些數字，再由上往下處理，你就會得出一個有 1,802 碼的二進位數。若把這個數轉換成十進位數，然後乘上 17，就會得到 k 這個值，先前我繪出這個公式時，k 值是在縱軸上。假如你去看縱軸上的任何一個 k 值，所繪出的圖形都會對應到 k/17 的二進位圖像。

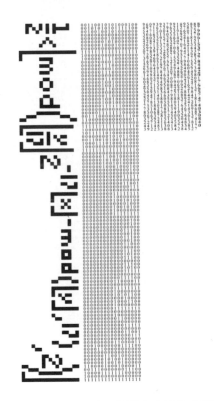

用二進位數繪出的塔珀自指公式，以及在十進位中乘以 17 的結果。

現在我們可以把訊息和圖片轉成數字了,而且當然不會就此打住:像音樂之類的東西也能數位化(實際上是把一個聲波圖轉換成坐標)。一旦轉成數字,就打開了充滿各種可能的全新世界。如果你有一張實體相片想拿給別人看,就需要想辦法把那個實物送到他們手上。有了數位照片,你幾乎可以瞬間從世界的任何角落把數字傳輸給他們,而且想製作多少副本,馬上就可以辦到。把某種內容變成資料,也讓它變得更加多用途,又因為它現在是數字組成的,我們就能把錯誤偵測模式加進去,甚至更進一步,找出不僅能偵測到、還要能改正錯誤的方法。

如何像電腦一樣解決問題

電腦剛打造出來沒多久,就需要找方法修正電腦資料中的錯誤。美國貝爾實驗室(Bell Labs)擁有世界上的第一批電腦,1947 年的某個週末,名叫理查‧漢明(Richard Hamming)的數學家在週五晚上讓電腦運轉,以便在週一前做完一些重要的計算。但就在他把電腦丟著不管,讓它自己執行沒多久,就出了一個錯誤,結果讓後續所做的一切都成了白工。漢明因為不得不在週一早上把壞消息告訴同事,就開始思考往後要怎麼避免這種問題。到 1950 年,他已經完成了〈錯誤偵測與錯誤校正碼〉這篇影響深遠的論文,他找到一種方法,讓電腦可以偵測並改正自己的錯誤。

漢明就像圖靈一樣,當初在第二次世界大戰期間用電腦從事機密工作,他待在洛沙拉摩斯參與曼哈頓計畫(和烏蘭並肩工作),利用早期的電腦替物理學家完成計算。他的工作之一,是把物理學家的計算結果再檢查一遍,好讓他們在進行史上第一次核試爆時釋放出來的能量,不會大到使地球的整個大氣層

起火燃燒（讓地球的大氣層燃燒起來，可以算是「非常不好的消息」）。數字查證過了，但那些物理學家對氧氮交互作用所做的假設讓他感到擔憂。在他看來可能性依然存在，不過他的憂慮並未引起關注。有個朋友見他憂心忡忡，就對他說：「漢明，別擔心，沒有人會怪你。」但這並沒給他多少安慰。

戰爭結束後，他開始在第一批電腦上工作，這些電腦相當不可靠。他估計，自己所用的電路每使用 200 萬到 300 萬次，就會出現一次邏輯閘故障，足以讓長時間的計算變得極難處理。他也有先見之明，意識到有朝一日我們會需要一種改正電腦錯誤的方法，也就是要在「有雜訊的情況下發送訊號，而且要麼就是不可能減少雜訊對訊號的影響，要不就是不划算」（翻譯成通俗的說法，大致就是「想辦法在嘈雜的房間裡說話，而你又不能叫其他人閉嘴」）。這段文字寫於房間裡（更不用說世界各地和太陽系裡）的電腦可互相通訊之前，漢明實在太有先見之明了。[1] 這也正是今天我們使用他的檢驗碼的原因。倘若沒有便宜又穩健的資料傳輸形式，現代的技術在面臨雜訊和破壞的情況下還是束手無策。

漢明在 1950 年的那篇論文中，提出了堪稱最單純的檢驗碼，一種奇偶檢驗法（parity check）：在二進位數的最後面多加一個 0 或 1，讓它帶有偶數個 1。意思就是，如果一個二進位數有奇數個 1，你就知道它沒有成功傳輸。不過這還只是在偵測錯誤，我們也希望錯誤能夠改正。可能的做法是把二進位數排列成方格狀，然後確認每一行和每一列都有偶數個 1，這樣若其中一個數字有變動，就有可能找出到底是哪個數字改了，並把它改正回去。

1　但已經有一些暗示。貝爾實驗室在 1940 年，就展示過一台可從 300 英里外操作的電動機械式計算器。漢明在對的時間加入對的公司。

```
010000111
011011110
011001001
011001010
011001110
011011110
011100100
011001001
001000111
```

其中一個數字錯了，你能不能找出來？

　　不過，漢明的論文裡真正具突破性的概念，是現在我們所稱的漢明距離（Hamming distance）。這下子就要進入資料如何傳輸的主題了。我們先假設我有一長串 0 和 1，而且得經由一條品質很不好的電話線唸給你聽。我有點擔心，因為訊號很差，所以你可能會把 0 或 1 聽錯。於是我打算把每個數字唸四遍，這樣的話，若傳送的數字串只有 010，我就唸「0000 1111 0000」，那麼如果你聽到我唸的是類似「1011」的東西，就很確定它應該是「1111」，只是其中一個數字聽錯了。

　　從學術用語的角度來看，把編碼中的單獨一個訊息稱呼為碼字（codeword）會很方便，因此，在每個位元傳送四次的系統中，0000 和 1111 都是有效的碼字，而預設其他非 0000 或 1111 的四位元「字」當中一定有錯誤（你可能會花點時間習慣一下「字」指的是一組數字，不過這會讓電腦科學家非常開心）。在我舉的例子裡，1011 就是無效的碼字，要更正為 1111。不幸的是，如果接收到 0110 這個字，即便我們知道有錯誤，還是沒辦法改錯，原因在於 0110 跟 0000 和 1111 的「距離」一樣：在這兩種情況下，都需要兩個錯誤才會變成 0110。

　　讓一個字可遠離有效碼字又還能改正的距離，是漢明距離的精髓。這也可以從字面上解釋成一種距離：0000 和 1111 是四維立方體相對的兩個頂點的坐標。1011 這個字是不同的頂點，離 1111 比較近，離 0000 比較遠，而 0110 這個字跟

超立方體上的兩個有效頂點的距離一樣。如果
我們是把每個數字重複唸五次，就會變成在五
維的超立方體上進行，而 00000 和 11111 兩頂
點之間的距離會再增加，表示我們最多要能改
正兩個錯誤。

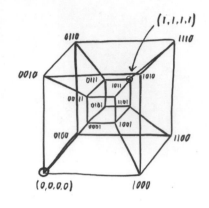

　　這個重複數字的方法，是一種直截了當的
改錯方法，很有效，問題是非常沒有效率：你
必須傳送的資料量，是你想要傳輸的實際訊息
的四五倍。更好的做法可能是添加少少幾個檢查碼，來提供同樣多的錯誤校正。
問題實際上在於該如何把有效的碼字放在高維的立方體上，好讓每個碼字的周
圍都有足夠大的空間。你可以想像每個碼字周圍各有一個超球體，包住所有可
以更正的錯誤碼字。套用漢明的說法：「問題在於要在一個 n 維的單位立方體
中裝填最多個點。」

　　如果這聽起來有點深奧，實際上有一個很容易懂又非常有效率的改錯方法，
而且待會兒你就會覺得似曾相識。說不定你自己還曾在空閒時做過一點錯誤更
正——那個錯誤更正就是解數獨題目。在一個數獨題目中，填在方格裡的數字
要符合三個不同又重疊的數學模式：這三個模式分別針對每一行、每一列及每
個九宮格。由於這些模式，如果你拿到一個留了很多空格未填的數獨題目，就
可以推算出那些空格裡要填入什麼數字。

		4	5		2	6	8	
	8	9	7		1		2	
	7		4	8	3			
8			6	4	7			
		3	2	1				
		7	8	3				
	3	6		2	4			1
	5	8			6	2		4
2	4					9	7	6

　　這跟手機簡訊使用到的改錯類型幾乎是一樣的。手機還沒送出簡訊之前，會先把文字訊息轉成數字，然後把那些數字排成一個方格，再多加幾個檢查碼，以便把三個不同的重疊模式包含在那些數字裡。一般人可以在渾然不知幕後這些運作的情況下傳送手機簡訊，他們很有把握簡訊會送達對方的手機，不論天涯海角，而且一字不漏。實際上，考慮到訊息必須歷經的行動通信基地台和系統數量，錯誤還是會發生，但是因為有這些數學模式，錯誤可以校正。手機簡訊暢行無阻只是一種錯覺，其實是使用者還沒注意到之前，就有很多數學更正了錯誤。

　　我曾跟一群服務於惠普公司設在英國的實驗室的數學家見過面，而且和其中一位米蘭姐・莫布雷（Miranda Mowbray）聊了一會兒。原來她當初參與發展早期的其中一個改錯方法，這個方法是用來把電腦資料透過電話電纜傳送出去。原先大家認為未遮蔽電話電纜內的絞線可能會太便宜，而且品質差，無法很可靠地讓電腦連成網路，但米蘭姐協助找到一個數學方法，讓錯誤校正可行，從此全世界就有經濟實惠的網路。她的程式碼會先取二進位的資料，分成有五個數字的碼字，再把每個碼字轉換成六碼的三進制數。用這種方法，就能透過電話線以每秒 100 MB 的驚人速度傳送資料。真是很榮幸能夠向她本人道謝！

這件事終於讓我把話題拉回我的圍巾上。解碼完成之後，整個訊息是我母親從我做過的一次專訪摘出的一句話：「數學很有趣，繼續做數學吧。」（聽起來當然很像我會說的話。）說得更確切些，由於她只用大寫字母，所以應該是：「MATHSISFUNKEEPDOINGMATHS」。只是不完全像這樣。我的母親在辛辛苦苦一針又一針編織圍巾的時候，犯了一個錯。往下織到半途時，她不小心把一個 1 和一個 0 的位置對調了，結果就讓一個 U 變成了 V，所以這個訊息實際上在說：「MATHS IS FVN。」

我指出這一點時，真的壞了她的興致。我母親挺拘泥於細節的，所以知道織錯了讓她很失望，以前她就曾為了修改小小的錯誤，而拆掉更大件的編織品。這次我告訴她不必改，成功阻止她修改我的圍巾。原因是，為了織出夠長的圍巾，同樣的訊息要重複四次，而她只在四個版本當中的一個出了一個錯，這就表示，如果我去計算四個版本的平均值，就會算出原始那個正確無誤的訊息。我媽在偶然的情況下，替我織出了世上第一條錯誤校正圍巾呢。

資料的有限本質（專欄）

把大自然裡可取得的千變萬化色彩，全轉換成總共只有 16,777,216 種（$2^8 \times 2^8 \times 2^8 = 16,777,216$）的其中一個 RGB 值，這會產生一個有趣的副作用。把東西編成數字碼，是讓周遭世界的無限可能約束在有限的值域之中。

比方說，iPhone5 的螢幕解析度是 1,136 像素 ×640 像素，總共有 727,040 像素，當中的每一個像素一定是 16,777,216 種 RGB 色的其中一色，這就表示一支 iPhone5 手機的螢幕只能顯示 $16,777,216^{727,040}$ 種圖像。別誤會我的意思，這當然是很大的數字，若寫成十進位數，它有 5,252,661 位。但這個數值是有限的，

你在 iPhone 螢幕上看到的每張圖像只是那麼多預定值的其中之一。

這也是塔珀自指公式能畫出來的部分原因。當你沿著縱軸往上經過每個可能的 k 值，它會印出 106 × 17 = 1,802 個黑白像素的所有可能排列，總共有 2.9 × 10^{542} 種。因此，它在一路上會產生本身算式的圖像，並不是什麼神奇的事：它也會產生出能夠畫在一塊 106×17 方格上的每一種算式。

現在光碟或許是過時的技術了，但有很多音樂專輯仍然會發行 CD。一般 700 MB 的 CD 事實上有 703.125 百萬位元組（音樂產業免費贈送的罕見案例），總計有 5,898,240,000 個 0 和 1。根據我的計算，不同的 CD 張數可能會有 1,775,547,162 位數字（在十進制中），這也是 5,898,240,000 維空間中的超立方體應該會有的頂點數目。因此，只要有樂手自稱寫好一張新專輯，他們所做的其實是，挑選了非常高維空間中的一個超立方體的一個頂點！

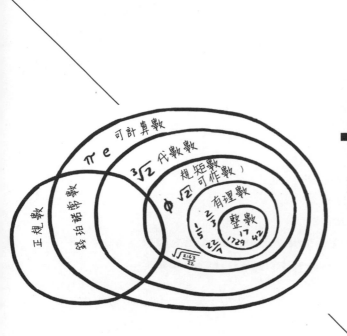

17

荒謬的數字
RIDICULOUS NUMBERS

$\theta = 1.3063778838630806904686144492602605$
$7129167845851567136443680537599664340$
$05376682659882150140370119739570729...$

　　請設法算出這個數的 3 次方。現在再計算它的 9 次方。
接著求 27 次方。照這樣繼續乘下去，而且指數部分本身就是 3 的
各個次方，然後看看你從答案中發現了什麼。

　　這個數的名字叫做米爾斯常數（Mills' constant），傳統上用希臘字
母 θ（讀作 theta）當作它的符號。1947 年，普林斯頓的數學家威廉 · 米爾斯

（William Mills）在一篇只有一頁的數學論文裡，證明這個常數存在，但他不知道它的值。事實上有幾個不同的米爾斯常數，而這是當中最小的一個，並在2005年算出了前6,850位數。這個數很有意思，因為它可以產生出無窮盡的質數。待會你就會發覺，算出米爾斯常數的3的某次方的次方，再把結果四捨五入到最接近的整數，結果一定會是質數。沒錯，出乎所有人預料，這個數可以獨自產生出一串無限長的質數。

$$\lfloor \theta^{3^n} \rfloor = \text{A PRIME NUMBER}$$
$$\theta^3 = 2.22949477249\ldots$$
$$\theta^9 = 11.0820313699\ldots$$
$$\theta^{27} = 1361.00000108\ldots$$
$$\theta^{81} = 2521008887.0000000000000004195850241$$
$$\theta^{243} = 16022236204009818131831320183.0000000\ldots$$

我第一次看到米爾斯常數時，我的反應就跟大多數人一樣：不敢相信，驚嘆這怎麼可能。後來發現是作弊，米爾斯常數是為了要有這個性質刻意創造出來的。要算出它的值，就先找一些質數，然後再往回推，找出會產生這些質數的 θ 值（這就像先射飛鏢再畫靶）。這對於找質數沒有幫助，因為你必須先知道質數才能算出米爾斯常數。

這也不保證一定會是米爾斯常數，它只是就我們所知**有可能**是米爾斯常數的最小數值。我們知道這種數存在，而這是目前最棒的候選者，但它也許是別的更大的數。不確定的原因是，這個米爾斯常數值只在每對立方數之間一定有質數的情況下才成立，而我們並不確定質數的分布稠密到保證這必然會發生。令大家驚訝的是，黎曼猜想蘊含這件事成立，因為如果黎曼猜想為真，每對立方數之間就一定有一個質數。因此，這個米爾斯常數值假定黎曼猜想是對的。數學上有很多事情在日後……有人能證明黎曼猜想的時候……會證明是對的，而這也是其中一件。

米爾斯常數給了我們很好的提醒：如果想要一個有某種性質的數，自己創造就行了——這不是說它並非真正的數，它就在數線上，和 π、$\sqrt{5}$、7 等數同樣真實。我們很容易忘記數到底有多少，因為平時用到的數實在很少。數線不僅包含人類使用過的每一個數，還包含了你想要寫出、並對應到數線上某個數的數字串。

為了理解數的大觀園，數學家喜歡把數分門別類，這聽起來是很有用的做法。我們已經使用到整數與分數，我把這些稱為「守規矩」的數，它們表現得體，只帶有幾位數字（如 1/4 = 0.25），或是有一組不停重複出現的數字串（如 1/7 = 0.142857 142857 142857...）。不過，有限小數與循環小數其實是同一回事；全看你用什麼底數的進位制。分數 1/2 在十進位中或許是乾淨俐落的 0.5，可是若換到三進位，就會得到一直循環的 0.111111...。同樣地，2/3 在十進位是 0.6666...，但在三進位就會是 0.2。重點是，它們的小數部分是可預測的：是循規蹈矩的。

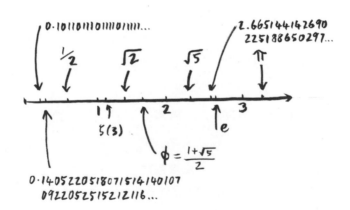

數線上一些重要和不重要的數。

相反地，無理數就不照規矩來。像 $\sqrt{2}$、π、黃金比（φ）這樣的數，無法寫成分數，不願意讓小數部分的數字可輕鬆預測。這正是讓 NASA 覺得 $\sqrt{2}$ 很

有趣而去計算的原因：要去計算，你才會知道下一個數字是什麼。同樣地，π 也是很有意思的記憶力考驗：小數點後的數字無法預測。因此，背出 π 的前 67,890 位數字的現今世界紀錄，要比我背出 2/3 的前 67,890 位數字的能力，更令人讚嘆。

然而無理數並非生而平等：有些比別的數更無理。像 $\sqrt{2}$ 和黃金比 φ 這樣的數，起碼還是某個漂亮等式的解。如果你去解 $x^2 = 2$，得到的答案是 2 的平方根；同樣地，黃金比是方程式 $x = 1 + 1/x$ 的解。如果有可能從一個只帶有有理數乘上次方數的等式（正式名稱是：有理係數多項式；非正式名稱：漂亮的等式），用代數的方法求出一個數，而這個數就叫做代數數（algebraic number）。

其餘的數，像 π 和 e（這是指 2.71828 . . .），還抗拒用代數方法寫下來。你沒辦法寫個漂亮、有限的等式，讓這些數是所求出的解。除了分派 π 這個符號給它，你絕對不會看到它寫成不會永遠寫下去的形式。你可以說它超越了代數的表現。沒錯，有一些方法可以算出 π，但是都牽涉到無窮數列。e 也是如此。這些數稱為超越數（transcendental number），是神祕又狡猾的實體，數量也遠超過其他的數，數線上相對少數的有理數和代數數，就彷彿浮游在浩瀚的超越數之海中。而且，這是一片我們幾乎不熟悉的海。

儘管數線上處處都有超越數，但要確認哪些數是超越數卻極為困難。直到 1873 年，數學家才證明 e 是超越數，成為我們百分之百確定的第一個超越數，數學的模範生 π，要到 1882 年才登上超越數榜單。即使到今天，我們知道 $e + π$ 和 $e \times π$ 其中至少有一個是超越數，但不曉得是哪一個。在希爾伯特 1900 年列出的待解重要數學問題當中，有一個問題需要檢驗 $e^π$ 是不是超越數，而從 1934 年之後，我們已經知道答案是肯定的。不過，e^e、$π^π$、$π^e$ 仍然懸而未決。要在野外找超越數真的很難。

終於證明什麼是畫不出來的

　　請你拿出筆、尺和圓規，自己畫個兩短邊為 1 單位長和 2 單位長的直角三角形。感謝畢達哥拉斯，這代表斜邊是 $\sqrt{5}$ 單位長。如果把斜邊延長再平分，就可以畫出一條長度等於黃金比 $\varphi = (1+ \sqrt{5}\,) / 2$ 的線。利用圓規和（無刻度的）直尺，我們可以畫出任何需要加減乘除、平方、開根號的形狀——意思就是，你可以畫一條長度等於任意有理數或某些代數數、不會等於任何超越數的線。

　　1882 年證明 π 是超越數，這件事解決了一個懸宕兩千年的問題：對於給定的任意圓，能不能用尺規作圖的方法畫出一個跟圓等面積的正方形？從 1882 年之後，我們就知道這是辦不到的。要畫一個面積等於給定圓的面積的正方形，必須先有辦法畫出一條 π 單位長的線，但超越數根本畫不出來。

　　代數數又更微妙些；要看是否需要比平方根更複雜的東西。只用到平方根的代數數，稱為規矩數（constructible number，或稱可作數），這些數是可以用圓規與直尺做出來的。凡是帶有三次或更多次方根的代數數，就畫不出來了，而三等分任意角與倍立方，都需要取三次方根。代數數與超越數的奧妙之處，終於證明這三個從古希臘時代就纏擾數學家的作圖難題無解。

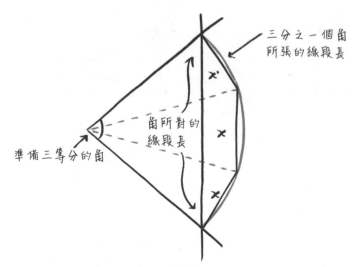

把這個角三等分就是指，先取該角所對的線段長度，然後要找出三分之一個角所張的線段長度 x。這就等於在求解方程式 $4x^3 - 3x = n$。

能夠畫出 (1+√5) / 2 的長度，就代表可以畫出正五邊形。把圓規張開到 10 公分長，就能在一張 A3 紙的中間（或在橫向 A4 紙上，這需要一點技巧）畫一個五邊形。如果去量黃金分割線的長度，應該會比 16.2 公分稍微短一點（符合 16.1803... 公分的理想長度）。現在我們知道，如果問題可以簡化成「畫出長度為規矩數的線段」，我們就能畫出任意正五邊形來。

畫出自己的完美五角形

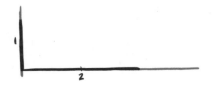

1. 分別畫出 1 單位長與 2 單位長的線，並讓兩條線互相垂直。

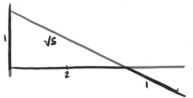

2. 從這兩條線為兩邊畫出三角形，就會得到一條 √5 單位長的線，然後你可以把這條線延長 1 單位。

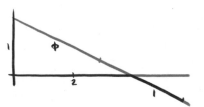

3. 把這條線平分，就得出黃金比 φ = (1+ √5) / 2。

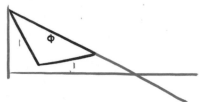

4. 加上兩條 1 單位長的線，當作五角形的起點。

5. 從 1 單位長的線和 φ 單位長的線，你就會做出五角形的下一個角。

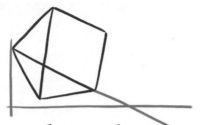

6. 加上最後兩條 1 單位長的線，五角形就完成了。

最先領悟到邊數為 $2^{2n}+1$ 這種形式的質數的正多邊形都能畫出來的人，正是高斯（不費吹灰之力就算出 1 加到 100 的仁兄）。這些質數叫做費馬質數（Fermat prime），但經常被誤當成梅森質數（形式為 $2^n - 1$，表面上頗相似）。高斯也發現但並沒證明（要等到 1837 年），你想用尺規作圖做出來的任何規則形狀，其邊數的質因數一定是費馬質數或 2。這一切的開端是在 1796 年高斯才十八歲時，他設法證明可以用尺規作圖做出正十七邊形。要做出角度剛好等於一整圈 360 度的十七分之一的角，就必須能夠做出以下這個怪物，而它只需要平方根——這點很重要。

$$\sqrt{34-2\sqrt{17}} + \sqrt{17} - 1 +$$
$$2\sqrt{17+3\sqrt{17} - \sqrt{34-2\sqrt{17}} - 2\sqrt{34+2\sqrt{17}}}$$

所有的數字都到哪去了？

現在該來做自己的超越數了！在 1934 年，有兩位數學家同時偶然發現了一個方法，可以製造出以往很難找到的超越數。俄羅斯的亞歷山大‧葛方德

（Alexander Gelfond）和德國的提奧多・史奈德（Theodor Schneider）都發現了這個聯合命名的葛方德－史奈德定理。簡單說，若取兩個代數數 m 和 n，其中 m 不為 0 或 1，而 n 不是有理數，則 m^n 必定為超越數。[1] 所以這是我做的超越數：$13^{2\sqrt{2}}$。你也自己做一個！

不過問題來了：葛方德－史奈德方法雖然可以造出超越數，但沒辦法驗證所給的任意數是不是超越數。那我們就從幾個半任意的數開始吧。看清楚了，我現在就要迅速做一個超越數出來。我打算稱它「麥特剛編造出來的數」。它長這樣：0.101101110111101111101111110...，而且會永無止境寫下去。這個數是由越來越長串的 1 構成的十進位數，我覺得它大概是超越數，我認為你沒辦法把它寫成分數，我也懷疑它會是某個漂亮方程式的解。如果你想自己做一個，就去想出一個寫下無窮無盡數字，而且讓這些數字永遠不會出現循環的系統。不過，要證明它為超越數是超級困難的，除非它剛好屬於葛方德－史奈德家族（或其他幾個超越數家族之一）。

有一個數和「麥特剛編造出來的數」很像，稱為錢珀諾常數（Champernowne constant），命名自英國數學家兼經濟學家戴維・錢珀諾（David Champernowne），他和圖靈同時期在劍橋大學讀書，事實上錢珀諾只比圖靈小 16 天，兩人還是好朋友。錢珀諾所做的十進位超越數，是在小數點後列出所有的正整數，因此錢珀諾常數＝ 0.12345678910111213141516171819202122 23...。小數部分會一直寫下去，而且永遠不會重複。

錢珀諾常數與眾不同之處，在於我們**真的知道**它是超越數，能像這樣十分確定某個數一定是超越數的情形很少見。只要牽涉到數的歸類，就會不斷遇到這個主題：超越數有多少個，和已證明是超越數的數有多少個，兩者間有非常大的落差。問題出在即使數學家能夠提出數的類別，還是很難知道特定的某個

1　我們就是這樣發現 e^x 是超越數的。先把這章讀完，再去〈書末解答〉看看這是怎麼證明出來的。

數會歸到哪一類。

　　還有一類我們知道普遍存在的數，但超級難找到，那就是正規數（normal number）。正規數是一種無理數，構成的數字包含了出現機會相等的每一種數字串，意思就是，如果 $\sqrt{2}$ 是正規數，1405220518 這十個數字出現在其中某個地方的機率，就和 0715141401 或任何十個數字出現的機率一樣大。但我們不知道 $\sqrt{2}$ 是不是正規數，而且目前已經證明是正規數的總數為：0。

　　然而我們可以造出我所稱的「人為」正規數，這些數就跟錢珀諾常數一樣是正規，只是它們是為了要有那個性質才刻意造出來的。還有一個人為的正規數是克柏蘭－艾狄胥常數（Copeland–Erdős constant），概念是相同的，只不過所列出的只有十進位的質數，所以數值為 0.23571113171923...。數學家尚未證明已知的任何數是正規數，而從 1909 年之後，數學家已經知道幾乎所有的數都是正規數，但任何一個非人為的例子證明起來都十分困難，因此還沒得到證明。

　　人人都拚命想證明是正規數的典型例子就是 π。我們已經檢驗了前面將近 3,000 萬個數字，看起來是正規的，每個數字串出現的機率相同，然而並不確定。如果它是正規的，那麼任何一串數字就會藏在其中某個地方。我的名字的英文 Matt 轉成數字是 13012020（m = 13，a = 01，諸如此類），就出現在 π 當中，從小數點後第 291,496,384 位開始。若 π 是正規的，你的名字、你最喜歡的歌詞、你明天午餐會吃的東西的完整描述，全都會出現在其中某個地方，也會出現在隨便哪個正規數當中的某個地方。「Matt」也出現在 $\sqrt{2}$ 的第 301,480,410 位之後，e 的第 312,366,242 位之後，黃金比率 φ 的第 137,673,084 位之後。你所選的任何一串數字，不管多麼長串，都會出現在幾乎所有的數裡。藏有莎翁全集的數，比沒有藏莎翁全集的數還要多。

　　因此，數學家提出了一些放入數的絕佳類別，但從那之後就發現很難把任何一個數歸檔。我們不清楚 $e \times \pi$ 是不是超越數，甚至連米爾斯常數是不是無理數都不知道。替超越數找出歸類的方法，是希爾伯特提出的重要未解數學問

題之一（連同黎曼猜想），而且至今依然沒有解決。數學家連一個非人為的正規數都沒有證明出來。我們只能堅信，如果想把一個數歸類，我們至少可以自己從零開始算出一個例子來。總不會有哪個類別是根本就算不出來吧……真的有！而且為了準確起見，就叫做不可計算的數。

到目前為止我提過的每個數都有的優點是，它們都是可計算的。從 π 到米爾斯常數，從 $\sqrt{2}$ 到「麥特剛編造出來的數」，都是可計算的。但後來發現，還有其他不可計算的數——我稱之為暗數。我們認為自己很了解的數線，就布滿了這些不可計算的數，我們永遠無法算出它們的數字，但知道那些數字存在。證明了不可計算的數存在的正是圖靈。

圖靈在 1936 年寫的論文讓他備受讚賞，他在那篇論文中提出了現代電腦的第一個真實描述，然而電腦並不是圖靈真正的研究重心，只是他為了做出研究結論而設計出來的工作。這篇論文的標題是〈論可計算數〉[2]，而且內容正是如此：研究哪些數是可計算的。但因為後來電腦變得太重要了，而且圖靈在這篇論文裡對電腦的探討又領先時代非常多，所以掩沒了論文真正的研究結果。

圖靈的那篇論文先定義了什麼是可計算數。第一句就寫道：「『可計算』的數也許可以簡要描述成，其小數表示法可用有限方法來計算的實數。」意思就是，即使計算出一個數的小數部分，譬如 π 的小數部分，可能是一件無窮無盡的任務，說明該如何計算的指示仍然是有限的。

研究這個問題的另一個角度是，要完整描述一個數，有一個比列出所有數字更簡略的方法。如果你必須描述一個小數部分無窮無盡的數的每一位數字，那不會是有限的描述。每個可計算數各有一個可用來算出該數的有限算法。圖靈的構想是：對每個可計算數，都有個可在電腦上執行的生成程式。用他的說

2　完整的標題是〈論可計算數及其在判定性問題上的應用〉（On Computable Numbers, with an Application to the Entscheidungsproblem），非常合乎邏輯，因為他在不可計算的數方面的研究結果，對另一個數學領域（稱為判定性問題）也有連帶的影響。

法就是：「照我的定義，一個數的小數部分若能由一台機器寫下來，則該數是可計算的。」

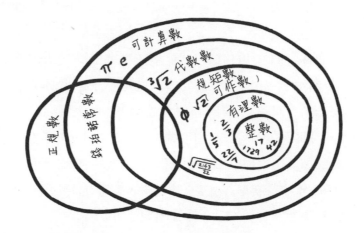

接著圖靈就繼續證明，也有一些數無法由機器寫下來；有些數無法計算。因此，日常生活中用到的整數與有理數在整座數海中不但只占了微不足道的一小部分，就算加上了代數數和超越數，我們仍然只在海面上，周圍是浩瀚到無法想像的不可計算數：我們知道存在但無法抓住的暗數。

數學角力

以下是兩個小問題：

1. 替我找個這樣的數：這個數的三次方跟它自己相加後等於 5。

2. 某個男子的藍寶石賣了 500 達克特幣的價錢，賺得的利潤是本錢的三次方根。他的利潤是多少？

知道這件事應該會令很多人感到不可思議：我們習以為常的所有數字其實

是在過去某個時候發現的，而數學家在那之前不得不將就沒有這些數可用的狀況。那樣的日子想必很不好過。整體來說，歐洲數學家一直要到 17 世紀，[3] 才做好接受負數存在的準備，所以如果你想解出像上述兩個題目那樣的問題，就必須只靠正數來解題。

不僅如此，你還不能使用代數。我們視為標準數學記法的東西，絕大多數在 16 世紀初以前都還沒出現。那時平方根符號 √ 雖然用過幾次，但大多數的數學家都還不知道；乘號 × 要到 1618 年才出現；代表圓周率的符號 π 要到 1706 年才問世。就連現在無所不在的加號＋，也是在 1360 年才由始終領先時代的奧雷姆開始採用（這對他寫出發散調和級數的證明想必很有用）。至於代數本身，要到 1591 年才首度有人用字母表示數，在這之前，所有的方程式都必須寫得「非常非常長」。

古希臘人雖然在幾何和圖形方面很出色，但他們是把數學寫成描述性的長句子，這是數學上的修辭時期，一直持續到文藝復興時期的新數學需要更強有力的表示形式為止。有一段過渡時期，數學家嘗試求解高等的方程式，但他們沒有數學記法可用，不得不設法用囉嗦、敘述詳盡的方法求解。這就產生了很有意思的副作用：16 世紀初有段很短暫的時間，解方程式成了一項觀眾愛看的運動——還促成史上數一數二的數學角力。

數學上有幾次精采的較量：牛頓對上萊布尼茲，白努利對上白努利，費馬對上眾人，但這些都比不上 1535 年 2 月發生在義大利的那一場。站在「代數對打」擂台上一角的，是義大利數學家尼可洛 • 馮塔納（Niccolò Fontana），大家更熟知的是他的綽號塔塔利亞（Tartaglia，這個字翻譯出來的大致意思是「說話結巴的人」）。說真地，他甚至還有個聽起來就像摔角選手的藝名（對了，

3　如果數學知識是一堆收拾好的積木，那麼歷史就像設法把燕麥粥集中在一起。這就是我為何不是歷史學家的原因；這裡提到的所有歷史，都應該看成我對事件的最佳理解或詮釋。

這並不是我憑空捏造的）。塔塔利亞在威尼斯附近長大，12 歲時他的家鄉布雷西亞（Brescia）遭法國軍隊洗劫，他的臉被劍擊中，劍劃過他的下巴和上顎，沒人顧他死活。但他活下來了，長大成人，留了一臉鬍子遮住臉上可怕的傷疤，然而他受的傷讓他從此說話結巴。塔塔利亞從年輕時就自學數學，後來搬到威尼斯，成為大名鼎鼎的數學強人。

擂台另一角是費耶（Fiore），知名數學家希皮奧內・德爾・費羅（Scipione del Ferro）的學生。費羅的父母經營造紙生意；由於印刷機（這是 15 世紀的資訊高速公路）才剛發明出來，因此造紙是蓬勃發展的高科技產業。他在波隆納大學擔任算術與幾何學的講師，做出幾個了不起的數學發現——只不過他沒有跟其他人說過。到 1526 年去世前，他才把自己的祕密傳給幾個學生，費耶是其中一位。現在費耶覺得自己有責任捍衛導師的數學方法，擊退新來者（他們之間有某種歐比王／路克天行者的關係）。擂台布置好了。

時間直接切到 1530 年代，塔塔利亞昂首闊步在城裡走動，聲稱自己是古希臘人以來（古希臘人也包括在內）最會解方程式的數學家。他自稱會解以前沒人解得出的方程式，包括一種新的方程式類型，稱為三次方程。費耶站出來說，他的導師費羅比塔塔利亞更早就會解三次方程，現在他自己是解方程式的高手。塔塔利亞說費耶胡說八道，費耶也火力全開批評塔塔利亞。這件事只有一個解決辦法：方程大對決。塔塔利亞和費耶各寫下 30 個方程式讓對方求解，這些方程式會交給一個中間人，由這個人互傳並對大眾公開，隨後民眾就等著看看誰能解出對手下的戰書。可想而知，氣氛令人緊張。

若在其他時候，費耶和塔塔利亞就不可能陷入這個處境了。他們（及其他所有的數學家）要想辦法使用再不也堪用的過時數字和符號，去求解進階的數學方程。若再早一些時候，像這樣的方程式根本不可能解得出來；如果再晚一點，解這些方程式實在太容易了。讓求解這些方程式成為一大挑戰以及吸引眾人圍觀的，是避免直接用到負數所需要的那種機智。

如今我們把負數與數字 0 理所當然，但也必須先有人發現，才有辦法拿來用。嘗試處理 0 和負數的最早記載，是第 7 世紀初期的印度數學家婆羅摩笈多（Brahmagupta）。不過歐洲人還不習慣，費波納契讚揚用十進位數系的好處時，把數字 1、2、3、4、5、6、7、8、9 稱為數，而只把數字 0 當成符號。因此，這兩位義大利數學家是在不把 0 當實數的情況下，竭盡全力求解這些方程式。要等到 17 世紀，數學家才漸漸廣泛接受 0。

　　負數花了更久的時間才獲得認可。（研究堆砲彈問題的）哈里奧特在 1600 年前後，用了負數解方程式，但一直到 19 世紀，像法蘭西斯・馬塞勒斯（Francis Maseres）這樣的數學家仍形容負數「純粹是胡說八道或莫名其妙的胡言亂語」。馬塞勒斯不願意相信 –5 是 $\sqrt{25}$ 的有效答案，他辯稱 (–5) × (–5) = 25 和 5 × 5 = 25 是同樣的說法，負號「沒有意義或重要性」。對於我們這些生在有負數的年代的人來說，這聽起來很怪，但在不過兩世紀前，有些數學家仍然拒絕接受負數。

　　我所稱的「負數革命」始於費耶和塔塔利亞在 1535 年的對決，持續到哈里奧特於 1621 年去世為止，數學家花了接下來的兩個世紀，欣然接受 0 和負數就跟正數一樣真實。費耶和塔塔利亞的數學對峙，是數學多接近負數革命的結果；他們也身處於古希臘人開啟的修辭時期的尾聲，剛好站在即將橫掃歐洲的符號時代（這也是我自創的）的分界線上。在這之後，數學家就會用符號和方程式代替描述性的長句。

　　費耶和塔塔利亞比試的三次方程式，帶有一個三次方項，所以像前面給大家的第一個題目（「替我找個這樣的數：這個數的三次方跟它自己相加後等於 5」）這樣的問題，其實是要你求解方程式 $x^3 + x = 5$。這些類型的問題不容易解決，而且過程中會用到大量的負數，所以 16 世紀時，大家會把三次方程式細分成非常多的子類，以避免這種狀況。

　　今天我們會把 $x^3 + mx = n$ 和 $x^3 = mx + n$ 這樣的等式視為相同的三次方程式，

因為把 mx 放在等號另一邊，就相當於給 m 一個負值。但對費耶和塔塔利亞來說，兩者是截然不同的問題。事實上，費耶只會解 $x^3 + mx = n$ 的類型，所以他給塔塔利亞 30 個這類型的方程式。然而，塔塔利亞精通各種不同的解法，於是給費耶各種三次方程式去求解。儘管對我們來說只是微不足道的差別，但費耶解不出其他類型的三次方程。塔塔利亞在兩小時內就把他的方程式題目求解完了，證明他既能解費耶給他的方程式，也能解他出給費耶的其他類型。結果塔塔利亞大勝。

實數真的很真實

　　自負數革命以來，0 與負數在數學裡變得無所不在，我們就把整條數線（正數、0、負數）稱為實數。我們不再質疑，像平方根這麼單純的式子可以給出兩個實數解，一為正一為負。由於 $3 \times 3 = 9$ 且 $(-3) \times (-3) = 9$，所以我們接受 $\sqrt{9} = 3$ 或 -3，或寫成 $\sqrt{9} = \pm 3$，同理，$\sqrt{2} = \pm 1.41421...$，兩個答案都同樣有效，都是真實的。

　　但即使到現在，稱這些為實數仍會讓一些人感到焦慮。負數總不會像正數一樣真實吧？到了真實世界裡，負數不管怎樣都一定比不過正數。在真實世界中，可有四隻鴨子或四杯茶，但不可以有負四隻鴨子或負四杯茶。如果可以有負四隻鴨子，還介紹牠們認識正五隻鴨子的話，這些鴨子會瞬間抵消，孤零零留下一隻很茫然的鴨子。

　　不過，物理學家自己甘冒忽略負數的風險。結果發現，方程式的負數解不僅在數學上很漂亮，而且在物理上可以像正數解一樣有效。在 20 世紀初，平方根負數解的精妙之處讓物理學家措手不及。

1928 年，英國物理學家保羅 · 狄拉克（Paul Dirac）想找個數學方法，去計算出速率接近（但未達到）光速的電子的能量，結果成功推導出現在我們所稱的狄拉克方程式。不過它牽涉到電子帶電量的平方——這就表示它不止有正數解，還有負數解。狄拉克在發表他這個結果的論文中，加了一段評論一筆帶過這點，指出「波動方程式也就同樣適用於攜帶電荷 e 的電子與攜帶電荷 $-e$ 的電子」（這裡的 e，物理學家拿來代表一個電子所帶的負電荷，而不是我們都知道且喜愛的數學常數 e）。突然間，出現了一個討厭的負數，但它想必是數學上的奇怪之處，沒有真正的重要物理意義……

$$\left[\left(i\hbar\frac{\partial}{c\,\partial t}+\frac{e}{c}\,\mathbf{A}_0\right)^2+\Sigma_r\left(-i\hbar\frac{\partial}{\partial x_r}+\frac{e}{c}\,\mathbf{A}_r\right)^2+m^2c^2\right]\psi=0$$

出自〈電子的量子理論〉的波動方程式

不僅從來沒有人看過帶相反電荷的電子，要說這種電子存在也很荒謬。除此之外，描述這種電子的解出現在數學裡的地方，就在描述非常普通的電子的普通解旁邊。不過，這些解無法就這麼視而不見，因為少了這些解，這個方程式的其餘部分就毀了。接下來幾年，狄拉克偶爾會探討一下他的方程式的這些其他解的可能結果，而在 1931 年發表了一篇專門針對這個問題的論文。在這篇論文裡，他認真處理這些數學解的物理意義，分析一種他稱為反電子（anti-electron）的粒子。這是物理史上對後來所稱的反物質的首次探討。

史上第一張反電子照片。圓圈中央實心條是一塊鉛片，
那條很細的弧線是一顆通過鉛片的反電子的軌跡。

　　事實證明這些數學完全正確。狄拉克的論文是在 1931 年 9 月 1 日發表的，不到一年後，在 1932 年 8 月 2 日，就有人在自然狀態中發現了一顆反電子。發現者是美國物理學家卡爾 • 安德森（Carl Anderson），他把它稱為正子（positron，又稱正電子），而且還能拍下照片證明它存在。現代物理學家可以建造自己的粒子加速器，但安德森還得自己打造粒子偵測器，然後耐心等候從外太空轟向地球的超高能量宇宙射線偶然打中粒子偵測器。1930 年代初，他用了 1,300 張照相底片來觀測宇宙射線撞擊偵測器的結果，宇宙射線與底片中的原子碰撞時都會產生一系列的粒子，而在其中 15 張照片裡，可以看到攜帶正電荷的電子的獨特軌跡。數學方程式的負數解，準確預測了真實世界裡一種基本粒子的存在。負數是真實的，而且已為大多數人接受了。

跳出數線外思考

　　但仍有一個問題。16 世紀的數學嘗試解決的方程式越來越複雜，出現的新數就不止負數一種。義大利數學家吉羅拉摩‧卡當諾（Girolamo Cardano，在英文裡的拼法是 Jerome Cardan）對塔塔利亞贏過費耶很感興趣，於是邀請他來作客，這樣就可以向他學幾個方法。卡當諾有很好的數學家世（父親是達文西的數學顧問），只是他把數學才能拿去賭博賺錢，同時他也是個密醫。他設法從不情不願的塔塔利亞口中獲知這些新的解法，然後開始自己試用。在解方程式的過程中，他注意到某件非常奇怪的事。

　　負數對卡當諾來說還是最小的問題。他注意到，他在解三次方程式時必須取負數的平方根，也就是說，他在計算當中遇到一步，需要算出 $5 + \sqrt{-15}$ 這個值。但這完全說不通，不可能有哪個實數會等於 $\sqrt{-15}$，因為所有的實數，無論正負，平方之後的答案一定是正的。但接下來，$5 + \sqrt{-15}$ 與 $5 - \sqrt{-15}$ 相乘，於是得出答案 40。

　　這讓數學家深感困擾：這種數應該不會存在，然而卻是一路算出確實存在的答案的重要一步。至少在最後得出方程式的解之前，負數的平方根又消失了，但它冒出來的意義是什麼？卡當諾把他不懂的數形容成「精神上的折磨」。他沒意識到自己是用了一種全新的數的第一人。在那之後，數學家就接受了這些數，我們今天知道它們叫做虛數。虛數記為 i，具有 $i \times i = -1$ 這個很特殊的性質。所以，$\sqrt{-1} = i$ 且 $\sqrt{-15} = i\sqrt{15}$。

　　到 18 世紀初，數學家基本上已經樂於接受虛數，而且很像負數，虛數已經證明自己極為有用，不管是用來解抽象的數學方程式，還是在實際應用方面。如果回頭看狄拉克的波動方程式，會看到裡面藏了 i 這個數。它和普通的實數配在一起，就組成了複數，如 $4 + 2i$。像物理學上的量子力學、電機工程等現代領域，都廣泛使用到複數，即使我們不知道虛數究竟是什麼。

數學家一領悟到虛數多麼有用，就需要替它們找個地方放。實數已經把數線占滿了，所以他們就把虛數放在一條跟原數線垂直的新數線上，由於複數由兩個部分組成，就可以想成是二維的數，兩個部分各對應到一個平面上的一點。曾經是一維的數線，成了二維的複數平面，每一個複數在那個平面上都有各自的家。

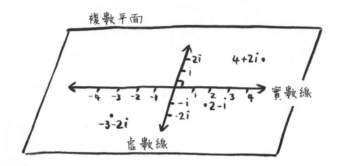

把一維數線擴展成二維平面，是給數學家的禮物，現在他們可以回過頭重新探究過去所有的數學，但要把過去的實數換成現代的複數。階乘函數長久以來一直用於普通的數上（如 $5! = 5 \times 4 \times 3 \times 2 \times 1$），現在就要開始找一個適用於複數的階乘函數等價物。大家給這個函數的新名稱是「Γ 函數」，符號 Γ 是大寫希臘字母，讀作「伽瑪」。歐拉在 1729 年做了一點 Γ 函數方面的研究（丹尼爾 · 白努利可能也做過，丹尼爾是約翰 · 白努利的兒子、雅各 · 白努利的姪兒），而高斯在 19 世紀初再加以整理。最後做出來的函數仍然有同樣的遞迴關係：對任意複數 z，$\Gamma(z) = (z - 1) \times \Gamma(z - 1)$，只是現在你想輸入什麼數就可以從什麼開始。

由於嵌在 Γ 函數裡的是階乘函數，所以若輸入整數仍會產生同樣的結果，只是要寫成 $\Gamma(n + 1) = n!$。擴展階乘函數之後，現在不僅涵蓋複數平面，還填滿了整數間的空隙。我最喜歡的函數值是 $\Gamma(1/2) = \sqrt{\pi}$（像往常一樣，π 又如神祕嘉賓般現身）。$\Gamma(1/3)$、$\Gamma(1/4)$ 和 $\Gamma(1/6)$ 的值也是少數幾個先前已獲得證明的超

越數。

在複數平面上畫某個複變數函數的圖形，最後會畫出一個遮住複數平面的曲面。這個 Γ 函數曲面的第一批圖形，必須很辛苦地徒手繪製出來，而現在我們靠電腦繪圖可以很快畫出圖形。問題在於，複變數函數會產生複數的函數值，因此除了要輸入兩個值（複數的實部和虛部），輸出的值也會有兩個，要把它好好畫出來就需要四個軸，所以會是個四維的圖形。我在這裡畫給你看的，同樣又是四維圖示的三維逼近。我們可以很有把握地假定，假想外星人比我們更擅長複變數函數，因為他們可以憑直覺檢視細節完整的圖形。

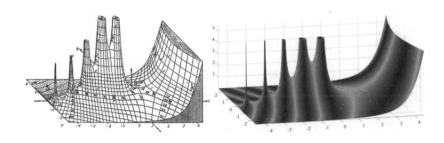

函數的 1909 年手繪草圖和現代 3D 圖。

如果覺得看起來眼熟，那是因為黎曼 ζ 函數也是複變函數。正如 Γ 函數是階乘函數在複數上的擴展，黎曼 ζ 函數也是我們在前面看過的巴塞爾函數在複數上的擴展（若要重溫巴塞爾函數，請看第 298 頁；要留下來跟黎曼 ζ 函數搏鬥，請看第 393 頁）。當我說它需要兩個數當輸入值而輸出值有兩個數，就意指它是個複變函數。黎曼 ζ 函數就是巴塞爾問題裡的函數推廣到包含複數以及實數線的缺漏部分，這正是它偷偷摸摸溜去負數取值的方式：取道複數平面。若從旁邊走到 $\zeta(-1)$，就會得出拉馬努金算出的值 $1 + 2 + 3 + \ldots = -1/12$。如果沒有複數，因黎曼猜想而取得的所有突破就不可能辦到。

倘若複數這麼厲害，我們顯然就可以再問，是不是還有更古怪的數。我們

沒辦法照同樣的模式繼續取 i 的平方根，因為複數所有的根本身都是複數（i 的平方根為 $\frac{1}{\sqrt{2}} + \frac{1}{\sqrt{2}}$）。看樣子，我們一從實數擴展到複數也包括進來，就把所有的數都找出來了。但接下來，（因路徑圖而出名的那位）愛爾蘭數學家哈密頓走上前來，指出進展的方向。

　　哈密頓已經把複數理解成一種二維的數，並且花了很多時間想要找出複數以外的數，他預期這些數是某種三維的等價物，由三個部分組成，而非兩個，但徒勞無功。接著在 1843 年的某一天他出門散步時，突然冒出了靈感。用他自己的話來說：「就彷彿電路接通，一道火花閃過。」哈密頓實在很興奮，立刻停下腳步，想就近找個東西寫下這個等式——結果剛好是一座橋。這大概是史上最早出現的數學塗鴉街頭藝術。

　　哈密頓領悟出下一組數會是四維的，由實數加上其他三種虛數 i、j、k 組成。虛數 i 仍然是組成複數的那個虛數，只不過現在加了 j 和 k。j 和 k 都具有同樣的性質（即平方後會得到 -1），但多了這個性質：它們三個全部相乘起來也會等於 -1。這代表如果你把它們兩兩相乘，乘出來的結果會是第三個：$i \times j = k$，以此類推。這個微妙之處讓這些數成立，同時也說明了為什麼複數沒有三維的等價物；有兩種不同的虛數，只是複製了 $i^2 = -1$ 這個性質，而有三個的話，會給出新的性質：$i \times j \times k = -1$。

哈密頓在都柏林近郊的布隆橋（Broome Bridge）上寫下的，正是這個 i、j、k 之間的關係式。如今數學家仍然會到這座橋進行一年一度的朝聖，用粉筆在橋墩上寫出這個等式。如果哪天你經過那座橋，仍會看到一塊標示牌，紀念哈密頓在此發現他所稱的四元數（quaternion）。這些四元數從此幸福快樂地在數學裡安頓下來，待在複數隔壁，甚至還替自己找到一些實際的用途：應用於現代電腦繪圖計算上。

　　儘管如此，數學家並沒有立刻接受四元數。克耳文勳爵承認四元數很巧妙，但形容這些數「對於以任何方式接觸到的人來說都是一種純粹的禍患」。四元數毫無疑問也讓牛津大學的數學家查爾斯・道奇森（Charles Dodgson）不高興。道奇森在數學上沒做出什麼值得注意的貢獻，要不是他用了筆名路易斯・卡羅（Lewis Carroll）寫小說，我們今天也不會談到他。很少有人意識到卡羅的正職是數學家，包括他那個時代的人，維多利亞女王就是其中之一。據說女王實在太喜歡《愛麗絲夢遊仙境》了，准許卡羅把下一本書題獻給她，結果收到書之後相當惱怒。那是一本數學教科書，書名是《行列式通論》。

　　卡羅是非常保守的數學家，他不喜歡非歐幾何、複數這類近代的數學概念。曾有人暗指他是藉著《愛麗絲夢遊仙境》當中的愚蠢，譏諷這些荒唐的概念。研究維多利亞時代文學和數學的專家梅蘭妮・貝里（Melanie Bayley，也是牛津大學出身）暗示，瘋帽匠下午茶會三位客人的角色，就是為了直接諷刺哈密頓四元數的 i、j、k 三個分量。從瘋帽匠說出的非交換性敘述，如：「哎呀，那你還不如說『我看見我吃的』跟『我吃我看見的』意思一樣！」你當然能理解為什麼。但無論是真是假，它的確代表當時的氣氛。許多數學家把數學像這樣越來越抽象到超脫物質現實世界，視為一隻從真實世界中消失、只留下露齒笑臉的柴郡貓。

×	1	i	j	k	m	n	p	q
1	1	i	j	k	m	n	p	q
i	i	-1	m	q	-j	-p	-n	-k
j	j	-m	-1	n	i	-k	q	-p
k	k	-q	-n	-1	p	j	-m	i
m	m	j	-i	-p	-1	q	k	-n
n	n	-p	k	-j	-q	-1	i	m
p	p	n	-q	m	-k	-i	-1	j
q	q	k	p	-i	n	-m	-j	-1

就像四元數，八元數的相乘順序也會改變答案的正負號！
$j \times m = i$，而 $m \times j = -i$。

　　現在看來，我們跳進虛數越來越多的兔子洞也許確實冒了很實際的風險，但事實證明，虛數突然停住了。四維的四元數之後是八維的八元數（octonion），然後就完結了。沒了。有這種模式的數系只有實數、複數、四元數與八元數，所有的虛數類型現在都找出來了，即使我們仍然覺得這些數很古怪又撲朔迷離。

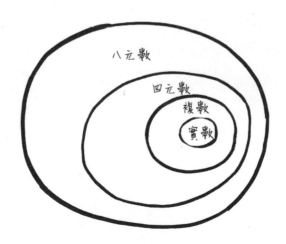

超現實的補遺

　　我不想給大家一個印象，以為我們現在對於數的類型已經了如指掌，該懂的都懂了。但跟往常一樣，數學永遠不會完滿，而且就在 1969 年，數學家康威才給了我們一類全新的數——超現實數（surreal number）。超現實數有個很不尋常的特質：它可能是唯一由小說作品首次提出的新數學概念。康威並沒有寫學術的數學論文談超現實數；相反地，這些數最初出現電腦科學家高德納（Donald Knuth）所寫的極短篇小說裡，書名是《超現實數：兩個前學生如何對純數學產生興趣，找到整體的幸福》。

　　發現實數的過程是先數算整數，然後在整數之間找有理數和無理數，但超現實數不同，是先建構數集，然後去看哪些數是兩個其他超現實數集合之間的中間點。這不但可以給出所有我們已經很熟悉的實數，還會出現幾個新的數。我最喜歡的新數，是個出現在零與其餘實數之間的超現實數，這代表它比零大一點點，又比其他的數小。這個數有個希臘字母的名稱叫 ε（讀作「epsilon」），它是最小的非零數。數學家艾狄胥習慣稱呼小朋友 ε，因為他們年紀很小又非零。

18

超越無限
INFINITY AND BEYOND

　　在整本書中，無限（或無窮）的概念已
經小聲提過了。在其他每一章幾乎都曾提到某件
事情「沒完沒了」、「永無止境」，或某個總和的答
案是「無限大」，但就沒有進一步關注了。這是因為，無
限就像數學外套上的鬆脫線頭，如果開始拉它，它不但會比你
預期的還要長，而且其他的一切也會開始脫線，突然間你就光溜溜
站在那裡，沒有數學蔽體，後悔當初沒把那個線頭推回去，繼續開心
地視而不見。

但我們不行，我們接下來就要抓住那個線頭。現在該好好認識一下在這本書裡經常出沒的幽靈了：無限。我們終於準備迎向無限，而且還要超越。

無止境地製造東西和做事情可能會有點難處理，但我們就來試一試吧。先去找個盒子和很多小球，然後從 1、2、3、4……開始替小球編號，明白了吧。這個遊戲就是每次把一顆球放進盒子，從 1 號球開始，但放到編號為平方數的小球時，就把那個數的平方根拿出來放到抽屜裡或某個安全的地方。這表示第一步有點奇怪，因為放入 1 號球的時候，1 的平方根就是它自己，所以放了馬上就要拿出來。接著你可以把 2 號和 3 號球放進去，然後放入 4 號球之後，要把 2 號球拿出來放進抽屜。接下來放 5 號到 8 號球，然後 9 號球會放進去，並拿出 3 號球。現在要問你的問題是：如果照這樣繼續做下去，最後會有哪些球留在盒子裡？有多少球安穩躺在抽屜裡？

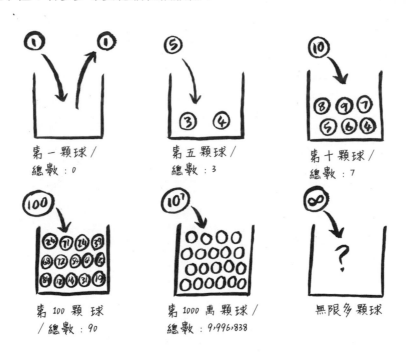

第一顆球／
總數：0

第五顆球／
總數：3

第十顆球／
總數：7

第 100 顆球
／總數：90

第 1000 萬顆球／
總數：9,996,838

無限多顆球

令人吃驚的是，最後盒子完全空了！這沒道理呀，因為放球的過程中，盒內的球數一直在增加，在每一步，如果不是加一顆球，就是加一顆球同時拿出一顆球：球的數目不是增加就是維持不變。然而全部的球到最後都在抽屜裡，不在盒子裡。所有這些球是什麼時候扔出盒外的呢？

我們會知道所有的球都在抽屜裡，是因為每個數都可以平方。你放進盒子的每顆球，都會對應到編號為它的平方數的另一顆球，而平方數編號的那顆球遲早會放進盒子。因此，放入的每一顆球最後都會拿出去，理論上就讓盒子變空了。沒有哪個數大到無法平方，只不過在每一步，盒子裡的球總是比抽屜裡的球還多。

之所以產生「盒子裡的球總是比較多，但最後全都會在抽屜裡」這個悖論，是因為我們預期無限的行為就像非常非常大的數一般，只不過，無限並不是一個數，在數線上找不到無限。一般人似乎會想，如果沿著數線繼續往上數過越來越大的數字，這些數到最後就會認輸，懶得再繼續下去，在那裡會有一個無限大符號（∞）標出數線的終點。但情況並非如此，**永遠**有更大的數，無限大並沒有安然包藏在數線的末端。無限不是一個大數。

無限其實是衡量有多少個數的方式。數線永遠沒有終點，所以我們說它是無限長的。無限是永無止境的物件集合的大小，就像先前我們說「五」這個數是包含五件東西的任意集合的大小。想像一下非負整數的集合；無限就是那麼大。那是在你把小球扔出盒子的時候：從你沿著永無止境的數線一直走，變成一次看整條數線，從你思考一個非常大的數，變成思考所有的數。

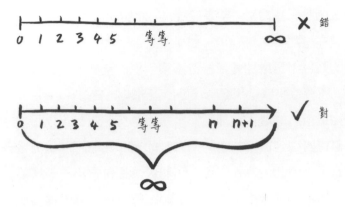

（非負）整數有無限多個，每一個都是某個整數的平方根。你可以想像這些球並不是依次放進盒子和抽屜，而是改成一次全部到位，編號為平方根的所有小球直接進抽屜，不是平方根的所有小球進盒子。沒有任何一顆球會放進盒子裡。

我們遇到的大問題是，就直覺來說，無限毫無道理可言，也沒有穩固的基礎。我們的大腦雖然不**喜歡**處理高維的空間，但至少低維空間我們處理得還不錯。人腦很滿意有限的數，只是一開始思考無限，就會發生完全違反直覺的事情。不像三維的形狀讓我們做好進入四維形狀的準備，有限的數並沒有為無限做準備，真要說的話，我們對無限的喜愛在我們遇到無限時，提供了一種虛幻不實的安全感。我們必須拋開所有的直覺，如果不這麼做，直覺會把我們引入歧途。在一個與有形現實世界脫離關係的世界裡，數學邏輯可能是唯一的嚮導。

不靠直覺做數學，就像搭乘沒入海面下的潛艇，而在數學叢林裡時，直覺會讓我們環顧四周，理解周圍的事物，那個時候，足夠多的數學跟周遭世界有直接的聯繫。然而開始往深處下潛，就表示我們再也看不到前方的路，我們已經離開原來的有形世界，跳入純抽象思維的世界。在潛艇裡，你不得不完全仰賴儀器的讀數，同理，我們現在只能靠數學結果引導方向。不過，如果我們一絲不苟，每一步都不放過，信任數學工具告訴我們的事情所得出的結論，那麼一切就會安好。

我們出發吧。

無限令人生氣

我聽到有個男的說，所有質數的總和趨近無限大，這個觀念真荒謬。

——BBC 廣播四台收到的聽眾投訴

　　無限大可能會惹人怒。看樣子很多人想讓無限大的線頭留在原處，不要大驚小怪。他們希望「無限大」仍是個含糊不清的概念，意指「某個非常非常大的東西」，是個代表盡可能大的模糊術語。在我上 BBC 廣播四台（Radio 4）的「數字知多少」（*More or Less*）節目談無限之後，BBC 電台收到不少聽眾投訴。這股怒氣早就屢見不鮮了。

　　無限在 19 世紀末時合法成為大家認可的數學概念，最大的兩位幕後功臣是德國數學家蓋歐格・康托（Georg Cantor）和他的捍衛者希爾伯特。雖然數學界不再只是認可無限這個一般概念，但並沒有吸引多少人實際想去嚴謹探究無限。跟康托同時代的數學家用「敗壞年輕世代的人」來形容他，這對患有憂鬱症的康托造成有害的影響，幸好希爾伯特看到康托的威力，他形容康托所做的研究是「數學天才的最傑出之作，人類純粹知識活動數一數二的最高成就」，還說出了這句名言：「誰也不得把我們逐出康托構築起來的天堂。」

　　康托 11 歲時隨家人從俄羅斯移居德國，在蘇黎世和柏林讀完數學、短暫擔任過中小學教師之後，1869 年就在位於哈勒（Halle）的大學安頓下來，成為數學家。從 1870 年代到 1880 年代，他寫了一系列論文，替目前我們對無窮的理解打下基礎。希爾伯特算是康托的晚輩，他在 1895 年成為哥廷根大學（University of Göttingen）的一員，接替（因那個四維瓶子成名的）克萊因本人的職位，一直做到 1930 年退休為止，時間久到可能跟年輕時的賽佛特在走廊上擦身而過（想必他渾然忘我地沉浸在扭結曲面中）。

康托指出，無窮有可能透過集合來度量，這跟當時大部分數學家的看法是相悖的。他證明，實際上有不止一種無窮，而且有些無窮比其他的無窮更大。在數學家的眾怒聲中，希爾伯特看到了康托做出的研究的威力，而在今天，要理解康托的無窮研究進展的最佳管道，仍是某個稱為希爾伯特旅館（Hilbert Hotel）的悖論。這是一間無限大的旅館，帶著一點意想不到的驚喜。

無限大旅店永遠有空房嗎？

最理想的情況是想像希爾伯特旅館裡有一條無限長的走廊，房間編號從 1 開始，然後依序是 2 號、3 號、4 號房等等，把所有的無限多個（正）整數都編號進去。原先旅館完全沒客人入住，接著來了一輛載著無限多人的無窮長途巴士，這些人身上別著「1 號賓客」、「2 號賓客」等識別章，編號也是無限多個整數，每位賓客各有一個編號。禮賓接待員出來迎賓，引導他們入住，他的工作很簡單：他舉個牌子，上面寫著：「每個人的賓客編號就是要入住的房號」。於是無限旅館客滿了。

我們的考驗是設法智勝禮賓接待員一籌，找出一群無法住進旅館的客人。如果能找到比希爾伯特旅館更大的賓客集合，那麼他們就代表一個更大的無限大。像這樣把兩個集合裡的物件配對，正是所有計數的基礎。如果你面前的桌上有一堆銅板，你想知道總共有多少，就可以拿手指當作一個已預知的集合，藉此算出銅板集合有多大。若首先你把手指頭放在銅板上，每個手指頭下方各有一枚硬幣，你就會知道總共有十個銅板（或跟你的手指數目一樣多的銅板）。如果有手指閒著，那麼你就知道你的手指集合比銅板集合大。在希爾伯特旅館的問題中，我們所要找的，就是一個無法跟客房的無窮集合相配對的賓客集合，要是所有的客房都住滿而有一些客人沒分配到房間，我們就知道賓客一定構成

了更大的無窮集合。

我們會從簡單的開始,只多出了一個很晚才到達希爾伯特旅館的客人。這對禮賓接待員來說不成問題,只要無限多個房客不介意換房間,那麼住 1 號房的人就可以收拾一下行李,換到 2 號房,原本在 2 號房的人換到 3 號房,把 2 號房空出來,而住 3 號房的客人搬到 4 號房。只須一個動作,無限多個房客就可以全部走出房間,換到下一個房號的房間,空出 1 號房給新來的客人。對於旅館客滿後才入住的來客,都可以重複使用這一招,而不會讓旅館變得「更客滿」。一個無窮集合加上任何一個有限集合,仍然得出同樣大的無窮。

現在,已經客滿的旅館外又停了一輛無窮巴士,一群無限多的人下了巴士,要來投宿。禮賓接待員一時間亂了方寸,他無法把他們分到房號跟賓客編號相同的房間,因為那些客房都已經入住了,他也沒辦法重施先前增添有限多個來客時用的方法,因為現在新來的客人有無限多個,所以進行過程會沒完沒了。他需要一個快速有效的辦法,讓他們一次就能全部入住旅館。

謝天謝地,禮賓接待員有能力擔此大任。他提議每位永遠樂於換房的房客,可以搬出現在所住的房間,換到房號為原來的兩倍的客房,因此,住 1 號房的客人換到 2 號房,同時 2 號房的客人換到 4 號房,而 3 號房的客人走去 6 號房,同時跟準備換到 8 號房的 4 號房客人揮手打個招呼。無限多個客人全部走出原本的客房,換到房號為雙數的房間,把無限多間單數號房留給新來的客人。同樣地,這招我們想用多少次就用多少次:旅館永遠不會變得更客滿。一個無窮集合重複加有限多次,會得出同樣大的無窮。

我們一直在等的巴士現在抵達了。這是一輛龐大的無窮巴士,車上載著我們在前一章認識的全部有理數。每個賓客的識別章上都有個互不相同的分數,他們都想要入住希爾伯特旅館。我們會給禮賓接待員努力的機會,讓他從完全沒客人入住的旅館開始。感覺上這應該像個不可能的任務,因為有理數比整數多。就非常實際的意義來說,有理數比整數「稠密」,在任意兩個有理數之間,

永遠找得到另一個有理數：你可以任取兩個分數，求出平均值，就得出一個介於兩者間的新分數，而這個做法可以一直重複做下去。相反地，整數就很稀疏，譬如 6 和 7 之間就沒有別的整數了。把數線放大看，稠密的有理數源源不絕，稀疏的整數則越變越少。

然而事實證明，這個問題有一種解決方法，禮賓接待員又贏了。賓客下車後，看到禮賓接待員已經製作好無限長的一覽表，列出每個人該住哪間房。他先把整數依序由下往上、從左至右寫出來，排成無限大的方格，接著在每一格填入有理數，以縱坐標為分子（分數線上方的數），以橫坐標為分母（分數線下方的數）。每一個有理數一定都在上面，因為要讓每一位客人都能在這個表上找到自己的分子與分母。禮賓接待員是從這個方格的左下角開始，以「之」字形來來回回的方式，井井有條地給每一格專屬的整數編號，而這將是對應有理數編號的客人的房號。

17	17/1	17/2	17/3	17/4	17/5	17/6	17/7	17/8	17/9	17/10	17/11	17/12	17/13	17/14	17/15	17/16	17/17
16	16/1	16/2	16/3	16/4	16/5	16/6	16/7	16/8	16/9	16/10	16/11	16/12	16/13	16/14	16/15	16/16	16/17
15	15/1	15/2	15/3	15/4	15/5	15/6	15/7	15/8	15/9	15/10	15/11	15/12	15/13	15/14	15/15	15/16	15/17
14	14/1	14/2	14/3	14/4	14/5	14/6	14/7	14/8	14/9	14/10	14/11	14/12	14/13	14/14	14/15	14/16	14/17
13	13/1	13/2	13/3	13/4	13/5	13/6	13/7	13/8	13/9	13/10	13/11	13/12	13/13	13/14	13/15	13/16	13/17
12	12/1	12/2	12/3	12/4	12/5	12/6	12/7	12/8	12/9	12/10	12/11	12/12	12/13	12/14	12/15	12/16	12/17
11	11/1	11/2	11/3	11/4	11/5	11/6	11/7	11/8	11/9	11/10	11/11	11/12	11/13	11/14	11/15	11/16	11/17
10	10/1	10/2	10/3	10/4	10/5	10/6	10/7	10/8	10/9	10/10	10/11	10/12	10/13	10/14	10/15	10/16	10/17
9	9/1	9/2	9/3	9/4	9/5	9/6	9/7	9/8	9/9	9/10	9/11	9/12	9/13	9/14	9/15	9/16	9/17
8	8/1	8/2	8/3	8/4	8/5	8/6	8/7	8/8	8/9	8/10	8/11	8/12	8/13	8/14	8/15	8/16	8/17
7	7/1	7/2	7/3	7/4	7/5	7/6	7/7	7/8	7/9	7/10	7/11	7/12	7/13	7/14	7/15	7/16	7/17
6	6/1	6/2	6/3	6/4	6/5	6/6	6/7	6/8	6/9	6/10	6/11	6/12	6/13	6/14	6/15	6/16	6/17
5	5/1	5/2	5/3	5/4	5/5	5/6	5/7	5/8	5/9	5/10	5/11	5/12	5/13	5/14	5/15	5/16	5/17
4	4/1	4/2	4/3	4/4	4/5	4/6	4/7	4/8	4/9	4/10	4/11	4/12	4/13	4/14	4/15	4/16	4/17
3	3/1	3/2	3/3	3/4	3/5	3/6	3/7	3/8	3/9	3/10	3/11	3/12	3/13	3/14	3/15	3/16	3/17
2	2/1	2/2	2/3	2/4	2/5	2/6	2/7	2/8	2/9	2/10	2/11	2/12	2/13	2/14	2/15	2/16	2/17
1	1/1	1/2	1/3	1/4	1/5	1/6	1/7	1/8	1/9	1/10	1/11	1/12	1/13	1/14	1/15	1/16	1/17
	1	**2**	**3**	**4**	**5**	**6**	**7**	**8**	**9**	**10**	**11**	**12**	**13**	**14**	**15**	**16**	**17**

繼續完成這個方格，就會列出每一個可能存在的有理數。

```
6  6/1 6/2 6/3 6/4 6/5 6/6 6/7 6/8
5  5/1 5/2 5/3 5/4 5/5 5/6 5/7 5/8
4  4/1 4/2 4/3 4/4 4/5 4/6 4/7 4/8
3  3/1 3/2 3/3 3/4 3/5 3/6 3/7 3/8
2  2/1 2/2 2/3 2/4 2/5 2/6 2/7 2/8
1  1/1 1/2 1/3 1/4 1/5 1/6 1/7 1/8

   1  2  3  4  5  6  7  8
```

接著我們就可以井井有條地替這些有理數排序並輕鬆編號。

同樣地，無限多個客人同時全都下車了，一起看著這份一覽表，找到自己的房號，然後走進旅館舒舒服服地住一晚。利用這種方法，我們可以把有理數的無窮集合（所有可能存在的分數）跟整數的無窮集合（所有可能存在的整數）一一配對。這兩個無窮集合一樣大，不管直覺告訴我們什麼「才是」對的。這正是康托最初在 1873 年證明出來的結論。

只是這個方法有點雜亂，問題出在，這個把所有的有理數寫在相交位置的方格，裡頭出現了很多重複。識別章寫著「1/2 號賓客」的人，要從縱坐標 1 和橫坐標 2 的相交處讀出房號，但分配給縱坐標 2、橫坐標 4 的房間會空出來，因為 2/4 和 1/2 相等，而那個客人已經有房間住了。雖然這確實能把所有的有理數都安排進旅館，卻會留下許多空房。如果有辦法很有系統地把有理數跟整數完全配成對，那就太好了。為了做到這點，我們會需要一個全新的數列。

現在試試看再寫一次費波納契數列，但這次要稍微改一下：不是只把兩個數相加得出序列裡的下一個數，還要把一個數照抄在末尾，當作間隔；意思就是說，不是只有把兩數相加的結果放在數列的最後，而是每相加出一個新數，就照抄一個數字。這個數列的前兩項仍然會是 1、1，像費波納契數列一樣，但後面各項就變得大不相同。

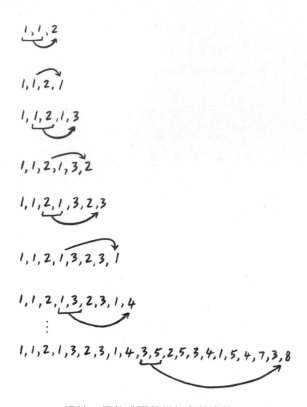

照抄一個數或兩數相加交替進行。

　　這個數列以一種切分的節拍前進，比你動腦計算的速度還要快，在你算出數列中的一個個數字時，數列的尾端馬上就超前了！

1, 1, 2, 1, 3, 2, 3, 1, 4, 3, 5, 2, 5, 3, 4, 1, 5,
4, 7, 3, 8, 5, 7, 2, 7, 5, 8, 3, 7, 4, 5, 9, 4, 11, 7 …

斯特恩－布羅科數列（Stern-Brocot sequence）

　　這看起來大概不像費波納契數列那麼令人驚嘆：數字需要很長一段時間才會變得更大，而且相同的數字一直重複出現。不過，讓它出人意料的地方是，當你沿著數列，把數字兩兩變成分數時，會發現這個數列裡包含了每一個有理

數。這些分數從 1/1、1/2、2/1、1/3、3/2、2/3、3/1、1/4……開始，每一個可能存在的分數一定會出現在這個無窮數列裡的某個地方。不僅如此，它只出現一次，而且一定會以最簡單的形式出現（例如 1/2 一出現，接下來就不會再有 2/4、3/6、10/20 等和 1/2 相等的任何分數）。尼爾・卡爾金（Neil Calkin）和赫伯特・威爾夫（Herbert Wilf）兩位美國數學家在 2000 年所寫的四頁論文〈重計有理數〉（Recounting the Rationals）裡，發表了這個數列（詳見〈書末解答〉）。他們很大方地把它命名為斯特恩－布羅科數列，因為是根據另外兩位數學家斯特恩和布羅科最初在 1858 年至 1860 年所做的成果。

好啦，有理數也是一樣大的無窮集合。就算來了一輛載著每一個代數數的巴士，旅館還是能安排房間給那些賓客，康托這位禮賓接待員找到了代數數與整數的一一對應方法。他知道每個代數數都是某個有限方程式的解[1]，所以他找出一個方法，藉由高度來列出所有可能存在的有限方程（他發展出一種函數，來結合這種方程式的次方與係數並產生整數，他把這個函數產生出來的整數稱為高），然而一個方程式可能會有不止一個解，就像家裡的小孩可以從老大排行到老么，這就代表，當每一位用代數數編號的賓客走下無窮巴士，他們可以經由高度找出自己的親代方程式，而他們在親手足解當中的位置就是自己的整數房號。

看起來我們想得到的每一個無窮集合都還是能住進無限旅館；這些無窮集合都是一樣大的。這大致上就是 1870 年代之前，數學家與無限之間的工作關係，他們意識到有些東西是無限大的，也接受無窮本身的存在，但認為所有的無窮集合都一樣大，可以無止境地數下去的任何東西都一樣多。但後來康托發現，有一輛巴士上的乘客多到希爾伯特旅館容納不了。他是找到比無限大更大的第一人。

1　我應該在某個書呆子還沒指出像 x − π = 0 這樣的有限方程式前，具體指明是「有理係數多項方程式」。

我們需要更大的巴士

對我來說，發現無限大有不同的大小，是最棒的數學成就之一。我們的大腦連無限大是什麼都無法真正理解，更不用說還要區分無限大與更大的無限大了。然而康托證明了有這種事情存在。到頭來，其中一些事物會用不同的速度繼續下去，而不是把全部混為同一個無窮持續下去。

地平線上有輛巴士，正朝希爾伯特旅館轆轆駛來：這輛巴士載的人太多了，結果不是每個人都有房間住。巴士停下來，車門開了，車內都是實數，而且還不是所有的實數，只有 0 到 1 之間的實數。坐在最前面的是自顧自的 0 號賓客，而在後座是 1 號賓客，他們之間就是所有可能存在的小數。除了有理數與代數數賓客，坐在這輛巴士某個位子的賓客，會帶有你想像得到的任何一串小數。

康托成功證明出，不論用什麼方法把這些賓客分到旅館的整數房號，都會有至少一個客人沒有房間住，而且如果這兩個集合沒有辦法完全配對，留下落單的成員，那麼其中一個集合就一定比另一個來得大。令人吃驚的是，康托的這個證明不僅對他能想到的各種巧妙配對方式成立，還證明了在每一種可能的配對情形都成立。並不是人類還不夠聰明，沒辦法讓這些實數入住旅館，而是根本不可能有解。

這輛巴士抵達後，一位櫃台接待人員跑出希爾伯特旅館。他們很害怕做不到生意，所以聲稱有個有系統的辦法讓車上的實數入住旅館，也就是說，他們聲稱可以列出所有這些實數，並跟旅館的整數房號一一配對。但禮賓接待員康托知道自己可以拿出像這樣可以想像到的任何清單，而且永遠能找到至少一個沒有列在清單上的實數。無論櫃台接待人員聲稱有什麼清單，永遠都有幾個賓客沒列在上面。

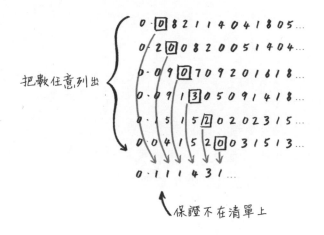

把數任意列出

0·0 8 2 1 1 4 0 4 1 8 0 5 …
0·2 0 0 8 2 0 0 5 1 4 0 4 …
0·0 9 0 7 0 9 2 0 1 6 1 8 …
0·0 9 1 3 0 5 0 9 1 4 1 8 …
0·1 5 1 5 2 0 2 0 2 3 1 5 …
0·0 4 1 5 2 0 0 3 1 5 1 3 …

0·1 1 1 4 3 1 …

保證不在清單上

為了有系統一些，我們可以把圈起來的每個數字加 1，而讓 9 變成 0。

康托所做的，就是去看列在名單最上面 1 號房裡的房客編號的第一位小數，然後用一個不同的數字當作他的「未列入」賓客編號的第一位小數。接著他再看 2 號房的房客的第二位小數，然後在未列入賓客編號的第二位小數填上跟它不同的數字，其餘類推。不管拿到什麼名單，在他填完之後，都會有一個不在清單上的賓客；不管 n 是什麼數，這個不在名單上的賓客與分到希爾伯特旅館 n 號房的房客，編號的第 n 位小數都不一樣。這間無限大旅館已經無限滿了，但毫無疑問還有一個客人沒房間可住。這些實數所構成的無窮集合比整數集合還要大。

既然有不止一個無限大，現在我們就需要用不同的方式來稱呼。我們認識已久且喜愛的無限大，即整數的無限大，要稱為可數無窮（countably infinite），因為我們可以用整數把可數無窮集合裡的所有成員一個個數出來。實數的無限大稱為不可數無窮（uncountably infinite），如果用「數不清」來形容某個東西時，嚴格說來就是在描述這個比較大的實數無窮。由於這個不可數無窮涉及介於 0 到 1 的連續實數（整數、有理數與代數數全都有空隙，但實數沒有），因此我們把它視為連續的無窮。

再者，有了不止一種無限大，就代表每當我們稱某個東西「無限多」或「無限大」，都需要問：是指哪個程度的無限？以下是一個新的無限情境和兩個舊愛：

- 把披薩切成沒有每一塊都碰到中間配料的切法有無限多種，但這是哪種無限？
- 等寬形狀有無限多種，是指哪種無限？
- 西洋棋賽如果進行太久，通常會被迫終止（和局），但如果允許繼續下完，棋局的可能性是哪種無限？

我們可以證明，把披薩切成沒有每一塊都碰到中間配料的切法只有可數無限多種。[2] 我們在前面看過，切披薩時一開始先切成等寬的奇數邊規則形狀，這種形狀有可數無限多個（每個奇數整數各有一個），而且每塊都只能再分成整數塊。雖然每個步驟都有無限多種選擇，但都是整數個、離散的選擇。所以最後的結果是可數的無限大。

不過，等寬形狀就有不可數的無限多種。等邊正三角形只有一種，但如果不一定要是規則的正三角形，就有無限多種。你可以改其中一邊的邊長，而這種變動的可能範圍是連續的。三角形的邊長可以是介於任兩個長度之間的任意實數，比方說 1 到 2 單位長之間，這樣就會有不可數的無限多。如果某些東西可和連續的選項集合相關聯，我們就知道這些東西有不可數的無限多個。

西洋棋賽可能下出的棋局數，讓事情變得更有趣了，因為每一步棋只能移動有限多個棋子，這些棋子也只能走到棋盤上數目固定的新位置，感覺起來可能出現的棋局變化是可數的無限多種。似乎沒有連續的選項跟一盤棋相關聯；所有的位置都是離散的。不過，我們可以把棋步直接關聯到實數。想像在一盤棋中，其中一方有一個皇后，這代表每一步都可以選擇把皇后放在

2　更新：在這本書英文版的第一版出版之後，數學家史蒂芬・沃斯里（Stephen Worsley）已經告訴我一種新的切法，在這種方法中，與每一塊相連的「楔形」的大小都可以在 0 到 1 之間連續變動，這就產生了不可數的無限多種解！

某個黑色或白色棋盤格上，這就等於在 0 與 1 二選一，所以棋士可以選擇任意實數，再轉換成二進位數，然後根據那些數字來移動棋子。現在這就表示每個實數都會產生不同的棋局，因此有不可數的無限多種可能。難怪他們對允許的步數有限制。[3]

無限大引起的餘波

讓其他數學家焦慮不安的部分原因在於，康托並不是發現兩個不同的無窮，而是有更多個。這個由大小不同的無窮構成的全新世界，用希伯來字母 $\aleph$（aleph，讀作「阿列夫」）來命名，阿列夫零（aleph-null 或 aleph-zero）是最小的無限大，也就是非負整數（自然數）集合的大小，用阿列夫符號來寫的話，右下角要寫一個零：$\aleph_0$。第二小的無限大是 $\aleph_1$，再大一點的是 $\aleph_2$，以此類推，可以一直寫到無限多個大小不同的無限大。難怪數學家覺得難以全部接受。

還有一個大哉問：$\aleph_1$ 是什麼？康托已經證明，一條連續數線的不可數無窮，大於可數自然數的最小無窮 $\aleph_0$，但沒辦法證明比它大的下一個無窮集合絕對是這條連續數線。實數集的不可數無窮有可能是 $\aleph_1$，或者有可能存在一個還沒有人找到的不同無窮集合，小於這個連續的無窮集合，但大於可數無窮 $\aleph_0$。康托的直覺是，實數確實構成了下一個無窮，即 $\aleph_1$，這個猜想後來稱為連續統假設（Continuum Hypothesis）。不管怎麼努力，數學家都沒辦法證明連續統假設是對的還是錯的。

希爾伯特在 1900 年列出他認為需要解決的數學問題名單時，黎曼猜想名列

3　世界西洋棋總會（FIDE）第 9.6b 條規則規定，「如果每一方已下完連續 75 步，兵沒有移動，也沒有吃子」，就判為和局。因此促成的兵往前走以及吃子，將會為任何一盤棋帶來有限的終局。

第八，而連續統假設高居榜上第一位。但不像黎曼猜想，連續統假設在 20 世紀時解決了，只是不是用數學家喜歡看到的方式：與其說是解決，還不如說是摧毀。而且全因希爾伯特名單上的第二個問題而起。

希爾伯特是公理（數學家假定為真的敘述）的頭號鐵粉。自從歐幾里得寫出《幾何原本》，首開「從幾個不證自明的假設出發，證明出其他一切結果」的先例，數學家就一直對公理著迷。希爾伯特對數學的重大貢獻，就是用了歐氏的假設及尺規作圖限制，找出所有幾何系統遵循的完整 20 個公理，這是第一次有人這麼明確指出公理在數學中如何使用，而且大家通常公認希爾伯特是歐幾里得之後對幾何學影響最大的數學家。排名第二的問題，就是要看看有沒有人能接續他在幾何方面做出的工作，擴展到所有的數學上，他想知道有沒有可能找到一套完整的公理，能夠當成所有的數學的穩固基礎。

希爾伯特列出的前兩個問題，沒多久就由一個叫做庫特・哥德爾（Kurt Gödel）的數學家解答出來了，只是回答的方式其他數學家並不讚賞。哥德爾出生於 1906 年（距離希爾伯特提出 23 個問題之後才隔了幾年），是一位奧地利數學家，而且跟康托一樣患有憂鬱症。他和妻子在夜店結識，1938 年希特勒把奧地利納入德國統治後，他們在 1940 年取道俄羅斯和日本，逃往美國。由於先前曾到普林斯頓訪問，哥德爾抵達美國後就前往普林斯頓定居並工作（成了同為逃亡者的愛因斯坦的密友），直到他 1978 年去世為止。然而，讓哥德爾成名的是 1931 年他在維也納大學所做的研究工作，當時他年僅 25 歲，才剛完成學業兩年，就發表了讓他惡名遠播的幾個不完備定理（incompleteness theorems）。從此數學再也不一樣了。

哥德爾在一篇論文裡，證明了數學永遠不會是完備的。他的第一個不完備定理在證明，對於我們所能構成的任何一個有用公理（包括基本算術公理）的集合，永遠會有某件事情是這些公理無法證明的。[4] 無論你的公理多麼好，都還是會有某個無法證明為真或為假的定理。另外加一個公理來處理，可以解決這

個問題，不過接下來還有一個定理，但這個定理稍微超出了數學的範圍。到頭來，數學永遠證明不了一切。

這正是連續統假設的問題所在。20 世紀初，數學家選定了九個公理來處理無窮，統稱為 ZFC——這是含選擇公理的策梅洛－弗蘭克爾集合論（Zermelo–Fraenkel set theory with Choice）的簡稱（詳見〈書末解答〉）。然而連續統假設就屬於無法證明為真還是為假的定理，它在 ZFC 的公理下是不可判定的。歐幾里得在平行公設上就遇到了這個問題：不可能從其他幾個公理推導出平行線存在或不存在。要麼就假設平行線存在，得到一種幾何系統，要不就假設平行線不存在，得到另一種不同的幾何系統，兩個選項同樣真確。

數學家有個選擇：可以假設實數構成了 $\aleph_1$，也可以假設不是如此。他們可以選擇比自然數集合大的下一個無窮集合是什麼，這可由他們想加進 ZFC 的新公理是什麼來決定。問題是，公理應該是不證自明的真確事實，顯然沒有什麼選擇。針對某個第十公理的爭論一直持續至今。如果你希望證明連續統假設為假，那麼就有所謂的力迫公理（forcing axioms），基本上會迫使它變成錯的。有個初步的候選者稱為馬丁公理（Martin's axiom），是在 1970 年提出的。如果你希望連續統假設證明為真，就必須找到所謂的內模型公理（inner model axiom），來讓它實現。這些更難達成，不過據推測，有個名叫終極 L（Ultimate L）的公理可以做到。最大的問題是：我們想選哪一個？這兩個公理選任何一個，都會產生有成果卻不一樣的結果。

這就是希爾伯特宣稱由康托構築起來的「天堂」：在這個天堂裡，有無限多個大小不同的無窮，而且「哪個是第二大？」是個不可判定的問題：從兩個方向都可以證明。你可以理解為什麼當代數學家把它視為噩夢。數學這門學問建立在證明與確定性的基礎上，像這樣任憑漂流，讓數學家有暈船的感覺。但

---

4   哥德爾的第二個不完備定理是說，任何相容的公理集合都無法在不額外增加公理的情況下，證明本身是完備的。

在那以後，我們已經適應了超限（transfinite）的不確定世界，而且令人興奮的是，它到今天還是活躍的數學研究（及爭論）領域。就像由熔岩凝固成的新島嶼，我們實在很幸運，仍然能看到新的數學領域正在翻騰成形。

n+1
後續篇章

　　我們來到這裡了，全書的尾聲。我們從
根據整數和簡單幾何形狀的遊戲開始，探索了從
扭結到圖形的新世界，在現實世界以外的幾千個維度
裡冒險，我們看到如何用其中的一些數學讓現代的技術成
真，甚至看到現代的電腦如何替我們證明數學定理。我們抵達
並超越了無限大，最後發現，無論人類發現了多少數學，總還有幾
個證明是力所不及的。

　　舉個例子吧，我覺得哥德爾的不完備定理令人感到相當安慰，它代表

數學永遠不會完備，永遠會有以既有公理無法判定的其他事情。如果人類能夠再生存幾百萬年，繼續以過去幾千年的發展速度產出新的數學，我們仍然涵蓋不了全部，未來所有的數學家將會一直有工作可做，而且一如以往，有一部分的工作將持續對文明的其餘環節十分有用，而很多工作仍將是毫無意義卻無限有趣的學術玩物。

這一切的背後，有個無法解釋的謎團，我在整本書裡一直小心翼翼地避開了。如果數學是遊戲和謎題的結果，是純知識思維的成果，為什麼到頭來會這麼實用？我一直把數學當作一點樂趣來推廣，不過沒有人能無視於數學方法是現代技術的主力。在現實中，數學是嚴肅的工業探索。在我聲稱為數學的起源和數學最終的用途之間，存有一種緊張關係。

而且這件事的真相是：我們不知道。

因編碼出名的漢明在 1980 年寫了一篇論文，〈數學的不合理效用〉（The Unreasonable Effectiveness of Mathematics），這篇論文根據的是另一篇寫於 1960 年，題目幾乎相同的論文，作者是匈牙利諾貝爾物理獎得主暨數學家尤金‧維格納（Eugene Wigner）。他們兩位都是十分務實的數學家，有心做「應用」數學，而在論文裡論證，沒有什麼顯然的理由可以解釋，數學這門從純人類思維誕生出來的學問，為什麼在現實世界中如此有用。「不合理效用」一詞此後就象徵著這個謎團。

看起來與周遭現實世界相符的，還不止有基礎數學，就連非常抽象的概念也成了大家必須處理的問題。科學家一直有賴數學來描述他們的理論，隨著那些理論變得越來越複雜，就需要越複雜、越高深的數學觀念。然而在 20 世紀初，情況有了根本的改變，所需要的數學以驚人的速度變得更抽象離奇，遠遠超出任何人的預期。

非歐幾何與非交換代數，曾視為腦中杜撰的東西和邏輯思想家的消遣，現在卻發現是描述物理世界中普遍事實不可或缺的重要數學。

——狄拉克〈電場中的量子化奇異點〉，1931 年

狄拉克經歷到抽象數學預測出真的有反電子存在，這讓他推斷現在有新的物理研究方法。他暗示，理論物理學家一開始不必為做實驗發愁，而應該嘗試各種理論，找出一些數學能順利進行的理論。未受過檢驗的理論背後有漂亮的數學，是某種「認證」，因為宇宙似乎喜歡優雅的數學，不管多麼抽象。像這樣在數學方面令人愉悅的理論，接下來就可以進行實驗檢驗。

弦論（string theory）就是個完美的例子。不像愛因斯坦的四維時空，弦論的某些變體需要十一維的時空，這就給了我們更多的空間維度。然而，從來沒有任何證據證實弦論是正確的，我們對四維時空以外的維度還沒有做出觀測，只是弦論背後的數學極為巧妙，一切安排得非常圓滿而優雅，宇宙不去使用這個理論幾乎就是浪費。

由於數學在描述宇宙方面很有用，因此也讓人很想反過來看看物理學如何影響數學，很想堅持某個版本的數學真理一定是「真實的」，因為它跟周遭世界相符。不過，無論我們的宇宙究竟有多少個維度，都不會改變數學的運作方式。同樣地，我們也可以執意要弄清楚我們的宇宙是不是歐氏幾何的；如果縮小得夠遠，平行線仍然有可能存在嗎？求助於宇宙，雖然可以解決平行公設的問題，但這是把應用和理論倒置了。數學與物質現實世界是分開存在的——不是由物質現實世界塑造出來的。

我們的「超假想外星人」可能住在跟我們截然不同的宇宙中，我們都會發現相同的數學，當中只有一小部分會適用於各自的周圍真實世界，但這並不會讓其餘的數學無效。一種生物的抽象數學，說不定可以描述另一種生物的物質現實世界。我能想像，生活在四維非歐幾何中的超假想外星人，想要弄懂住在

一個有平行線和扭結的世界裡的三維生物的荒誕概念，他們的臆想實驗可能是我們的現實世界，反之亦然，不過數學本身是一樣的，都同樣是正確的。

我希望這本書已經勾起你對休閒數學的興趣。我們所走的，是一條非常窄又特別的路，從計數、幾何形狀一路走到人類知識的極限。有數不清的彎路可走，但我們沒走，我希望你能再去讀一些延伸書籍，了解一下我沒辦法放進這本有限的書裡的許許多多主題。我也希望你像我一樣對此感到寬心：數學世界是無界的，人類可以繼續探索，永遠會發現新的事物。

好了，你已經讀完這本書了，接下來一定要繼續做數學。想個容易鬆脫的新方法掛畫，把披薩和蛋糕切得百分之百公平，和朋友打賭他的玻璃杯繞一圈的周長大於杯高。當然，你一定要向至少一個人示範莫比烏斯環切成兩半後會變成什麼樣子。

書末解答

第 1 章：你能不能屈指算一算？

為什麼只有 2 的次方數無法寫成相鄰數字和？

為了證明這件事，我們要先看一下其他可寫成相鄰數字和的數。

奇數是很容易證明的第一個目標。如果一個數是奇數，它就是某個數的兩倍再加 1，這可寫成 $2n + 1$，n 代表某個數的值，即指它是相鄰數 n 與 $n + 1$ 的和，例如 17（等於 $2 \times 8 + 1$）為 $8 + 9$。

好了，現在換偶數。如果一個偶數是 3 的倍數，我們知道它會等於 $3n$，n 為某個數，所以可以把它寫成 $(n - 1) + n + (n + 1)$ 這個和。事實上這對任何一個奇因數都成立：若某個數可被 5 整除，它就等於 $(n - 2) + (n - 1) + n + (n + 1) + (n + 2)$。舉例來說，100 是 20×5，也就等於 $18 + 19 + 20 + 21 + 22$。要注意的是，在遇到只有一個「比較大的」奇因數，譬如 $22 = 2 \times 11$ 時，這個方法會出一點錯。仍然會有一串 11 個相鄰數字相加起來等於 22，但因為這串數字是以 2 為中心，所以會有一些是負數。在這個例子裡：$(-3) + (-2) + (-1) + 0 + 1 + 2 + 3 + 4 + 5 + 6 + 7$。不過不用擔心，負值永遠會跟前幾個正值抵消，留下像 $4 + 5 + 6 + 7$ 這樣的漂亮式子。

這就表示，凡是帶有奇因數的數都可以寫成相鄰數字的和。沒有奇因數的，恰好只有質因數分解中只有偶因數的那些數。還有，由於 2 是質數當中唯一的偶數，因此就只有 2、2×2、$2 \times 2 \times 2$ 等數。

不過我們只完成了一半而已。

為求完整，我們還必須證明這些 2 的次方數無法寫成相鄰數字和。要做到這件事，就要證明沒有任何一串相鄰數字相加起來會等於 2 的次方數。

奇數個相鄰數字相加起來的和，完全不必擔心，因為永遠可被某個奇數整除。

我們要來看，如果把偶數個相鄰數字相加，會發生什麼情況：

$$n + (n + 1) + (n + 2) + (n + 3) = 4n + 6$$

$$n + (n + 1) + (n + 2) + (n + 3) + (n + 4) + (n + 5) = 6n + 15$$

$$n + (n + 1) + (n + 2) + (n + 3) + (n + 4) + (n + 5) + (n + 6) + (n + 7) = 8n + 28$$

你會發現有個模式出現了：k 個相鄰數字的和，會得到 k 個 n，再加上從 1 到 $(k - 1)$ 的整數和。這些數是老面孔：三角形數！前 $(k - 1)$ 個正整數的和，正是第 $(k - 1)$ 個三角形數，可以寫成 $k(k - 1)/2$，所以可知整個數能寫成。$nk + k/2(k - 1)$。由於 k 為偶數，這又可以寫成兩個整數的乘積 $k/2(2n + k - 1)$，右邊的項會是奇數（也是 k 為偶數的緣故）。換句話說，這個總和必有一個奇因數，因此不可能是 2 的次方數。

自戀數名單

利用簡單的電腦程式或 Excel 工作表，就能找出這些自戀數。如果你想核對答案，我已經把這些數字列在下面了。《整數數列線上百科》（*On-line Encyclopedia of Integer Sequences*，簡稱 OEIS）也找得到，數列編號是 A005188。《整數數列線上百科》很了不起，蒐羅了人類已知的幾乎每一個數列。只要看到像 A002193 這樣有「A」開頭的數字，就可以去 oeis.org 查查看。

二位數：沒有

三位數：153、370、371、407

四位數：1,634、8,208、9,474

五位數：54,748、92,727、93,084

37 戲法的成功條件

我聲稱「把同一個數字寫 n 遍，然後把這個三位數除以它的三位數字和」這個戲法在 n 為 $b-1$ 的因數時（b 為任意底數）會成功，而且如果情形真的是如此，戲法一定會成功，但在一些額外的情況下也會成功。

說得完整些，只要 n 是 $1+b+b^2+b^3+\ldots+b^{n-1}$ 的因數，戲法就能成功。

吁，把它講出來真是輕鬆多了。

不是穆西豪森數

有些人會說 438,579,088 是十進位的穆西豪森數，因為 $0^0 = 0$。那些人是錯的。

第 2 章：製作形狀

證明在五邊形裡

把一條紙帶打個結，會做成一個正五邊形。要證明它是完美規則的正五邊形，必須說明五個內角剛好都是 108 度，我們可以證明五個角都相等來說明這點（隨便哪個五邊形的內角和都等於 540 度）。

如果把這個五邊形結摺起來，壓出各邊的摺痕，然後展開，就可以看到紙帶上的摺線。我們要做的，就是證明這些角都相等。

把五邊形展開再重新摺起，我們就可以比較一下紙帶上不同段的角度。在次頁的圖中，標為 A 的兩個角在五邊形摺起時是互相重疊的。接著我們可以利用「紙帶的兩邊緣平行」這件事，推導出另外兩角也和 A 相等。

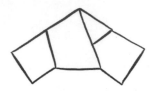

打成扁平的結的紙條形成了一個五邊形。

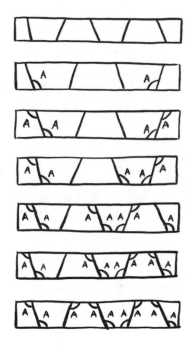

判定每個角的步驟

把摺起比較角度的步驟反覆做幾次後，我們會發現還有一個角跟 A 相等；接著再利用一次邊緣平行，說明下一個角也相等。我們可以再重複一次這個步驟，直到紙條上所有的摺線都證明跟邊緣相交的角等於 A。這也表示這些摺線的長度（以及五邊形的各邊長）會相等，因為紙帶的寬度不變。厲害吧。

長方蛋糕切法完整指導

好啦，這是騙人的，根本就不是什麼完整的指導。

要解決正方蛋糕如何切成五塊（使每一塊的體積與糖霜表面積都相同）的問題，我用的方法是從邊緣的等間隔點縱切到蛋糕的中心點。我想把這個方法擴展到任意的長方形蛋糕，但都失敗了。某種程度上來說。蛋糕切得一塌糊塗。

對於最上面是正方形的蛋糕，我們原本也可以先把四邊都分成五等份，而不是把整個周長分成五等份，然後每塊就包含這些五等份的其中四份（蛋糕有四邊，總共就有 4 × 5 = 20 段，所以蛋糕周長的每個五分之一都用到了其中四段）。

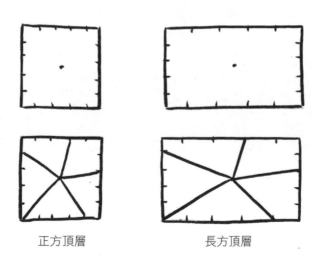

正方頂層　　　　　　　　長方頂層

切正方蛋糕和長方蛋糕

要切一般的長方蛋糕，我們仍然把頂部長方形面的四邊各分成五等份，但在較長邊的分段會比短邊來得長。舉例來說，如果你的長方蛋糕從上方看是 10 公分 ×15 公分，10 公分的兩邊會分成五個 2 公分段，15 公分的邊會分成五個 3 公分段。接下來，就像以前一樣，先從一角開始數四段，然後做記號，再繼續數四段（即使其中幾段長度不一樣），以此類推。這些段的面積仍然完全相等。

如果你的客人沒什麼眼力，現在這樣大概就可以勉強應付了。每一塊頂部的面積確實相等，體積也全都相等。不過，如果有一個客人注意到周邊的長度不一樣，你就沒戲唱了，因為這代表側面糖霜的面積再也不是公平的！

沒錯，錐狀切法在長方蛋糕上可能適用，不過還是像往常一樣費事。如果有誰能找到公平切長方蛋糕的更好方法，請告訴我！

第 3 章：忍不住要開平方

多多邊形數

以下是多多邊形數的不完整（但仍然很詳盡的）列表。現在加上了零！（嚴格說來這些零很重要。）

正方三角形數：

0、1、36、1,225、41,616、1,413,721、48,024,900、1,631,432,881、55,420,693,056、1,882,672,131,025l . . .（OEIS 編號 A001110）

五邊三角形數：

0、1、210、40,755、7,906,276、1,533,776,805、297,544,793,910、57,722,

156,241,751 . . .（OEIS 編號 A014979）

五邊正方形數：

0、1、9,801、94,109,401、903,638,458,801、8,676,736,387,298,001、83,314,021,887,196,947,001 . . .（OEIS 編號 A036353）

六邊三角形（又名六邊形）數：

0、1、6、15、28、45、66、91、120、153、190、231、276、325、378、435、496、561、630、703、780 . . .（OEIS 編號 A000384）

六邊正方形數：

1、1,225、1,413,721、1,631,432,881、1,882,672,131,025、2,172,602,007,770,041、2,507,180,834,294,496,361 . . .（OEIS 編號 A046177）

六邊五邊形數：

1、40,755、1,533,776,805、57,722,156,241,751、2,172,315,626,468,283,465、81,752,926,228,785,223,683,195 . . .（OEIS 編號 A046180）

第 4 章：改變形狀

證明搖搖卡的質心保持在同一高度上

利用「搖搖卡」的這兩個位置，就可以證明若質心的高度 h 在兩種情況下都相同，則兩個圓盤中心之間的距離 d 必為 $\sqrt{2}r$。證明過程中牽涉到的代數可能會變得很討厭，不過如果你非常細心，最後一定會得到同樣的答案。為了這裡的證明，我選擇的每個步驟都會讓計算過程盡可能單純，幾乎可說是作弊，所以你如果想知道為什麼我胡亂乘上某個比如像 $\sqrt{2}$ +1 之類的東西，那是因為我知道接下來會發生什麼事，而我是在預做準備。

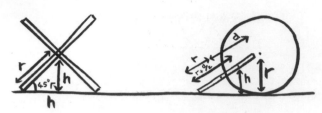

「搖搖卡」的質心，分別在兩個不同的位置上。

由相似三角形，可知：$\dfrac{r+d}{r} = \dfrac{r+\frac{d}{2}}{h}$

但是 $h = \dfrac{r}{\sqrt{2}}$，所以 $\dfrac{r+d}{r} = \dfrac{r+\frac{d}{2}}{\frac{r}{\sqrt{2}}}$

等號兩邊同乘 r：

$$r+d = \sqrt{2}(r+\frac{d}{2})$$

然後在等號兩邊再同乘 $\sqrt{2}$：

$$\sqrt{2}r + \sqrt{2}d = 2r + d$$
$$(\sqrt{2}-1)d = (2-\sqrt{2})r$$

再稍微改一下，在兩邊同乘 $\sqrt{2}+1$：

$$(\sqrt{2}-1)(\sqrt{2}+1)d = (2-\sqrt{2})(\sqrt{2}+1)r$$
$$(2-\sqrt{2}+\sqrt{2}-1)d = (2\sqrt{2}-2+2-\sqrt{2})r$$
$$d = \sqrt{2}r$$

免責聲明：這實際上只證明了，若在那兩個特定的位置時質心高度相同，則兩圓盤的中心相距 $\sqrt{2}r$。要證明在兩者間的所有位置質心都保持相同的高度，就困難得多了。此外我還假設質心在相交處的中間（因為確實是）。

如何摺出翻摺六邊形

我提到了兩種翻摺六邊形，其中一種比另一種簡單。只要做出了第一種，第二種就容易了，這兩種我在這裡都會說明。

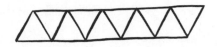

　要摺三面翻摺六邊形的時候，先把一條紙帶摺成正三角形，總共連續摺出十個，然後把多餘的紙帶剪掉。接著把有十個三角形的紙帶橫擺在你面前的桌上，讓其中一個三角形的尖角落在左下角，另一個在右上角。

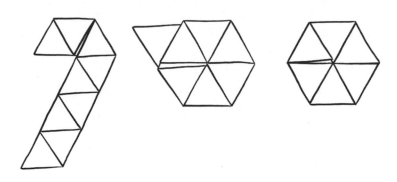

　接著，把右邊的七個三角形往下摺，壓在左邊的三個三角形的上方，現在這七個三角形應該是斜著指向左下方。接下來，把最後面的四個三角形往上摺起，這樣會壓在最左邊的三角形上，所以要把這幾個三角形塞到下方。現在應該有一個三角形從六邊形左上角的下方突出去，就把這個三角形往下摺起來，並和原本最左邊的那個三角形黏在一起。

　這就是三面翻摺六邊形，若要翻摺，你必須把六邊形邊緣的三個相間的角推在一起，在中間形成一個點，然後從另一側打開。這應該會翻出第三個面，再翻摺一次就能回到前兩個面。總共有三個面。

　要製作六面翻摺六邊形時，先用更長的紙帶摺出三角形（總共十九個），然後把三角形紙帶纏繞成螺旋（你可以繞在寬度適中的直尺上，或者只是每隔一條三角形邊沿著同樣的方法摺起），最後再照前面的方法摺成六邊形。一做出螺旋形，它應該就會像一帶有十個三角形的紙帶，接著你就能照上面的摺法

把它摺起來，黏成一個六邊形。這個六面翻摺六邊形有六個不同的面，你可以用同樣的方法翻摺，把這些面全找出來。

第 6 章：裝好裝滿

方框內的 31 枚硬幣

我們在談最有效率的擺硬幣方式的時候，我提到可讓 31 枚兩便士硬幣擺進去的最小正方形的邊長為 144.9546 公釐，儘管還沒有獲得證明。如果想打破這個紀錄，那就是你要挑戰的題目了。目前的世界紀錄擺法是：

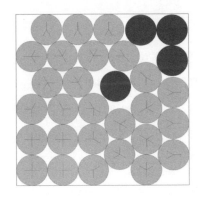

把 31 枚硬幣擺進正方形內。其中四枚還有移動的空間！

第 7 章：質數全盛時期

每個質數的平方都等於 24 的倍數加 1

我第一次證明這件事的時候，花了很長的步驟。我先從所有的質數（2 和 3 除外）都等於 6 的倍數加 1 或減 1 開始，亦即它們的形式不是 $6k + 1$ 就是 $6k - 1$。因為 k 可能是奇數也可能是偶數，所以我又把它換成 $2m$ 和 $2m + 1$，於是就有四種選擇：$12m + 1$、$12m + 7$、$12m - 1$、$12m + 5$。接著我把每一個數平方，證明它們都等於 24 的倍數加 1。

但有比這更簡單的證法。

有個朋友告訴我，不是 3 的倍數的任何一個奇數，平方後都一定會等於 24 的倍數加 1。當然，所有的質數都是奇數，而且所有的質數都不是 3 的倍數（2 和 3 這兩個「次級」質數除外）。

我們就從某個質數 n 的平方減 1 開始吧：這可以寫成 $n^2 - 1$。為了證明它是 24 的倍數，可以把它改寫成 $(n + 1)(n - 1)$。（把它乘開，就能證明它等於 $n^2 - 1$ 了。）

$(n + 1)(n - 1)$ 是兩個偶數的乘積（因為 n 是奇數，所以 $n + 1$ 和 $n - 1$ 一定是偶數），而且更特別的是，這兩個偶數的其中一個必為 4 的倍數，因為它們是相鄰的偶數，而每兩個偶數就有一個可被 4 整除。因此就我們知道 $(n + 1)(n - 1)$ 可被 8 整除，因為它是某個可被 4 整除的數與某個可被 2 整除的數的乘積。

我們也知道，在三個相鄰數 $n + 1$、n、$n - 1$ 當中，恰好只有一個一定可被 3 整數，但這個數不是 n，因為它是質數，因此一定是另外兩個的其中一個。於是，$(n + 1)(n - 1)$ 這個乘積不但可以被 8 整除，還可被 3 整除。由於 3 和 8 沒有公因數，這就表示整個乘積可以被 24 整除，如我們所要證明的。

這事實上也表示，如果把沒有因數 2 或 3 的任何一個數平方，所得到的數會等於 24 的倍數加 1。

第 8 章：打結問題

波羅梅奧環範例

波羅梅奧環
（三個環組成的布魯恩鏈）

四個環組成的布魯恩鏈

六個環組成的布魯恩鏈

第 10 章：第四個維度

超立方體有多少個頂點和多少條邊？

　　一維的線有一個起點和一個終點，這兩個點的坐標可以定為 0 和 1。正方形又稍微刺激一些，因為在二維空間中所有的坐標都有兩個數字，因此一個正方形的四個角分別是 (0,0)、(1,0)、(0,1)、(1,1)。接下來是三維的正方體，八個頂點的坐標分別是：(0,0,0)、(1,0,0)、(0,1,0)、(0,0,1)、(1,1,0)、(1,0,1)、(0,1,1)、

(1,1,1)。正方體有八個頂點是有道理的，因為有三個坐標，而每個坐標的值各有兩種可能（$2 \times 2 \times 2 = 8$）。對於任意 n 個維度，有 n 個坐標，因此一個超立方體會有 2^n 個頂點。

現在來算邊數。

有幾種方法可以推導出四維超立方體有 32 條邊，且不需要用到模型。我最喜歡的方法，是發覺超立方體的各個頂點都有四條邊往外連通（就像正方體的所有頂點都有三條邊相連），又因為有 16 個頂點，所以 $16 \times 4 = 64$。但每條邊連接了兩個頂點，因此這些邊全都算了兩次，把重複計算的扣掉，就要除以 2，得到 $64 \div 2 = 32$ 條邊。照同樣的邏輯，也可以從三維正方體頂點數算出邊數為 $8 \times 3 \div 2 = 12$，不過用模型更快：只要全部數一數就行了。

n 維空間中的超立方體會有 $(2^n \times n)/2 = n \times 2^{n-1}$ 條邊。

第 11 章：演算法

另一個最佳停止演算法

最佳停止演算法還有一個版本可選，這個版本可以讓你後續篩選可能的對象時漸漸降低標準。

最佳停止演算法一般而言很適用，但不表示每次都有用。在尋覓終身伴侶方面，如果你沒有其他選擇了，很難在不感覺恐慌、只求找個人安定下來的情況下順其自然讓統計數字做出最後的決定，折衷之道就是按部就班降低你的標準。最好的辦法是，每和另外 $\sqrt{n}$ 個人約會，就把你的期待調降一級，這樣一來，約會完篩掉前 $\sqrt{n}$ 個人，選擇接下來 $\sqrt{n}$ 個人當中排名第一的任何一位，然後是接下來 $\sqrt{n}$ 個人當中排名第二的任何一位，接下來 $\sqrt{n}$ 個人當中的第三名，以此類推，直到你的標準降到名單的最低點。

三疊紙牌魔術的推廣

　　進行「三疊紙牌魔術」時，會先請某個人從一疊 27 張牌中挑一張，然後把牌發成三疊，這個步驟一共做三次，每次都請挑牌的人指出他挑的那張牌在哪一疊裡，而最後你可以找出那個人挑了哪一張牌。只要你每次發牌都很仔細地用不同的方式堆牌，就能讓自願者所挑的牌落在你所選的任何位置。

　　這個魔術之所以成功，是因為 $27 = 3^3$，三次發牌堆出的三疊牌就會決定唯一的答案。不過，利用其他的牌數也辦得到，譬如 $49 = 7^2$，所以我們可以拿 49 張牌，發兩次牌且各發成七疊，每次都請挑牌的人指出他們挑的那張牌在七疊當中的哪一疊裡，我們就能找出那張牌的位置。同樣地，我們也可以利用其他的方法分牌（若是一副 52 張牌，可以發成 13 疊，每疊四張，接著發成四疊，每疊 13 張，這樣就足以找出那張牌了），然後只要靠重新砌牌的順序，就能讓那張牌落在我們希望的任何位置。

第 12 章：如何打造電腦

多米諾骨牌電腦線路設計

　　正如我提過的，我打造了一個初步骨牌電腦，這裡提供幾個電路圖，你可以自己試試看。（當然，如果你不參考這些設計圖就能想出該如何打造，那樣更好！）

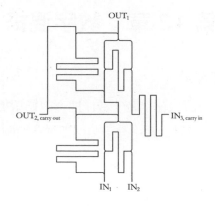

兩個半加器組成一個全加器。

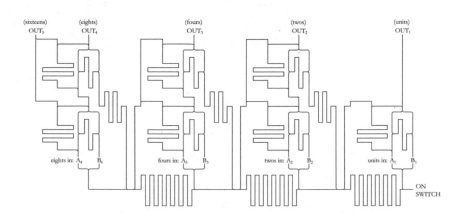

由多米諾骨牌製作成的四位數二進位加法器（骨牌電腦）。

　　用第266頁的半加器當作標準元件，就能把它和「區塊」組合起來，做出一個全加器。我們就是這樣擴大規模做出四位數加法器的。

第 13 章：數字混搭

證明前 n 個奇數的和等於 n^2

這個巧妙的幾何圖形證法在示範，當你把奇數繼續加下去，總和永遠會是個平方數。每個新加上的奇數，都十全十美地環繞在兩側。

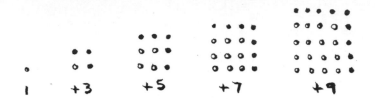

運用幾何圖形的證法。

不過我們可以看有限長度的總和，來建構另外一種證法：先建立一個數列，數列裡的每個數都是前一個數的倍數，然後把這個數列相加起來。把每一項加上某個值得出下一項（就像我們把相鄰整數相加起來得出三角形數那樣），這叫做等差數列或算術數列，而把每一項乘上某個值得出下一項，則叫等比數列或幾何數列。接下來我們想算出最一般的等比級數和，所以就用 r 表示數列中前後兩項之間的比，我們也會用 a 表示數列的第一項，於是這個數列的前面幾項就是 a、ar、ar^2、ar^3，一直到 ar^n。我們來看看如何求它的總和，不妨令它為 T。

我們想要計算的是這個：

$$a + ar + ar^2 + ar^3 + \ldots + ar^{n-1} + ar^n = T$$

等號兩邊同乘 r，就可以變成新的等式：

$$r(a + ar + ar^2 + ar^3 + \ldots + ar^{n-1} + ar^n) = rT$$

這可以化簡成：

$$ar + ar^2 + ar^3 + \ldots + ar^{n-1} + ar^n + ar^{n+1} = rT$$

我們可以使個花招，讓新的等式和原來的等式相減：

$$ar + ar^2 + ar^3 + \ldots + ar^{n-1} + ar^n + ar^{n+1} -$$
$$(a + ar + ar^2 + ar^3 + \ldots + ar^{n-1} + ar^n) = rT - T$$

現在你可以檢查一下哪些項相等，相消之後就會留下：

$$ar^{n+1} - a = rT - T$$

等號兩邊剛好可分解成：

$$a(r^{n+1} - 1) = T(r - 1)$$

最後就會變成一個乾淨俐落的公式：

$$T = \frac{a(r^{n+1} - 1)}{r - 1}$$

就像我們在第 292 頁對三角形數之和所做的，你可以看出技巧就在把自己相減來消去一連串的數，只是必須先做點改變，好留下某幾項。這是在找方法移走中間所有的項，只留著前後兩端的幾個。

梅森質數與完全數

現在你有了用來證明所有的梅森質數為什麼都會產生完全數所需的一切工具。我們在前面已經見過這個數學關係，只是無法證明。對任何一個梅森質數 $2^n - 1$，都有一個完全數 $(2^n - 1) \times 2^{(n-1)}$。你可以拿幾個小的完全數驗證一下。現在可以證明這個公式不僅適用於我們已經遇到的幾個例子，還繼續適用於現有的其他梅森質數，無一例外。你知道 $2^n - 1$ 的因數只有它自己和 1，因為我們只採用梅森質數。$2^{(n-1)}$ 這個數是 2 的次方數，所以有很多因數，說得更確切些，就是 1、2、4、8、16、……、$2^{(n-2)}$、$2^{(n-1)}$ 這些因數。你只要把這些數組合起來，列出 $(2^n - 1) \times 2^{(n-1)}$ 的每一個因數（自身除外），然後證明相加起來會等於 $(2^n - 1) \times 2^{(n-1)}$ 這個公式。

祝你好運啦。如果真的卡住了，我會把解答放在網站上讓你參考。

翻轉費波納契數與盧卡斯數

如果你把費波納契數和盧卡斯數反向操作，應該會產生方向相反、正負交替的數列。

費波納契數：

. . . 34, –21, 13, –8, 5, –3, 2, –1, 1, 0, 1, 1, 2, 3, 5, 8 . . .

盧卡斯數：

. . . 47, –29, 18, –11, 7, –4, 3, –1, 2, 1, 3, 4, 7, 11, 18 . . .

在這兩種情況下，在另一個方向上相鄰兩項的比會趨近 –1/φ。

重新排列白努利數等式

如第 13 章所述，我硬要讓 $m = 3$，$n = 4$，去算出前四個立方數的和，結果白努利數給我的答案果然是 100。以下是計算過程：

求有限和的白努利等式是：

$$1 + 2^m + 3^m + \ldots + n^m = \frac{(B + n + 1)^{m+1} - B^{m+1}}{m + 1}$$

令 $m = 3$，$n = 4$，就會得到

$$1 + 2^3 + 3^3 + 4^3 = \frac{(B + 5)^4 - B^4}{4}$$

$$= \frac{B^4 + 4B^3 \times 5 + 6B^2 \times 5^2 + 4B \times 5^3 + 5^4 - B^4}{4}$$

$$= \frac{B^4 + 20B^3 + 150B^2 + 500B + 625 - B^4}{4}$$

$$= \frac{20B^3 + 150B^2 + 500B + 625}{4}$$

代入白努利數，可得

$$= \frac{20 \times 0 + 150 \times (\frac{1}{6}) + 500(-\frac{1}{2}) + 625}{4}$$

$$= \frac{25 - 250 + 625}{4}$$

$$= \frac{400}{4} = 100$$

你的額外考驗是要令 $m = 1$，然後證明這個等式重新排列後會出現用來算出第 n 個三角形數的公式。

我還提過，用 $m = 2$ 這個值可以導出無窮總和的值 $\pi^2 / 6$。以下是計算過程：

無窮總和的白努利等式為：

$$1 + \frac{1}{2^m} + \frac{1}{3^m} + \frac{1}{4^m} + \ldots = \frac{2^{m-1} \, |\, B^m \,| \, \pi^m}{m!}$$

對於 $m = 2$：

$$1 + \frac{1}{2^2} + \frac{1}{3^2} + \frac{1}{4^2} + \ldots = \frac{2^1 \, \left| B^2 \right| \pi^2}{2!}$$

$$= \frac{2 \times \frac{1}{6} \times \pi^2}{2}$$

分子與分母的 2 相消後，就剩下 $\pi^2 / 6$ 了。

第 15 章：更高的維度

有尖刺的球

　　大多數人可能會把圓形和球體形容成平滑的物體，不過我們已經算出，高維中的圓和球布滿尖角。平滑的表面是從什麼時候開始變窄變尖的？簡單的答案是，這些圓和球實際上一直都帶一些尖刺，只是我們從未察覺到。

　　即使是從二維到三維，從圓到球，形狀也會變得窄一點，但以不易察覺的方式改變，所以我們沒有起疑。如果把一個圓的半徑切掉 25％，會比你把一個球同樣去掉 25％ 的半徑所切掉的比例還要多。三維的球已經比二維的圓尖了一點。

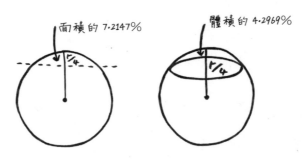

　　從圓周端去掉半徑的 25％，切掉的弓形占了總圓面積的 7.2147％。如果在一個球體上做同樣的事，從邊緣切除半徑的 25％，拿走那個頂蓋，我們只去掉了 4.2969％ 的體積。由於球在更多的維度中彎曲，越往外就越窄。當你越往高維走，變窄的程度也越來越誇張，因為高維的球可在更多的維度中彎曲。

第 17 章：荒謬的數字

證明 e^{π} 是超越數

　　最後證明了 e^{π} 是超越數的，是葛方德－史奈德定理，它是這麼證明出來的：此定理說，對任意兩個代數數 m 和 n，若 m 不是 0 或 1，n 不是有理數，則 m^n 絕對是超越數。$m = -1$ 及 $n = -i$ 這兩個值符合那些準則，所以 -1^{-i} 必為超越數。利用 $e^{i\pi} = -1$ 這個著名的結果（可惜這本書沒有足夠的篇幅證明這件事）和快速的代數美化，我們就可以證明 -1^{-i} 其實是 e^{π} 的喬裝。

$$-1^{-i} = (e^{i\pi})^{-i}$$
$$= e^{(-i \times i)\pi}$$
$$= e^{\pi}$$

虛實漸層

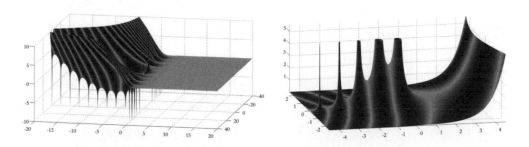

　　如前所述，複變數函數的圖形是應該為四維圖示的三維近似。為了從方程式移除一個維度，所有的複數函數值（輸出值）都要化簡成它們與複數平面中央的距離，也就是它們的「大小」（magnitude），這可以讓我們理解一個複數有多大，但還是不清楚虛實的程度。

為了把這個訊息放回去，我用顏色當作第四個維度，曲面的顏色越深，函數值就「越虛」。因此淺灰色的地方是純實數，黑色區域是純虛數，中間有漸層色調。為了顯得專業，每個複數跟實數軸的夾角大小以灰色到黑色來呈現。

第 18 章：超越無限

卡爾金－威爾夫樹

我在第 18 章描述了一個用來生成所有有理數的方法，這個方法用到一個跟費波納契數列很像的數列，會從 1, 1 開始，但接下來在你把兩項相加得出下一個數的每一步之間，還要把每一項照抄到數列的最後面。不過，這並不是列出所有有理數的唯一方法。

1999 年，美國數學家卡爾金和威爾夫在他們的四頁論文〈重計有理數〉裡，事實上是提出了兩個，而非一個有效的有理數列舉方法。雖然我鼓勵你去讀他們的原始論文（很容易讀，而且可以在網路上免費閱讀），我還是會在這裡概述一下，因為這兩個方法非常漂亮。

第一個方法是種出一棵分數樹。樹根是有理數 1，寫成分數 1/1。這棵樹的規則是，每個分數 a/b 都分支出兩個分數：$(a + b)/b$ 和 $a/(a + b)$。因此，1/1 分支出 2/1 和 1/2。如果繼續分支下去，每一個可能存在的分數都會出現在這棵樹上，而且只出現一次，更棒的是，它永遠會以最簡化的形式出現。為了把這棵樹轉換成列表以便編號，我們可以逐行一一讀出樹上的分數，或是按照我的喜好，把這棵樹重新排成蔓生的灌木叢，然後採螺旋狀讀出分數。不管哪種方式都行。

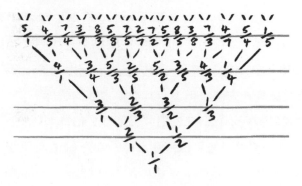

卡爾金－威爾夫樹：行列（樹）法。

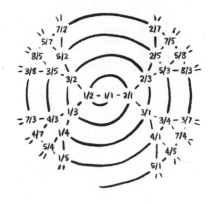

卡爾金－威爾夫樹：螺旋（灌木叢）法。

單靠樹法應該就能產生精采的數學了，不過這兩位作者又更進一步。這棵分數樹事實上是論文裡的事後想法；他們的主要結果是我們已經見過的斯特恩－布羅科數列（OEIS 編號 A002487）。我們已經看到用來算出斯特恩－布羅科數列裡的數字的費波納契式方法，但還有其他更古怪的選擇。

斯特恩－布羅科數列：1,2,1,3,2,3,1,4,3,5,2,5,3,4,1,5,4,7...

卡爾金和威爾夫解釋，如果你能用 0、1、2 三個值而不止用 0 和 1，數列裡的第 n 個數就等於用二進位寫 n 這個數的方法總數。在普通的二進位中，每個數只有一種寫法，任何一種進位制也是如此，但如果允許等於或大於底數的值，那麼就有更多方法可寫出所給定的任何一個數。「五」以二進位表示為 101，不過現在也可以把它寫成 021，有兩種寫法，而且你會看到數列裡的第五個值確實是 2。

ZFC 公理系統，用平常的語言來寫

假如你想知道，以下是 ZFC（含選擇公理的策梅洛－弗蘭克爾集合論）的九個公理，連同幾個額外的選項。這些公理更常用數學的語言或符號來陳述，不過我已經做了翻譯，好讓你了解它們在說什麼。

1. 外延性公理

兩個集合 X 和 Y 剛好含有同樣的元素，它們就是等價的集合。

2. 無序對公理

任兩個物件都可以構成一個無序對。任給兩個 a 和 b，都會有某個集合 $X = \{a,b\}$。

3. 分離公理

對於任一性質，你都可以把任一個集合 X 分成由具有或沒有該性質的元素構成的子集。

4. 聯集公理

對任兩個集合 X 和 Y，都有一個由 X 和 Y 中的所有元素構成的新聯集 Z。

5. 冪集公理

對任一個集合 X，你都可以做一個新集合 Y，是 X 所有可能的子集構成的集合。

6. 無窮公理

無窮集合存在。

7. 替代公理

你可以把一個函數用在任一個集合 X 的所有元素上，產生一個新集合 Y。

8. 基礎公理

如果一個集合不是空集合，那麼它一定有「最小」的元素。

9. 選擇公理

給定一個沒有共同元素的非空集族，你就可以從每個集合選出一項，做成一個新的集合。

10. 未定的第十個公理？

如果不是力迫公理，就是內模型公理。

文字及圖片來源

來源與授權

圖片

對以下授權重製受著作權保護之資料致上謝意。

我們已盡一切努力聯繫著作權所有人。如發現任何錯誤或疏漏，作者與出版社很樂意在再版時修正。除了另有說明者，其餘照片均由作者提供。

p. 102 © Ashmolean Museum, University of Oxford

p. 102 © Protein Data Bank Japan (PDBj)

p. 112 © E. Specht

p. 114 © R. A. Nonenmacher

p. 114 © Toby Hudson

p. 117 © John H. Conway, Yang Jiao and Salvatore Torquato, "New family of tilings of three-dimensional Euclidean space by tetrahedra and octahedral", *Proceedings of the National Academy of Sciences*, July 2011

p. 121 © Prof. Denis Weaire, Steve Pennell, Ken Brakke, John M. Sullivan

p. 122 © Ruggero Gabbrielli, made with 3dt gavrog.org

p. 157 © Steven A. Wasserman, Jan M. Dungan and Nicholas R. Cozzarelli,

"Discovery of a Predicted DNA Knot Substantiates a Model for Site-Specific Recombination", *Science* 229.4709, July 1985.

p. 165 © Robert G. Scharein

p. 176 © Javier López Peña and Hugo Touchette, http://www.maths.qmul.ac.uk/~ht/footballgraphs/.

p. 194 © Claudio Rocchini

p. 202 及 204 © Alan Moore, Image Comics

p. 210 © Davide P. Cervone

p. 211 取自 http://superliminal.com/cube/cube.htm

p. 215–216：使用 Robert Webb 的 Stella 軟體 http://www.software3d.com/Stella.php 來做的。

p. 256 © 2005 Antikythera Mechanism Research Project1

p. 259 © Getty Images, Science Museum

p. 269–270 和 273–274 © Jonathan Sanderson

p. 317 Produced with SeifertView, Jarke J. van Wijk, Eindhoven University of Technology

p. 433 © E. Specht

p. 455 Photo by Steve Ullathorne

文字

p. 48: 出自 http://apod.nasa.gov/htmltest/rjn_dig.html

p. 297: *Ramanujan: Letters and Commentary*, Srinivasa Ramanujan Aiyangar，為了清楚起見，有稍作濃縮。

p. 340: Thomas Hales, *Cannonballs and Honeycombs*.

p. 388: P.A.M. Dirac, 1928, p. 2.

p. 389: 'The Positive Electron', Carl D. Anderson, 1933, p. 5.

p. 422: Paul Dirac, 'Quantised Singularities in the Electromagnetic Field', 1931.

致謝

如果沒有我的太太 Lucie Green 支持，這本書現在仍然在不存在的事物堆中。至少她同時也在寫書（但十分不同步），所以我們可以一起給自己「寫作休息時間」，假裝是在休假。趣事：有一張她的照片藏在這本書裡的某個地方（連同其他幾顆復活節彩蛋）。把這當作「大家來找 Lucie」的遊戲。

感謝我的出版經紀人 Will Francis，把我的天馬行空想法變成一本有可能出版的書，然後也要感謝我的編輯 Helen Conford，讓這本書成形。感謝 Sarah Day 的無價付出，確保我的文字普通人都能讀懂。我打算利用這裡的篇幅，盡力詳列出把這本書裡的數學告訴我的所有人員，如果有遺漏，在此致上歉意。

Katie Steckles 是我的長期數學支柱，在這本書整合在一起的研究與修正過程中提供了莫大的協助。接著 Charlie Turner 充分發揮了學究般的精神，對定稿做了徹底的事實查證，書中如有漏網之魚，錯不在她。Katie Steckles 替五邊形結取了「應急五邊形」這個綽號，同時也是我們把五個人綁在一起，且移走任何一人之後就會就其餘四人跟著鬆脫的那位頭目（在 2013 年的 MathsJam 會議上）。她是第一個找我在克萊因瓶上玩井字遊戲的人。和我在酒館裡計算正方三角形數的朋友是 Charlie Turner 和 Florencia Tettamanti，Charlie 也是那位算出直到節點 91 的因數連線圖都是可描畫的搞笑數學家。

這 本 書 初 版 之 後，Loren Parker、Steve Mould、Dave Hilton、Michael Jacobs、John Lewis、Peter Giblin、Stephen Molinari、Nicu Taylor、Heather

Caswell、Ralph 及超級學究 Adam Atkinson 都抓出了額外的錯誤。

最初告訴我披薩問題的人是數學系學生 Colin Wright，他也告訴我該怎麼用數學的方法綁鞋帶，以及怎麼困住高維的尖球。

在我要去看牙醫時，Alison Kiddle 提供了累進可除數謎題。Chris Lintott 給我切正方蛋糕的挑戰，他本來是要和我太太拍攝金星凌日的影片。最初給我看搖搖卡圓盤的人是工程師 Hugh Hunt。最初告訴我香腸浩劫猜想的人是 David Acheson。

密西根州奧克蘭大學的 Robert Tanniru 做了嫁接數的進一步研究，我建議大家去讀他的論文〈嫁接數及其與卡塔蘭數之關聯的介紹短文〉（A Short Note Introducing Grafting Numbers and Their Connection to Catalan Numbers）。

Chris Sangwin 是一切數學機械事物的專家；他協助我製作等寬形狀、搖搖卡和鑽正方孔。Julia Collins 幫我解決了所有的扭結，還（和 Madeleine Shepherd 一起）做了這本書裡的針織鉤編工作。Joel Hadley 新創了「七邊笑形」一詞，現在我們都還在繼續採用。Christian Perfect 不止設計了「赫歇耳正多面體」，還幫我處理這本書的許多數學排版工作。Miranda Mowbray 的錯誤校正碼是跟她的同事 Alistair Coles 和 David Cunningham 一起寫出來的。

生物學家 Stephen Currey 給了我各種病毒。Stephen，多謝啦。

波羅梅奧環是 Laura Taalman 幫我 3D 列印出來的，而且我就是在她所任職的美國國家數學博物館（位於紐約市）騎方輪車。圖靈的生平，是他生前的最後一位門生 Bernard Richards 接受我為 BBC 廣播四台的節目的專訪時告訴我的，該節目的製作人是 Roland Pease。

如果沒有我在 Maths Gear 的夥伴 Steve Mould 和 James Grime 協助，就不會有等寬三維立體、友誼數 220&284 心形鑰匙圈、印有公用事業問題的馬克杯及「我畫你」情人節卡。我有沒有提過，所有這些和其他商品在網站 mathsgear. co.uk 上都買得到？

　　事實上我還應該感謝在我分一半心力寫書期間，與我共事的 Festival of the Spoken Nerd 脫口秀搭檔 Steve Mould 和 Helen Arney。James Grime 也是我在數學上的好友，他告訴我公用事業圖的證明不是平面圖、米爾斯常數，還有其他很多事情。

　　感謝 Robin Ince 邀我去倫敦漢默史密斯阿波羅會館，跟 3,500 人一起做數學，他對數學的娛興能力和我娛樂眾人的能力，展現出令人緊張的奉獻精神。感謝 Rob Eastaway 和 Simon Singh 對數學書寫作方面的建議。Dave McCormick 是我的看火車顧問。我的姊夫 Ben Dixon 幫忙翻譯了所有的法文，Merci ！

　　多米諾骨牌電腦是在 Katie Steckles、Paul Taylor、Andrew Taylor、Siân Fryer 的協助下設計出來的，還需要很多人協力搭建：Ben Curtis、Becky Smedley、Mike Bell、Blair Lavelle、Andrew Pontzen、Chris Roberts、Ben Ashforth、Gillian Kiernan 和 David Julyan。由 Jonathan Sanderson 和 Elin Roberts 記錄。

　　哦對了，這本書裡藏了一個競賽，如果有獲勝者，我會想出合適的獎品。小心陷阱。

　　我在群論方面的閒扯，Paul Taylor 幫忙檢查了一遍，但對於我極為過度簡化這麼一個豐富又刺激的數學領域，他完全不需承擔責任。Andrew Taylor 是程式設計的魔術師，把我的笨想法化成可用的網路應用程式。

　　電玩遊戲《惡名昭彰：第二之子》遇到的捨入取整數狀況，是開發商 Sucker Punch Productions 的 Bruce Oberg 告訴我的。

　　我上了 BBC 廣播四台的「數字知多少」節目（主持人是超級棒的 Tim Harford），引來聽眾對無限大的投訴；我在節目裡偏偏就談到了布朗常數。去布隆橋的朝聖之路，叫做哈密頓小徑（Hamilton Walk），會從丹辛克天文台（Dunsink Observatory）走到布隆橋，這個一年一度的活動是由愛爾蘭數學週協會（Maths Week Ireland，創始人是 Eoin Gill 和 Sheila Donegan）發起的。

Andrew Pontzen 把我在這本書裡壯著膽子談到物理的部分檢查了一遍，他同意我寫的大部分是對的，不過又喃喃自語說了些因為測量在量子力學中的限度，所以我們永遠不會知道宇宙是不是完全平坦的。

感謝以下這些數學家幫忙檢查我對他們的工作的描述，並提供有用的意見，包括（但不止有）：Melanie Bayley、Neil Bearden、Jerry Bonnell、Ken Brakke、Robert Matthews、Scott Morrison、Robert Nemiroff、Edouard Oudet、Terence Tao、Robin Thomas、Timothy Trudgian 及 Denis Weaire。

感謝 Penguin 出版社的團隊，包括 Casiana Ionita、Rebecca Lee、Claire Mason 和 Imogen Scott，以及行銷公關搭檔 Sue Amaradivakara 和 Ingrid Matts。功勞也要歸於我的經紀人 Jo Wander 及我的得力行政助手 Sarah Cooper。

非常感謝倫敦瑪麗王后大學數學科學系（這是我在倫敦瑪麗王后大學的家），以及我在校內的很多同事，包括公眾參與中心（Centre of Public Engagement）的優秀同事，及不斷給予支持鼓勵的 Peter McOwan。

謝謝曾經參加每月一次的 MathsJam 或年度會議的每一個人，你們提供了源源不絕的靈感、好點子和繁重工作。

網站是由全世界最厲害的網站設計者 Simon Wright 設計的，從 1990 年代末我們一起讀書的時候，他就一直在幫我把看起來很好笑的作業變得很專業，而這些作業夠不上這麼專業。

所有的照片都是由 Al Richardson 拍攝的，他對這些照片做了超出限度但大受讚賞的處理。插圖和設計是由 Richard Green 完成的，他不知用了什麼辦法，把我的草稿變成看上去很有智慧的圖片。有些圖形是在 Ben Sparks 協助下用 GeoGebra 這個很棒的軟體製作出來的。大多數的四維形狀呈現，使用到 Robert Webb 所開發的 Stella4D 程式，有一些根據了 Davide Cervone 製作的四維動畫模擬。David Fletcher 在我的環面上加了小行星裝飾。Γ 函數與 ζ 函數的三維圖形是 Edric Ellis 用 MATLAB 繪製出來的。

我的母親真的替我織了二進位圍巾和克萊因瓶帽，她就是這麼了不起。我的父親是會計師，從我還容易受影響的年幼之時就對我洗腦，讓我喜歡數字。我會寫出這本書，實際上都是他們的錯。

　　這不是作者麥特 · 帕克的照片，而是他的一張 Excel 工作表。它完全是由工作表上條件格式化的儲存格構成的，這些儲存格內只是填了 0 到 255 的數字。第 356 至 357 頁有詳細說明。你也可以在 makeanddo4D.com 網站上製作自己的照片工作表。（Steve Ullathorne 攝）

索引

人物

數學名詞

其他

Things to make and do in the fourth dimension by Matt Parker
Copyright © 2014 by Matthew Parker
All rights reserved including the rights of reproduction in whole or in part in any form.
Complex Chinese edition copyright © 2020 by Owl Publishing House, a Division of Cité Publishing Ltd.
貓頭鷹書房 267

《數學大觀念 2：從掐指一算到穿越四次元的數學魔術》

作　　　者	麥特‧帕克
譯　　　者	畢馨云
責任編輯	王正緯
校　　　對	李鳳珠
版面構成	簡曼如
封面設計	廖　韡
行銷業務	陳昱甄
總 編 輯	謝宜英
出 版 者	貓頭鷹出版
發 行 人	涂玉雲
發　　　行	英屬蓋曼群島商家庭傳媒股份有限公司城邦分公司

104 台北市中山區民生東路二段 141 號 11 樓
畫撥帳號：19863813；戶名：書虫股份有限公司
城邦讀書花園：www.cite.com.tw　購書服務信箱：service@readingclub.com.tw
購書服務專線：02-2500-7718~9（周一至周五上午 09:30-12:00；下午 13:30-17:00）
24 小時傳真專線：02-2500-1990；25001991
香港發行所　城邦（香港）出版集團／電話：852-2877-8606／傳真：852-2578-9337
馬新發行所　城邦（馬新）出版集團／電話：603-9056-3833／傳真：603-9057-6622
印 製 廠　中原造像股份有限公司
初　　　版　2020 年 6 月
定　　　價　新台幣 600 元／港幣 200 元
I S B N　978-986-262-426-5

讀者意見信箱　owl@cph.com.tw
投稿信箱　owl.book@gmail.com
貓頭鷹知識網　www.owls.tw
貓頭鷹臉書　facebook.com/owlpublishing

【大量採購，請洽專線】(02) 2500-1919

城邦讀書花園
www.cite.com.tw

國家圖書館出版品預行編目資料

數學大觀念 . 2：從掐指一算到穿越四次元的數
學魔術 / 麥特 . 帕克 (Matthew Parker) 著；畢馨
云譯 . -- 初版 . -- 臺北市：貓頭鷹出版：家庭傳
媒城邦分公司發行 , 2020.06
面；　公分 . -- (貓頭鷹書房；267)
譯自：Things to make and do in the fourth dimension
: a mathematician's journey through narcissistic
numbers, optimal dating algorithms, at least two
kinds of infinity, and more.
ISBN 978-986-262-426-5(平裝)

1. 數學教育

310.3　　　　　　　　　　　　　　　109007490